AF501678

# VOYAGES EN ORIENT

PAR

LE R. P. DE DAMAS

DE LA COMPAGNIE DE JÉSUS

---

# JÉRUSALEM

---

* *

PARIS

LIBRAIRIE SAINT-GERMAIN-DES-PRÉS

PUTOIS-CRETTÉ, LIBRAIRE-ÉDITEUR

39, RUE BONAPARTE, 39

1866

VOYAGES EN ORIENT

* *

# JÉRUSALEM

CORBEIL, typ. et stér. de CRÉTÉ.

# VOYAGES EN ORIENT

PAR

LE R. P. DE DAMAS

DE LA COMPAGNIE DE JÉSUS

# JÉRUSALEM

* *

PARIS

LIBRAIRIE SAINT-GERMAIN-DES-PRÉS

PUTOIS-CRETTÉ, LIBRAIRE-ÉDITEUR

39, RUE BONAPARTE, 39

1866

# VOYAGE

À

# JÉRUSALEM

## I

### JÉRUSALEM.

Jérusalem, quel nom et quels souvenirs !

Rome, Paris, Londres, Vienne, Tolède, Lisbonne, Naples, Constantinople, votre mémoire nous est précieuse à des titres divers. Nous avons admiré vos palais et vos églises, parcouru vos rues et vos places avec un intérêt profond. Rome surtout, et son pontife suprême, et ses princes de l'Église, cardinaux et évêques ; Rome et ses monuments qui redisent tout un passé, le plus grand dans les fastes du monde après l'histoire sacrée ; Rome, la capitale de l'univers chrétien ; Rome a captivé mon âme. Jamais je ne franchis le seuil de la basilique des apôtres Saint-Pierre et Saint-Paul sans me croire sous les portiques d'où l'on entre au ciel.

Et cependant, aux approches de Jérusalem, il semble que je n'aie rien vu ou que j'aie tout oublié !

« Si je perds ta mémoire, ô Jérusalem, que ma « main droite soit vouée à l'oubli.

« O Jérusalem, que ma langue s'attache à mon « palais, si j'ai le malheur de t'oublier jamais, et si « tu ne restes la première parmi les sources qui ré- « pandent la joie sur mon existence! » (Ps. CXXXVI, 5, 6, 7.)

Pourquoi cette émotion? Pourquoi ces larmes dans mes yeux, lorsqu'à de longues distances je reporte mes pensées vers les hauteurs de Sion?

Ah! c'est que Jérusalem est le seul point du monde qui ne ressemble en rien aux autres. C'est que Jérusalem a vu et entendu Jésus-Christ. C'est qu'elle renferme le cénacle, le Calvaire, le Saint-Sépulcre, tout près de la vallée de Josaphat et du mont de l'Ascension. C'est que le passé et le présent se donnent la main à Jérusalem pour y parler des miséricordes de Dieu et de ses justices; c'est que l'histoire de l'humanité y est écrite en caractères sublimes; c'est qu'on y peut lire ce qui s'est fait depuis le premier homme jusqu'à nous.

O Jérusalem, qu'étiez-vous dans les temps anciens?

Comme un point lumineux au milieu d'immenses ténèbres, vous apparaissez pour la première fois sur la scène du monde avec David.

Mais voilà que la gloire de Salomon a rayonné au loin; « et la reine de Saba est venue, attirée par sa

« renommée ; et elle est entrée avec une suite nom-
« breuse, des richesses immenses, des dromadaires
« chargés de parfums et d'or en grande quantité et
« de pierres précieuses, et elle a salué le roi Salomon,
« et elle l'a interrogé avec adresse ;..... et, en voyant
« sa sagesse, et le palais qu'il s'était construit, et le
« service de sa table, et les demeures de ses domes-
« tiques, et l'ordre du service de sa maison, et ses
« habits royaux, et les holocaustes qu'il offrait au Sei-
« gneur ; elle en a été hors d'elle-même, et elle s'est
« écriée : Vraiment, ô roi, on n'avait rien exagéré
« lorsqu'on parlait à ma cour de votre sagesse et de la
« sublimité de vos discours ; l'éloge était si éclatant,
« que je refusais d'y croire ; mais je suis venue, et j'ai
« tout vu des yeux, et j'ai pu constater qu'on ne
« m'avait pas même raconté la moitié de ce qui est
« vrai. Votre sagesse et vos œuvres surpassent tout
« ce qu'en dit la renommée. » (III Reg., x.)

Et, en effet, la cour de Salomon resplendissait d'un éclat sans égal. Le fils de David entretenait autour de lui une assemblée nombreuse de grands officiers de la couronne et de chefs subalternes. Et il avait distribué ses États en douze gouvernements ou intendances ; et, après les soins dus à la bonne administration, les douze intendants étaient chargés « de faire venir chacun de leurs départements à la ville capitale, ou dans celle où le roi faisait son séjour, tout ce qui était nécessaire au service de sa maison, aux dépenses de sa table, et à l'entretien de ses équipages. On lui fournissait tous les jours, pour les vivres ordinaires, trente mesures de fleur de farine, et soixante de commune, dix bœufs engraissés, vingt autres de pâturage, cent moutons; outre la viande de venaison, cerfs, chevreuils, bœufs sauvages, les volailles et le gibier de toute espèce. Ses équipages étaient les plus beaux et les plus magnifiques qu'on eût jamais vus en Israël.... Il entretenait dans ses écuries jusqu'à douze mille chevaux de main, et quarante mille pour ses chariots..... »

Il avait construit trois palais, un pour lui, un second pour la reine, un troisième commun à tous les deux, qu'on appelait la maison du Liban. Et « ces palais étaient d'une richesse immense, en or, en argent, en bois de cèdre et en pierres d'un très-grand prix. Les appartements étaient d'une beauté proportionnée, accompagnés de péristyles, de colonnades, de vestibules, de portiques, et de salons tout brillants d'or. » Le roi avait voulu que la richesse des ameublements répondît à la beauté des édifices..... et tous les vases, et toute la vaisselle qui servait à sa table et à celle de la reine..., étaient de l'or le plus fin et le plus pur. On ne daignait pas y employer l'argent, qui, dans ce temps d'abondance, n'était pas même regardé à Jérusalem, et paraissait un vil métal, à l'usage du seul commerce, ou abandonné à la bourgeoisie..... « Le trône surtout était remarquable. Il s'élevait au milieu d'une colonnade splendide, entouré des siéges destinés aux juges d'Israël : Il était d'or et d'ivoire merveilleusement travaillé. » On y montait par six degrès soutenus de chaque côté par autant de lionceaux. Il était couvert d'un dais arrondi ; et le siége en était d'or aussi bien que les bras, qui se terminaient en forme de main, et étaient appuyés sur la tête de deux lions de grandeur naturelle revêtus d'or.

« Le domaine fournissait au roi chaque année six cent soixante et six talents d'or, sans y comprendre une autre somme, peut-être encore plus considérable, qu'entassaient dans ses coffres les intendants des impôts, les commerçants, les marchands, tous les rois ses tributaires, tous les princes arabes et les gouverneurs particuliers de ce pays. » Un grand commerce apportait à son royaume une abondance inconnue. Il équipait, d'accord avec le roi de Tyr, « une flotte pour aller négocier dans les terres éloignées, où se trouvaient les mines d'or et d'argent, où l'on voyait croître les arbres les plus rares, où l'on rencontrait les autres matériaux les plus précieux. » La course de cette flotte était de trois ans, et, dès qu'elle était de retour, une nouvelle flotte, qu'on avait eu soin d'armer durant le voyage de la première, se trouvait prête à partir.....

« Mais la grande réputation de sagesse où était le roi lui fournissait une source encore plus féconde, et du moins plus estimable, par où les richesses coulaient dans ses États. Non-seulement les peuples, mais les rois étrangers se faisaient une gloire de venir à sa cour, pour être les témoins de ses merveilles et entendre ses oracles. Ils n'y venaient point sans lui payer une espèce de tribut, que leur imposait, non sa souveraineté sur eux, mais ses héroïques et royales vertus dont ils étaient enchantés. C'étaient tous les jours nouveaux présents en vases d'or et d'argent, en habits, en armes, en chevaux, en équipages, en aromates ; de sorte que Jérusalem pouvait être regardée comme le trésor de toute l'Asie. L'argent y était commun comme les pierres, et les cèdres en si grande quantité, qu'on les comparait aux sycomores, dont toutes les campagnes d'Israël étaient couvertes. » (Histoire du peuple de Dieu, — *passim.*)

Telle étiez-vous, Jérusalem, mille ans avant l'ouverture de l'ère chétienne. Mais, depuis, combien votre gloire a surpassé l'éclat du règne de Salomon !

Voilà que le phare allumé par David, sur les hauteurs de Sion, a jeté sa lumière depuis mille ans. Et depuis mille ans, la clarté s'est accrue, et elle s'est répandue sur le monde comme l'aube d'un grand jour ; et la lumière monte et monte toujours. Et voilà que Jacob, fils de Mathan, a engendré Joseph, le fiancé de Marie ; et voilà que, semblable au lis de la vallée, la Vierge, fille de David, s'est épanouie sur la tige de

Jessé; et voilà que l'archange Gabriel a annoncé à Marie qu'elle serait mère de Dieu; et, comme le soleil de justice, s'est levé sur Jérusalem Jésus-Christ, le fils éternel du Très-Haut, pour illuminer tous les siècles.

Alors, plus qu'en aucun temps, la gloire de Jérusalem devient sans égale.

Une doctrine, tombée des lèvres divines d'un Dieu fait homme, est sortie de ses murs, portée par les hommes les plus extraordinaires que le monde ait vus et puisse voir jamais : de pauvres bateliers possédant en leur cœur la fortune de l'univers. Elle est venue à Rome, elle a parlé avec les lèvres de saint Pierre et de saint Paul; et, d'une simple affirmation, en disant : Croyez en moi parce que je suis la parole de Dieu! — elle a exercé, sur les sociétés humaines, la plus profonde, la plus puissante, la plus vaste influence qu'il ait été donné au monde de sentir.

« Depuis lors, à quel inexprimable mouvement de passions et d'intelligence se trouva mêlé le nom de Jérusalem! — A ce nom, dont nul autre n'égala la puissance, les nations dévoraient l'espace, s'élançaient victorieuses à travers des pays inexplorés, brûlaient de soumettre tous les empires inconnus et d'accomplir un renouvellement universel. Le navigateur, jusque-là timide, déployait ses voiles sous les auspices de Jésus-Christ, et s'habituait à ne redouter aucune plage. L'architecture navale, pour transporter de nombreuses armées, agrandissait ses vaisseaux, et la Méditerranée s'étonnait des masses flottantes confiées à ses vagues. L'Orient et l'Occident apprirent de la sorte à se connaître. Ils échangèrent leurs produits, leurs lumières, et la magnifique civilisation de l'Europe sortit de ce mélange étonnant d'idées et de peuples. »

Ainsi, quel que soit l'aspect sous lequel j'envisage Jérusalem, je la vois dominant le monde, hier par la promesse dont elle est dépositaire, aujourd'hui par la réalisation des prophéties, partout et toujours par son Jésus-Christ, roi immortel des siècles. Comment ne serions-nous pas émus jusqu'au fond de nos âmes, au moment où nous allons franchir le seuil de cette porte de Jaffa, par laquelle pénètrent ordinairement les pèlerins d'Occident !

Vraiment, je suis surpris de ne point avoir rencontré, sur la mer, des vaisseaux nombreux portant des milliers de pieux fidèles avides de contempler les merveilles que nous allons voir. Pourquoi, sur la route de Jaffa à Jérusalem, n'ai-je point vu des armées de pèlerins, des multitudes pressées, des hommes, des femmes, des enfants, des vieillards, des familles entières, accourus des quatre points de la terre vers le sépulcre d'où mon Rédempteur est sorti glorieux et triomphant ? Je ne le comprends pas.

Tandis que les villes de plaisirs en sont à ne plus suffire à l'affluence des étrangers, la première fois que j'ai visité Jérusalem, je m'y suis trouvé, moi, cinquième et dernier venu des pays où le soleil se couche.

Aujourd'hui, sans doute, nous sommes cinquante-sept arrivés ensemble de France, de Belgique, d'Italie, de Prusse et d'Espagne, et vingt-quatre Autrichiens sont venus également des contrées qu'arrose le Danube; mais cette année est exceptionnelle. Une fois seulement, depuis le commencement du siècle jusqu'à nous, on vit débarquer une caravane de quarante-six Européens; bientôt, grâce aux malheurs du Liban, l'armée expéditionnaire de Syrie enverra encore au Saint-Sépulcre une généreuse troupe de cinquante-cinq officiers français; mais qui sait l'époque où ces trois anniversaires cesseront de former l'exception dans le cours du dix-neuvième siècle?

Année commune, une centaine de catholiques au plus viennent à Jérusalem par fractions. Leur arrivée se remarque à peine; leur présence passe inaperçue: leur départ laisse une trace un peu semblable à celle de l'oiseau qui fend l'air, du vaisseau qui traverse la mer; l'air s'ouvre, la mer se sépare, l'instant d'après on ne voit plus rien.

Cet état de choses est une honte pour nous, d'autant que les schismatiques affluent en grand nombre auprès du saint Tombeau. Une seule année en amène parfois dix mille. Ils accourent de tous les points de l'Orient. Leurs troupes nombreuses arrivent surtout aux approches de la grande semaine ; elles traversent le désert sous la conduite d'un chef, transportant avec elles leurs tentes, leur nourriture, avec des armes pour se défendre des Bédouins pillards. Ni peines ni sacrifices ne semblent leur coûter. Les pauvres amassent laborieusement, pendant de longues années, la somme que les frais du voyage dévoreront entièrement ; leur patriarche ne manquera pas de lever sur eux, au passage, un impôt exorbitant ; ils le savent et ne se découragent pas. On les voit arriver, à certains jours, pressés comme les flots de la mer ; ils débouchent par toutes les portes, campent sous les voûtes des rues, dans les jardins, dans les cours et sur les places publiques, se prosternent dans tous les sanctuaires consacrés à de vénérables ou de pieux souvenirs, et puis s'en retournent avec les mêmes fatigues, emportant un peu de la poussière du Golgotha et le linceul avec lequel ils sont descendus dans les eaux du Jourdain, et dans lequel ils veulent être ensevelis. Comme cet exemple condamne notre mollesse !

Quand viendra le jour où de nombreux catholiques préféreront le saint pèlerinage aux faciles jouissances d'un voyage à Naples ou à Athènes. Si belle que soit sa rade, Naples, voluptueusement couchée au pied de son Vésuve, peut-elle se préférer à la mâle figure de Jérusalem ? Et les souvenirs héroïques d'Athènes et de Sparte égaleront-ils jamais la gloire des annales du mont Sion?

Il est vrai, et je ne veux point le dissimuler dès l'abord, la visite de Jérusalem est une chose sérieuse.

Voulez-vous une partie de plaisirs? Cherchez-vous les sites pittoresques et gracieux, les vertes prairies en pente, les forêts de sapins, les cascades mugissantes, et tout ce qui fait le charme d'une promenade en Suisse? Ne venez pas à Jérusalem.

Ne lui demandez pas non plus ces châteaux et ces tourelles crénelées, hardiment posées sur le versant des montagnes sauvages qui baignent leur pied dans le Rhin et donnent passage à ses eaux impétueuses, à travers les rochers amoncelés à leur base.

Ne venez pas davantage chercher à Jérusalem la fraîcheur ni la beauté. Tout porte, ici, la trace de la malédiction. On dirait une tour antique ou bien un chêne séculaire le lendemain d'un orage, où la foudre aurait incendié la flèche hardiment élancée, démantelé la couronne de créneaux, renversé les branches nerveuses, épuisé la séve, et dispersé les feuilles au loin.

Écoutez le témoignage des voyageurs.

« Le soleil allait se coucher, dit M. de Forbin, quand du haut d'une montagne où je suivais un chemin pierreux, que deux murailles séparaient d'avec des champs tout couverts aussi de cailloux, j'aperçus enfin de longs remparts, des tours, de vastes édifices, environnés d'une terre aride et de pointes de rochers noircis et comme brûlés par la foudre : c'était Jérusalem ! On voyait çà et là quelques chapelles ruinées, le mont Sion et plus loin la chaîne décharnée des montagnes de l'Arabie Déserte. Émus, pénétrés d'une terreur involontaire, nous saluâmes la ville sainte, dont la première vue fait autant d'effet sur les sens que l'existence et la dispersion du peuple juif peuvent en produire sur l'esprit. »

M. le duc de Raguse est encore plus explicite.

« En approchant de Jérusalem, dit-il, on croit entrer dans le domaine de la mort. La stérilité se voit partout et la culture nulle part.....

« Le spectacle de misère et de désolation que j'avais sous les yeux m'avertissait que j'étais sur une terre de réprobation, où un grand crime a été commis, crime que, depuis dix-huit cents ans, poursuit la colère céleste ; enfin que cette terre promise et accordée au peuple de Dieu, si féconde et si riche autrefois, est devenue une terre maudite.

« Mais si l'approche de Jérusalem fait éprouver ces profondes sensations, qu'elles sont plus grandes encore celles qui naissent à l'aspect de la ville même ! Toutes les misères humaines semblent y être accumulées; une morne tristesse s'empare de l'esprit du voyageur ;

il ne peut sortir de la méditation et de la rêverie dans lesquelles il tombe involontairement et qui l'absorbent. Il croit voir encore la main de Dieu s'appesantir sur cette malheureuse ville, et la forcer de subir l'arrêt qui la condamna à vivre dans une agonie éternelle ; il s'imagine être associé à son funeste sort, car il lui semble que l'air qu'il respire ne renferme plus l'élément de la vie. Oh ! qu'ils aillent dans la terre sainte, qu'ils entrent à Jérusalem, même avec une foi douteuse, ceux-là qui sont avides de nouvelles émotions ; pour peu que leur imagination soit vive et leur cœur droit et sincère, elles arriveront en foule à leur âme. »

Avant ces messieurs, l'auteur du *Génie du Christianisme* avait ainsi rendu la même pensée :

« A la vue de ces maisons de pierres, renfermées dans un paysage de pierres, on se demande si ce ne sont pas là les monuments confus d'un cimetière au milieu d'un désert. Entrez dans la ville, rien ne vous consolera de la tristesse extérieure : vous vous égarez dans de petites rues non pavées qui montent et descendent sur un sol inégal, et vous marchez dans des flots de poussière ou parmi des cailloux roulants. Des toiles jetées d'une maison à l'autre augmentent l'obscurité de ce labyrinthe ; des bazars voûtés et infects achevènt d'ôter la lumière à la ville désolée ; quelques chétives boutiques n'étalent aux yeux que la misère; et souvent même ces boutiques sont fermées, dans la crainte du passage d'un cadi. Personne dans les rues, personne aux portes de la ville ; pour tout bruit dans la cité déicide, on entend par intervalles le galop de la cavale du désert : c'est le janissaire qui apporte la tête du Bédouin, ou qui va piller le fellah... »

Telle est en effet, Jérusalem !

Mais pourrions-nous bien la désirer autrement ? Prétendrions-nous suivre la voie douloureuse, monter au Calvaire, parmi les fleurs, au son des instruments d'une musique profane ? Ce qu'il nous faut, ce sont les ruines de la ville déicide et, dans ces ruines, la preuve éclatante de la divinité de son immortel crucifié.

---

## II

### CASA-NOVA.

A Jérusalem, il n'y a jamais eu d'auberge proprement dite. Grâce à son hospitalité proverbiale, l'Orient ne les a guère connues, depuis les jours où la sainte Vierge ne trouva pas de place dans les hôtelleries de Béthléem.

Mais voici qu'en nos temps, la capitale de la Judée a vu s'ouvrir deux façons d'hôtels, où les touristes peuvent boire des vins de Bordeaux ou de Champagne frelatés. Cependant, nous l'avons dit, à propos du *Voyage en Judée*, la masse des pèlerins préfère encore l'hospitalité, un peu austère, du couvent de Saint-François. Il y a dans cette manière de s'abriter plus de teinte locale et comme un doux parfum des vieux souvenirs.

En arrivant donc, après avoir franchi la porte de Jaffa, au milieu des soldats turcs étonnés, laissant à gauche la tour de David et la montagne de Sion, nous avons pris une rue tortueuse et nos guides nous ont conduit devant *Casa-Nova*, petit hospice bâti par les Franciscains à l'intention des pèlerins de terre sainte.

Cinquante-sept voyageurs, réunis de contrées diverses par l'œuvre des pèlerinages établie à Paris, tous venant de France par le même bateau, sollicitent leur admission dans la maison préférée. Le lecteur a fait connaissance avec plusieurs d'entre eux pendant nos excursions à Bethléem et à la mer Morte. Pourquoi ne les lui nommerais-je pas tous ?

PRÉSIDENT :

MM.

De Durfort-Civrac, duc de Lorge, au château de Fonspertuis (Loiret).

VICE-PRÉSIDENT :

De Plas (Louis), ancien chef de bataillon, à Aubeterre (Charente).

AUMONIERS :

Le R. P. Gagarin (Jean), de la Compagnie de Jésus, Russe.
Le R. P. De Damas (Amédée), de la Compagnie de Jésus.

TRÉSORIERS :

Subtil de Franqueville (Athanase), à Caen (Calvados).
De Vergès (Louis), à Paris, rue Saint-Guillaume, 31.

SECRÉTAIRES :

Le baron d'Ascher de Montgascon (Ambroise Justin), à Paris, rue de l'Université, 47.
Clément de Blavette (Edmond), au château de Loupeigne (Aisne).

ANCIENS PÈLERINS ADJOINTS AU BUREAU.

De Ville-Perdrix (Augustin), au pont Saint-Esprit (Gard).
L'abbé Wauters (Lambert), chanoine de la cathédrale de Liége, à Hasselt (Belgique).

Béhagel (Albéric), avocat, à Paris, rue Taranne, 9.

Bilger (Théobald), entrepreneur de bâtiments, à Saint-Ulrich (Haut-Rhin).

L'abbé Branchereau (Pierre), directeur du collége de Cholet (Maine-et-Loire).

L'abbé Caillet (Nicolas), missionnaire du diocèse de Besançon (Doubs).

Le baron des cantons de Montblanc d'Ingelmunster (Albéric), au château d'Ingelmunster (Belgique).

De Chenelette (Rémy), au château de Chenelette (Rhône).

L'abbé Clavey (Richard), curé à Levoncourt (Haut-Rhin).

Don Cordova (Manoël), de la république de l'Équateur.

Le R. P. Danjou (Louis), de la Société des Pères de Saint-Edme, à Pontigny (Yonne).

Le baron Dauger (Gustave), à Caen (Calvados).

Delarouzée (Charles), avocat, à Paris, rue de Vaugirard, 78.

Le comte de Divonne (Ferdinand), au château de Divonne (Ain).

Dubuc (Louis-André), à Salies du Salat (Haute Garonne).

Le comte de Durfort-Civrac de Lorge (Augustin), au château de Fonspertuis (Loiret).

L'abbé Four (Antoine), chanoine honoraire de Reims, curé de Gray (Haute-Saône).

Fournel (Constant), à Commercy (Meuse).

De Franqueville (Arthur), à Fécamp (Seine Inférieure).

De Gatellier (Gaston), à Lyon (Rhône).

De Givenchy (Charles), à Saint-Omer (Pas-de-Calais).

Grasset (Arthur), à Dijon (Côte-d'Or).

L'abbé Isnard (Eugène), aumônier de la flotte, à Brest (Finistère).

Le comte Brassier de Jocas (Louis), à Carpentras (Vaucluse).

Jordan de Chassagny (René), au château de Chassagny (Rhône).

Laproste (Jean-Baptiste), à Mont-Saint-Sulpice (Yonne).

L'abbé Legoix (Henry), ancien aumônier à la Salpêtrière, à Neuilly (Seine).

Comte de Luppé (Louis), au château de Corbères (Basses-Pyrénées).

Comte DE MAZENOD (Raoul), à Saint-Marcellin (Loire).
DE MEESTER (Léopold), à Anvers (Belgique).
L'abbé MEYER (Valentin), curé de Mertzen (Haut-Rhin).
Le comte Albert DE MONTEYNARD, au château de Tencin (Isère).
L'abbé ORDONNEZ (Ignacio), de la république de l'Équateur (actuellement évêque).
POIDEBARD (Ernest, à Saint-Paul en Jarrit (Loire).
DE PROVENCHÈRES (Charles), à Clermond-Ferrand (Puy de Dôme).
Le vicomte de la ROCHETHULON (Henri), au château de Baudiment (Vienne).
Le comte DE ROSAMBO (Henri Christian), au château du Ménil (Seine-et-Oise).
DE ROSTAING (Charles), au château de Peyrins (Drôme).
Le vicomte DE SALABERRY (Henri), au château de Fossé (Loir-et-Cher).
Le vicomte DE SALLMARD (Auguste), au château des Peyrins Drôme.
L'abbé SCHERMESSER (Mathias), curé à Moernach (Haut-Rhin).
Le Vicomte DE SIMONY (Félix), à Langres (Haute-Marne).
L'abbé SPAAS (Théodore), doyen de Hasselt (Belgique).
Le Chevalier VIANSSON-PONTE (Louis), à Plappeville (Moselle).
Le Comte DE VIBRAYE (Maxence), au château de Cheverny (Loir-et-Cher).
L'abbé UCCELI (Antoine), à Clusone (Lombardie).

Cette liste fut imprimée à Jérusalem par les Pères de Saint-François, et distribuée à chacun de nous. Je l'ai conservée jusqu'ici comme l'un de mes meilleurs souvenirs, et je la transcris comme un hommage.

Nous voici campés dans un pêle-mêle vraiment pittoresque. Arrivés les premiers, les pèlerins d'Autriche ont occupé une grande partie de l'hospice destiné aux voyageurs. Or, Casa-Nova n'est point un palais ; vit-on jamais rien de semblable à Jérusalem, depuis les rois Francs ? C'est une maison fort propre et fort convenable, plus que suffisante pour les besoins ordinaires. Elle se divise en petites chambres où il y a un lit de fer, une chaise, une table de bois blanc, un encrier de fer-blanc, et un peu de place pour se retourner. Un réfectoire commun y réunit les pèlerins le long de grandes tables de bois étendues sur des tréteaux. On n'y voit point de cuisine, parce que les repas se préparent au couvent, d'où on les apporte aux heures marquées par la règle. L'enceinte de Casa-Nova n'est pas grande, c'est un quadrilatère avec une petite cour au milieu ; et, malgré toute leur charité, les Pères de Saint-François n'ont pas le pouvoir de la dilater pour la circonstance. Force nous est donc de nous serrer, de nous faire le plus petits possible pour trouver chacun notre gîte ; encore la bonne volonté ne suffit-elle pas. Les matelas sont juxtaposés de telle sorte, qu'il faut passer sur les quatre premiers pour arriver au cinquième ; et il en manque. Alors on décide que les prêtres iront loger au couvent. Pour moi, avec Augustin de Lorge, Mayence de Vibraye, Ferdinand de Divonne, Albert de Monteynard, Henry de Salaberry et Henri de la Rochethulon, de Rosambo, Grasset, Béhagel, Delarouzée, Poidebard et Jordan, je m'achemine vers le petit hospice bâti à côté de l'église de la Flagellation. Nous y aurons chacun un matelas, une chaise, une table, et l'eau fraîche de la citerne. S'il faut quelque chose de plus, un peu d'eau chaude par exemple pour un malade, ou je ne sais quoi de semblable, à nous de nous industrier pour nous le procurer d'une manière quelconque. Cependant, un soir, nous parvînmes à y faire un punch, comme j'aurai l'occasion de le raconter.

Notre plan de voyage porte vingt jours de station dans la ville sainte. Ils seront sérieux assurément. Indépendamment des tristesses de la grande Semaine, qui s'ouvrira bientôt, rien ici pour distraire et charmer.

Mais, on ne l'ignore plus, c'est précisément parce que Jérusalem est ainsi que nous sommes venus la chercher de si loin. Son caractère unique dans le monde est le charme qui nous attire. Nous voulons voir le miracle permanent qui étonne l'univers depuis dix-huit siècles, la ville déicide, objet de l'amour et de la vénération de la plus nombreuse et de la plus importante partie de l'humanité, la cité pour laquelle l'Europe a prodigué le plus d'or et de sang, Jérusalem prise, reprise, ruinée, rebâtie et renversée encore, Jérusalem enfin toujours assise dans l'humiliation, malgré les efforts incessants de l'univers pour l'entourer d'honneurs.

Courage donc, courage et espoir. Commençons cette visite austère, cherchons les souvenirs des événements immenses dont Jérusalem conserve la trace gravée sur ses rochers et ses montagnes; c'est vraiment marcher à la découverte, car le spectacle qui nous attend n'eut jamais son pareil.

Rien ne s'est vu, rien ne se voit de comparable à ce que nous allons contempler de nos yeux et toucher de nos mains. Quel attrait pour la curiosité humaine !

En vérité, nous sommes bien heureux d'être ici ; et le Seigneur nous a fait une grande grâce en nous appelant au saint pèlerinage.

O vous tous qui désirez jouir d'un point de vue qui ne se trouve nulle part, voir ce que vous ne rencontrerez pas ailleurs, sentir des émotions qui ne ressemblent à rien de connu, suivez-nous à Jérusalem !

---

## III

### UNE MESSE DANS LA CRYPTE DE L'IMMACULÉE CONCEPTION.

Les premiers feux du jour illuminent les hauteurs de Sion : les Pères de Saint-François ont devancé l'aurore pour offrir au Saint-Sépulcre l'hommage de la prière catholique, avant que l'erreur y vienne faire des cérémonies sacriléges. Et par un contraste plus pénible à Jérusalem qu'ailleurs, le drapeau turc vient d'être arboré sur le prétoire de Pilate au son d'une musique sauvage ; et, du balcon des minarets, la voix du muezzin nasille la prière du prophète.

Nos pèlerins reposent encore, fatigués d'un long voyage et de toutes les émotions d'une première arrivée à Jérusalem. Dans mon petit couvent de la Flagellation surtout, mes jeunes compagnons dormiront comme on le fait à leur âge ; et le soleil sera bien haut sur l'horizon, et le jour bien grand, et la chaleur déjà forte, lorsque la gaieté et la vie succéderont au profond silence qui m'entoure. La matinée est donc à moi. Si j'allais faire ma prière et ma méditation, si j'essayais de dire la messe dans l'église bâtie sur la maison de sainte Anne !

Tout près d'ici, lorsque, se dirigeant à l'est, on descend du prétoire de Pilate à la porte de Saint-Étienne, on aperçoit à sa gauche une ancienne église, belle encore, mais affreusement dégradée. Construite par les croisés sur l'emplacement occupé autrefois par la demeure de sainte Anne et de saint Joachim, elle rappelle un des plus doux mystères de notre foi.

*C'est là*, disent plusieurs auteurs, *que Marie fut conçue sans péché.*

Lorsque je vins à Jérusalem pour la première fois, je ne pus arriver à ce sanctuaire qu'en traversant une sorte de charnier où des bêtes mortes et jusqu'à des chameaux entiers, gisaient parmi d'innombrables immondices. Je m'aventurai à travers ce fumier, et, poussant une mauvaise porte à peine fixée sur ses gonds, je vis une église dépouillée de ses fenêtres, et dont les voûtes, fléchissant de vieillesse, menaçaient de s'effondrer. Ce temple, élevé par nos pères à la mémoire des ancêtres de Jésus-Christ, était devenu une étable où des ânes et des mulets entassaient les souillures, et dont les Turcs profanaient les abords. Mais la France, maîtresse aujourd'hui du sanctuaire, s'est empressée de le soustraire à la profanation.

Il a fallu la guerre de Crimée, la prise de Sébastopol, et une longue négociation habilement conduite par M. Thouvenel, alors ambassadeur à Constantinople, et par M. de Barrère, consul à Jérusalem, pour obtenir ce résultat. Les Turcs ont regimbé sous l'aiguillon. Mahomet et le diable ne leur permettaient guère de laisser aux catholiques la liberté de fonder un établissement de plus à Jérusalem. Peu leur importent les Russes; qu'ils élèvent des palais sur le mont Sion, une erreur de plus dans l'empire du mensonge se tolère sans peine; mais la vérité catholique fait mal aux yeux de celui qui ne veut pas voir. — Enfin la France a triomphé, et les ruines du couvent, et l'église de Sainte-Anne ont été remises solennellement par le gouverneur de Jérusalem, Kiamil-Pacha, au consul de France, M. de Barrère, le 1er novembre 1856.

Tout n'est pas fait, tant s'en faut, pour l'honneur de la France, dans ce sanctuaire vénéré; et certes ce n'est pas la faute de M. de Barrère; mais quand il faut, à neuf cents lieues de son pays, dresser des plans, faire des devis, remuer des pierres, réparer et édifier, et que cependant on n'a pas la liberté de planter un clou sans que l'administration en ait délibéré à Paris, il y a des lenteurs forcées, qu'on n'a peut-être le droit d'imputer à personne. Aussi n'accusé-je qui que ce soit; mais je déplore d'autant plus notre situation à Jérusalem, que les autres nations nous devancent en activité et en sacrifices. Espérons dans l'avenir. Puissions-nous voir se vérifier le proverbe : *On ne perd jamais rien à attendre.* Déjà le terrain a été déblayé ; les vils animaux qui l'encombraient sont chassés, le charnier a disparu, et, si la restauration n'est pas complète, du moins la dignité du lieu est rétablie, et le cœur n'est plus oppressé par le douloureux spectacle des profanations ! un mur entoure le monument, et notre consul seul permet d'en franchir l'enceinte.

J'avais avec moi un autel portatif et tout ce qu'il faut pour célébrer le saint sacrifice : je descendis dans une crypte pratiquée sous le sanctuaire, où je trouvai deux chambres dont les premiers chrétiens avaient fait des chapelles ; j'y dressai mon autel, et j'y commençai la messe avec des sentiments de dévotion faciles à comprendre.

Quelle bonne fortune de pouvoir, au début, méditer le mystère accompli en ces lieux, et revoir, avant de suivre les diverses phases de la vie du Sauveur, les circonstances miraculeuses de la nativité de la Vierge immaculée, sa divine mère !

Voici, d'après les auteurs reconnus, le récit de ces faits merveilleux (1).

(1) L'auteur, en donnant ce récit et ceux qui suivront, ne prétend pas offrir comme certaines les traditions sur lesquelles ils reposent ; seulement il ajoute, aux faits rapportés dans l'Évangile, des circonstances probables qui aident l'esprit et le cœur à se pénétrer du mys-

« En ce temps-là vivaient, près de Nazareth, deux époux vertueux de la tribu de Juda. Ils s'appelaient Anne et Joachim. Joachim descendait en ligne directe de David par Mathan; Anne était petite-fille d'Aaron. D'après la loi de leur naissance, ils auraient dû habiter Bethléem, mais lorsque Hérode monta sur le trône et entreprit d'anéantir toute la maison des

tère. C'est le conseil des maîtres de la vie spirituelle, comme on peut le voir expliqué au long dans une note du *Voyage en Judée.*

Volontiers il dirait au lecteur avec saint Bonaventure :

« Pour ce moment, j'ai songé seulement à vous initier comme je pourrais à ces méditations de la vie du Christ; mais je voudrais que vous fussiez guidé par un homme plus expérimenté et plus savant que moi, parce que je me reconnais très-insuffisant en pareille matière. Néanmoins, et comme je juge qu'il vaut mieux dire quelque chose tant bien que mal que de me taire tout à fait, je ferai l'épreuve de mon impuissance, et je vous parlerai familièrement, avec mon langage simple et sans recherche.....

« Maintenant il ne faut pas croire que nous puissions méditer tout ce que la tradition certaine nous rapporte comme ayant été fait ou dit par Notre-Seigneur Jésus; il ne faut pas croire non plus que tout soit écrit. Pour moi, *afin de laisser en vous une plus grande impression*, je vous raconterai les événements comme ils ont été ou *comme ils auraient pu être, ou comme l'on peut croire qu'ils sont arrivés*, et d'après certaines images et représentations que l'esprit perçoit de diverses manières. En effet, pour ce qui touche la sainte Écriture, nous pourrons méditer, exposer, et comprendre diversement, *selon que nous le croyons utile*, pourvu que ce ne soit ni contre la vérité de la vie, de la justice et de la doctrine, ni contre la loi et les bonnes mœurs. Quand donc vous me verrez raconter : « Le Seigneur Jésus a fait et parlé ainsi, » ou employer d'autres formes analogues, et que mon récit ne pourra se prouver par les saintes Écritures, ne le prenez pas autrement que comme une pieuse méditation, c'est-à-dire prenez que j'ai dit : « Représentez-vous que le Seigneur Jésus a fait et parlé ainsi; » et de même dans tous les cas semblables. » (*Médit. de S. Bonaventure*, 1 vol. in-18, 500 p. Putois-Cretté, édit.)

Machabées qui avaient gouverné les Juifs dans les derniers temps, plusieurs descendants de la famille royale de David, tombée à peu près dans l'oubli, craignant avec raison la fureur du tyran, s'étaient réfugiés dans la Galilée, vers les limites du royaume ; et là, retirés au milieu des montagnes, ils vivaient de leur travail auprès de Nazareth. Ainsi s'explique la présence de nos deux patriarches dans une contrée qui n'était pas la terre de David.

« L'habitation de Joachim était agréablement située dans un pays de collines entremêlées de prairies et d'arbres, sur une hauteur entre la vallée de Zabulon et Nazareth. Une gorge plantée de térébinthes conduisait à la ville. Devant la maison, une cour fermée dont le sol était le rocher nu ; autour de la cour, un mur assez bas derrière lequel circulait une belle haie vive ; sur l'un de ses côtés, on voyait de petits bâtiments destinés à servir d'entrepôt ou de logement pour les domestiques. Plus loin, un hangar abritait le bétail et les bêtes de somme.

« La maison elle-même était assez grande. Elle pouvait représenter à l'intérieur la contenance d'une maison de village de moyenne grandeur. Elle se divisait en un certain nombre de pièces, par des cloisons formées de branches entrelacées, mobiles pour la plupart et qui ne s'élevaient pas jusqu'au toit.

« Anne et Joachim étaient particulièrement distingués. Type juif où se remarquait je ne sais quel grand air qui produisait le charme et commandait le respect ; gravité merveilleusement aimable ; caractère égal, doux et tranquille, dissimulant sous les traits de la jeunesse la gravité de l'âge mûr. Ils jouissaient d'une honnête aisance et n'abusaient point de leur fortune, qu'ils divisaient en trois parts, la première pour le temple, la seconde pour les pauvres, et la troisième pour eux-mêmes. Ils offraient ce qu'il y avait de mieux à l'autel du Seigneur ; les pauvres recevaient la meilleure des deux autres parts; ils conservaient pour eux la moins bonne. Ils vivaient donc modestement, habitant de petites chambres séparées où ils se livraient fréquemment à la prière. Souvent lorsque Joachim était obligé de sortir pour aller visiter ses troupeaux, on le trouvait isolé à l'écart et priant dans la prairie.

« Dix-neuf ans s'étaient passés depuis leur mariage. Or une grande douleur oppressait leur âme au milieu des délices d'une vie si pure et si sainte. Ils n'avaient point d'enfants, et, chez les Juifs, cette privation était regardée comme une malédiction. Souvent les personnes qui les voyaient leur disaient des choses pénibles à cet égard ; et ces insultes augmentaient leur chagrin.

« A l'époque dont nous parlons, leur peine était à son comble. Ils s'étaient rendus à Jérusalem, selon la coutume, pour la fête des Encénies. Tous les enfants d'Israël étaient accourus pour offrir des sacrifices au Dieu de leurs pères, et le grand prêtre Ruben immolait leurs victimes. Joachim se présenta à son tour. Il portait un agneau, symbole de douceur et d'innocence, figure de l'Agneau qui devait expier les péchés de la terre. Anne le suivait, la tête voilée, le cœur plein de soupirs et de larmes. Le grand prêtre, en les apercevant monter les degrés du temple, n'eut pour eux que des paroles de mépris et de reproche. — Vous est-il permis, leur dit-il, de présenter votre offrande au Seigneur, vous qu'il n'a pas jugés dignes d'avoir une postérité? Ne savez-vous pas qu'en Israël l'époux qui n'a pas la gloire d'être père est maudit de Dieu? — Et, après avoir ainsi parlé en présence de tout le peuple, le grand prêtre refusa de recevoir l'offrande des malheureux époux. Joachim, navré de douleur, ne voulut point revenir à Nazareth avec les témoins de son opprobre. Il se rendit dans une campagne voisine de Jérusalem, où des bergers gardaient ses troupeaux. Anne retourna seule dans sa demeure, offrant à Dieu le sacrifice d'une âme humiliée et d'un esprit brisé parla souffrance.

« Heureusement, cette cruelle épreuve, si héroïquement supportée, allait recevoir de Dieu sa récompense. Un jour que Joachim se trouvait seul dans les champs, à l'heure où les agneaux fatigués cherchent les frais ombrages, une lumière, plus éblouissante que le soleil, frappa ses regards ; et l'ange Gabriel se tint debout devant lui. Joachim se prosterna, car cette vision l'effrayait.

« Ne crains point, dit le messager céleste. Je suis l'ange du Seigneur. C'est Dieu même qui m'envoie. Il a prêté l'oreille à ta prière, et tes aumônes sont montées en sa présence. Voici ce que dit le Seigneur : Anna, ton épouse, mettra au monde une fille à la quelle vous donnerez le nom de Marie. Elle sera consacrée à Dieu dans le temple ; le Saint-Esprit habitera en elle dès le sein de sa mère et y il opérera de grandes choses. — Après ces mots, l'ange disparut.

« Or, le matin de ce jour, qui était consacré au Seigneur, Anna, sur l'avis de ses femmes, quittant ses vêtements de deuil, avait repris des ornements de fête, et s'était mise en devoir de rejoindre son mari. Lorsqu'elle fut arrivée non loin de la maison qu'il habitait, elle s'assit à l'ombre d'un laurier en fleur, et, levant les yeux vers le ciel, elle aperçut un nid de passereaux caché dans le feuillage. A cette vue, poussant un profond soupir :

« Hélas ! s'écria-t-elle, à qui pourrais-je me comparer dans ma douleur ? quelle mère m'a donné le jour, pour être un sujet de contradiction en présence des fils d'Israël ? Ils ont insulté ma misère ; ils m'ont repoussée du temple du Seigneur ! Hélas ! à qui pourrais-je être comparée ?

« Les oiseaux du ciel sont féconds devant vous, ô mon Dieu ; les animaux sauvages qui peuplent la solitude ont reçu de votre main la fécondité. A qui ressemblé-je donc ? L'onde elle-même est fertile ; les flots des mers, orageux ou paisibles, l'armée des poissons qui vivent dans leur sein, chantent votre gloire. La terre produit en son temps des fleurs et des fruits, et vous bénit, ô Seigneur ! Et moi seule je vis dans la malédiction ! »

« Alors un ange descendit près de l'affligée. Anna, lui dit-il, Dieu a entendu vos soupirs. Vous concevrez dans votre sein et vous aurez un enfant de bénédiction.

« Vive le Seigneur mon Dieu, reprit Anna ! s'il me donne un enfant, je le consacrerai dans son temple pour le servir tous les jours de sa vie.

« Deux autres envoyés célestes, apparaissant alors, dirent à Anna : Voici venir Joachim, votre époux, avec de nombreux troupeaux. Vous le rencontrerez à la porte Dorée, et tel sera le signe de la vérité de notre promesse.

« Joachim avait en effet quitté sa maison des champs pour venir retrouver sa fidèle compagne. Il amenait des agneaux purs et sans taches, douze jeunes taureaux, avec cent beliers vigoureux, destinés à être offerts au Seigneur.

« Anna se mit en marche afin d'aller à sa rencontre. Comme elle approchait de la porte Dorée, elle vit de loin son époux qui chassait devant lui ses troupeaux. Les deux saints vieillards s'embrassèrent, mêlant leur commune joie dans un chaste baiser.

« C'est maintenant, s'écria l'heureuse Anna, que Dieu m'a comblée de ses bénédictions. Il fait cesser ma viduité et m'accorde le bonheur d'être mère. »

« Ils se racontèrent ensuite leur vision merveilleuse, et dans l'admiration que leur causaient ces manifestations célestes, ils rendirent grâces à Dieu.

« Anna conçut donc Marie, la sérénissime reine des anges, le 8 décembre, jour auquel l'Église célèbre la fête de son Immaculée Conception. Ensuite ils attendirent en paix l'accomplissement des promesses divines.

« Or, vers le commencement du mois de *tisri*, le septième mois de l'année sacrée des Hébreux, le premier de leur année civile, et, selon notre manière de compter, le 8 septembre de l'année 734 de la fondation de Rome, le vingt-sixième du triumvirat d'Auguste, le troisième de la cent quatre-vingt-dixième olympiade, sous le consulat de Furius Népos et de Julius Silanus, un samedi, à l'aube du jour, lorsque toute la Judée affluait à Jérusalem pour y célébrer la fête des Tabernacles; le temple, les portiques de la cité sainte, et les jardins qui l'entouraient étant tout émaillés de nombreuses tentes de feuillage, où s'abritait le peuple de l'antique alliance; prêtres, lévites, sacrificateurs, vierges et musiciens étant occupés à relever l'éclat et la pompe des cérémonies, l'heureuse épouse de Joachim mit au monde celle qui devait être le temple véritable où reposerait le Dieu d'Israël. »

Ce fut ainsi que la mère de Dieu fut conçue et reçut le jour « en une maison qu'avaient les parents de sainte Anne, parmi les brebis bêlantes et les chansons des pasteurs, » au rapport de saint Jean Damascène.

L'heureuse Anna, devenue mère, s'écria : « Mon âme surabonde de joie à la vue de ces merveilles ! » Et elle accueillit avec un doux baiser la Vierge immaculée que le Seigneur lui donnait. Ensuite elle continua en ces termes l'hymne de son allégresse et son chant d'action de grâces :

« Félicitez l'heureuse mère qui a vu cesser sa stérilité, qui a vu le fruit des promesses; dont la vieillesse possède enfin la joie qu'elle a tant désirée, et allaite un enfant de bénédiction.

« J'ai dépouillé les tristesses de la stérilité pour la joie de la maternité.

« Que cette vertueuse Anna des anciens jours, l'heureuse rivale de Phénenna, prenne part à mon triomphe. La même merveille s'est renouvelée en moi.

« Que l'antique Sara préside à nos fêtes; elle a figuré mon enfantement merveilleux après tant d'années de stérilité.

« Que toutes les femmes qui n'ont point connu le bonheur d'être mères célèbrent la céleste faveur de ma fécondité. »

Anna chantait ainsi.

Cependant Joachim, absorbé par les sentiments de la reconnaissance et de la joie, remerciait Dieu au fond de son cœur d'avoir effacé son opprobre et glorifié son nom parmi les enfants d'Israël.

Alors une voix se fit entendre du haut du ciel, elle s'adressait à Marie et elle disait : « Bénie sois-tu en ce monde, ô ma bien-aimée; une compagnie céleste assiste à ta naissance; jamais tant de joie n'avait paru chez les anges; que le Saint-Esprit se repose en toi. Le ciel et la terre seront soumis à ta puissance; les anges te serviront comme leur souveraine; à toi sera le monde; à toi l'humanité que tu vas guérir. »

Ainsi fleurissait la tige desséchée de David, au milieu de ces pays que la bénédiction d'en haut venait encore visiter.

« Quelque temps après cette bienheureuse naissance, Joachim et Anna réunirent dans leur maison, pour un grand festin, les prêtres, les principaux du sénat et du peuple, et toute leur famille. La Vierge fut présentée aux prêtres, qui appelèrent sur son berceau les bénédictions du ciel.

« Dieu de nos pères, dirent-ils, bénissez cet enfant; donnez-lui un nom qui soit célèbre d'âge en âge. »

Et tous les assistants répondirent : Qu'il soit ainsi ! qu'il soit ainsi !

Anna, prenant alors sa fille dans ses bras, éleva la voix et dit :

« Je chanterai un cantique de louange au Seigneur mon Dieu, parce qu'il m'a visitée pour me venger des reproches de mes ennemis.

« Le Seigneur Dieu m'a donné un fruit précieux de justice et de miséricorde. Qui dira au fils de Ruben que la vieille Anna est devenue mère? Tribus d'Israël, écoutez, entendez une merveille ! Anna allaite un enfant ! »

Tous les convives prirent part à son allégresse. Ils imposèrent à la fille de Joachim le nom qui lui avait été donné par l'ange au jour de la promesse; c'était Mirjam ou Marie, c'est-à-dire la maîtresse, ou l'étoile de la mer (1).

« Lorsque la sainte vierge Marie parut au monde pour la première fois, dit la sœur Catherine Emmerich, il y eut une grande joie dans le ciel, aux limbes et sur la terre. Et, au même temps, les démons furent saisis d'une angoisse inexprimable (2).

« Je la vis dans le ciel présentée aux trois personnes

(1) Tiré, presque mot à mot, de l'abbé Darras.

(2) L'Église n'a point prononcé sur les révélations de la sœur Catherine Emmerich; mais elle ne les a pas non plus condamnées. Plusieurs auteurs fort graves les repousent énergiquement; d'autres les admettent. L'auteur ne les cite point comme une autorité, il les rapporte lorsqu'elles ne contredisent point l'histoire, quand elles paraissent vraisemblables et communiquent de l'intérêt au récit.

de la sainte Trinité, et saluée avec une joie indicible par toute l'armée céleste. Je vis sa naissance annoncée aux patriarches dans les limbes. Je vis tous ces saints patriarches, et surtout Adam et Ève, pénétrés d'une joie inexprimable, à cause de l'accomplissement de la promesse faite dans le paradis terrestre. Je connus aussi qu'il y avait un progrès dans l'état de grâce des patriarches, que leur demeure s'éclairait et s'élargissait, et qu'ils acquéraient une grande influence sur ce qui se passait dans le monde. Il semblait que tous les travaux, toutes les pénitences de leur vie, tous leurs combats, leurs prières et leurs désirs étaient, pour ainsi dire, arrivés à maturité.

« Je vis aussi un grand mouvement de joie dans la nature, et j'entendis des chants harmonieux. Les cœurs des hommes de bien se sentaient plus joyeux que de coutume ; et chez les pécheurs il y avait comme une grande angoisse et un violent brisement de cœur.

« Mais les démons surtout sentirent l'effet de la présence de Marie sur la terre. Ils s'irritèrent en voyant celle dont le pied devait écraser la tête du serpent et détruire leur puissance. Je vis spécialement dans la contrée de Nazareth et dans la terre promise plusieurs possédés agités par des convulsions violentes. Ils se précipitaient çà et là avec de grandes clameurs, et les démons criaient par leur bouche : Il faut partir, il faut partir !

« A Jérusalem, je vis le vieux prêtre Siméon, qui habitait près du temple, effrayé à l'heure de la naissance de Marie par les cris affreux des possédés enfermés en grand nombre dans un édifice contigu à sa demeure et sur lequel il avait un droit de surveillance. Je le vis à minuit se rendre sur la place devant la maison des possédés ; un homme lui demanda la cause de ces cris qui troublaient le sommeil de tout le monde. Alors un possédé s'exclama avec plus de force, demandant à sortir. Siméon lui ouvrit la porte, et le possédé se précipita dehors, et Satan cria par sa bouche : Il faut partir ; nous devons partir. Il est né une Vierge ; il y a sur la terre une quantité d'anges venus avec elle pour nous tourmenter ; nous devons partir, et nous ne pourrons plus posséder un seul homme ! — Le vieux Siméon se mit en prière ; le malheureux possédé fut violemment jeté çà et là sur la place, et je vis le démon sortir enfin de son corps.

« Je vis aussi la prophétesse Anne, et Noémie, sœur de la mère de Lazare, réveillées et informées par une vision de la naissance d'un enfant d'élection. Elles se réunirent pour se communiquer ce qu'elles avaient appris et louer Dieu toutes deux ensemble. »

C'est ainsi que le ciel, la terre et l'enfer semblèrent tressaillir au moment de la naissance de Marie.

Longtemps on ignora dans l'Église le jour précis de la conception et celui de la nativité de la sainte

Vierge. La tradition s'en était perdue. On honorait le sanctuaire vénéré du fond duquel j'écris ces lignes; mais on n'y célébrait point d'anniversaire bien fixe. Or, il arriva qu'un pieux solitaire, dont la vie inconnue aux hommes s'exhalait sous l'œil de Dieu comme le parfum des fleurs au désert, entendait chaque année, dans la nuit du 8 septembre, d'angéliques harmonies, qui descendaient des cieux. Surpris de cette merveille, il pria le Seigneur de lui révéler ce que signifiaient ces concerts. Alors un ange lui apparut et lui dit: « La Vierge immaculée, qui fut mère de Dieu, est née cette nuit même. Les hommes l'ignorent; mais les anges chantent sa nativité dans les cieux. »

Depuis que le précieux secret fut ainsi communiqué au monde, l'Église célèbre, le 8 décembre et le 8 septembre, les jours de bénédiction où s'opérèrent la conception et la nativité de la très-sacrée Vierge.

« Ce n'est pas sans un profond mystère, dit un chroniqueur, que la naissance de Marie fut placée à l'époque de l'année où les arbres courbent vers la terre leurs rameaux chargés de fruits, où les grappes commencent à rougir aux ceps de la vigne, où le laboureur joyeux voit enfin couronner ses espérances. La vigne, dont l'automne recueille les doux présents, n'est-ce pas le peuple d'Israël qui jouit du Sauveur attendu par les prophètes et les patriarches? ou plutôt, n'est-ce point Marie elle-même, cette vigne céleste dont le vin précieux fait germer les vierges? »

Pendant bien des années, en souvenir de la vision miraculeuse, les populations de la France méridionale, si dévouées au culte de Marie, conservèrent la coutume de passer en prière la nuit de la Nativité. La voix des anges se mêlait secrètement aux concerts de la foule pieuse, répétant les saints cantiques dans le silence de la nuit, sous les voûtes de l'église illuminée par mille flambeaux comme le dôme du ciel.

Tel est le mystère opéré, dit-on, dans la crypte de Sainte-Anne. Heureux pèlerin, pouvais-je commencer mes visites de Jérusalem sous de meilleurs auspices? Je débutai par une prière à sainte Anne, à saint Joachim, les ancêtres de Jésus-Christ selon la chair; je me réjouissais avec les anges du miracle de pureté qui préparait une mère au Rédempteur.

Hélas! pourquoi faut-il mêler toujours aux souvenirs les plus doux les froides discussions de la critique? Et cependant telle est l'une des premières obligations du voyageur consciencieux en terre sainte. Les siècles ont passé; l'erreur et la vérité se sont vues aux prises en Palestine; et la vérité, combattue par la haine, défigurée quelquefois par une piété peu éclairée, obscurcie par les injures du temps, nous arrive trop souvent avec peine.

Ici deux opinions sont en présence. La sainte maison de Lorette dispute à l'église Sainte-Anne l'honneur d'avoir été le sanctuaire où s'opéra l'immaculée Conception. La question est délicate et d'autant plus difficile à traiter que l'Écriture ne révèle rien à ce sujet, et que nous sommes absolument privés de documents historiques contemporains. Saint Jean Damascène, au huitième siècle, est la plus ancienne et la plus grande autorité en faveur de l'église Sainte-Anne; et la plupart des auteurs du moyen âge ont adopté son opinion. Mais plusieurs souverains pontifes soutiennent le contraire, dans leurs bulles en faveur de Lorette.

En présence de telles autorités je ne me permettrai pas d'ouvrir un avis; et je dirai volontiers avec monseigneur Mislin : « Cette question fort difficile n'aura « probablement jamais, au point de vue historique, « de solution certaine. — Un voile mystérieux de « modestie, d'humilité et de sainteté recouvre les « premières années de celle dont le nom devait res« plendir avec plus d'éclat que le soleil. Une pieuse « curiosité serait tentée de s'en plaindre parfois ; mais, « si cette connaissance nous eût été nécessaire, elle « nous aurait été révélée comme les autres. . . . . . . « D'ailleurs on ne saurait douter que la sainte fa« mille n'ait habité ce lieu, ce qui suffit pour nous le « rendre cher et sacré. . . . . . »

Malgré ces incertitudes, la foi trouve donc son aliment, et la piété sa consolation, dans ce sanctuaire vénérable qui vit Marie enfant, où se succédèrent plus tard des générations de saintes recluses, où les premiers chrétiens et, après eux, les soldats de la croix vinrent à flots pressés honorer la Vierge mère du Rédempteur. Je le quitte, mais j'y reviendrai; et cette fois ce ne sera plus seul, mais avec tous nos amis et M. de Barrère qui leur en fera les honneurs. Nous y dirons encore la messe, nous y prierons ensemble pour la France, et les voix de nos jeunes gens y feront entendre de gracieux cantiques à la Reine des anges, à la mère de toute pureté.

Que l'église Sainte-Anne sorte bientôt de l'obscurité où elle reste encore; c'est notre vœu le plus cher. Que l'œuvre ébauchée s'achève, et que bientôt nous retrouvions ce sanctuaire dignement restauré! Cette espérance est légitime quand c'est la France qui doit agir. Ce monument fut élevé par nos pères; les pierres en furent, en quelque sorte, cimentées par leur sang. La France terminera l'œuvre sainte : et la Vierge immaculée devra ce nouveau triomphe au pays de ses prédilections.

---

## IV

### NOS PREMIERS DEVOIRS.

Si j'avais quitté, au point du jour, une demeure silencieuse, je devais la retrouver bien autre à mon retour. Quelle joie, quelle animation dans ce lieu de retraite et de prière! Lorsqu'un nuage d'automne a versé sur la terre une forte ondée, si le soleil reparaît tout à coup et dissipe les vapeurs, on entend sous les arbres les oiseaux secouer leurs ailes frémissantes et témoigner leur aise par des gazouillements qui se provoquent, se répondent, se croisent, et forment un concert gracieux. Ainsi de nos jeunes amis après une bonne nuit et un de ces sommeils comme on en fait à leur âge. Ils vont d'une chambre à l'autre, s'appellent, échangent de joyeux propos. Plusieurs, établis sur les toits en terrasse, lavent leur fusil, fourbissent leurs révolvers, ces joyaux d'une jeunesse ardente; et cependant, au milieu de cette joie, ils n'oublient point qu'ils sont à Jérusalem, et leurs yeux se reportent vers la coupole du Saint-Sépulcre où les entraîne leur cœur.

Lorsque tout le monde est prêt, nous allons à Casa-

Nova, où le gros de la caravane nous attend pour une délibération importante : il s'agit de l'emploi de nos journées et aussi de l'ordre dans lequel se feront les explorations.

Qu'allions-nous voir? Par quoi fallait-il débuter? Chacun interrogeait l'itinéraire qu'il avait apporté de France ; les uns voulaient commencer par l'église du Saint-Sépulcre; d'autres étaient pressés de gravir la montagne de Sion ; les avis se multipliaient. Enfin, sans mépriser l'autorité des guides, sans contester, non plus, leur utilité réelle, nous résolûmes de ne point nous y soumettre absolument, et de n'accepter d'autre conduite que celle de l'Écriture et de Josèphe.

Tel sera le règlement de nos journées. De bon matin, chacun sera libre d'aller satisfaire sa dévotion dans le sanctuaire qu'il aura choisi. A neuf heures nous sortirons tous, et nous serons de retour à midi pour le dîner. A trois heures, nouvelle excursion jusqu'à la tombée de la nuit. Et puis le souper, et puis la conversation, et la prière du soir en commun, et enfin, le retour au couvent de la Flagellation.

Trop nombreux pour aller ensemble, nous nous diviserons en quatre bandes. Les habitants de Casa-Nova retiendront trois drogmans chargés de les piloter à leur fantaisie, et nous emmènerons, dans notre couvent de la Flagellation, un quatrième interprète qui sera exclusivement à nous.

Ce matin, nous nous reposerons, et nous resterons à *Casa-Nova*, devisant avec nos amis jusqu'à l'heure du dîner.

Vers trois heures, nous irons faire nos soumissions à l'autorité. Le révérendissime père Custode de terre sainte a déjà bien voulu accueillir nos hommages. Nous sommes ses hôtes ; à lui, par conséquent, nos premières salutations. Il s'est montré affable et plein du désir de nous être agréable.

Son Excellence monseigneur Valerga, patriarche latin de Jérusalem, recevra les premières de nos visites. Aucun pèlerin, j'ai lieu de le croire, ne s'est présenté devant ce prélat sans éprouver une de ces impressions fortes qui forment comme les points de repère du voyageur, lorsqu'il cherche, plus tard, à recueillir ses souvenirs.

Quelquefois un homme, avec mille bonnes qualités intimes, a reçu de la nature un extérieur peu avenant. On entre chez lui, l'imagination occupée de je ne sais quel idéal, et, en l'abordant, on est tenté de s'écrier : N'est-ce donc que cela ? Le patriarche actuel de Jérusalem semble, par je ne sais quelle prédestination, fait exprès pour rappeler l'image de ces hommes vénérables que les premiers siècles nous montrent assis sur le trône du frère du Seigneur.

Quelle mission est la sienne ! Succéder à une telle suite de pontifes !

Saint Jacques le Mineur ouvre la glorieuse série, l'an 33 de l'ère chrétienne.

Après lui viennent :

Saint Siméon, fils de Cléophas (60).
Juste I (107).
Zachée ou Zacharie (111).
Tobie.
Benjamin I.
Jean I.
Mathias.
Benjamin II.
Philippe.
Sénèque.
Juste II.
Lévi.
Éphrem.
Judas.
Marc (135) [1].
Cassius.
Publius.
Maxime I.
Julien I.
Gajon.
Symmachus.
Cajus.
Julien II.
Capiton.
Maxime II (183).
Antoine.
Valens.
Dulchiers.
Saint Narcisse.
Dius.
Germanion.
Gordius.
Saint Narcisse (rétabli sur son siége).
Alexandre (212).
Mazabonès (253).
Himénée (260).
S. Zambdas (296).
Hermon ou Thermon (298).
Saint Macaire I (312).
Maxime III (331).
Saint Cirille (351).
Jean II (386).
Parachile ou Praile (416).
Juvénal (429).
Anastase (457).
Martyrius (477).
Salluste (485).
Élie (chassé par Sévère, hérétique) (492).
Jean III (513).
Pierre (525).
Macaire II (545).
Eustochius (553).
Macaire (rétabli) (564).
Jean IV (571).
Amoros ou Hamos (593).

[1] *Nota.* Jusqu'ici tous les évêques de Jérusalem ont été pris exclusivement dans la nation juive; à dater de ce moment, on ne fait plus attention aux nationalités. Le plus digne de la communauté chrétienne est choisi, sans distinction de grec ni de gentil.

Hesichius (601).
Zacharie (609).
Modestus.
Sophrone (633).

Le siége ne fut pas toujours rempli sous le règne des Sarrasins ; on connaît seulement quelques patriarches dont voici les noms :

Théodore (759).
Élie (787).
Jean V (795).
Thomas (802).
Oreste (1006).
Siméon (1088).

Après Siméon, la lignée des patriarches orientaux cesse pour ne plus s'ouvrir.

Un patriarcat latin essaya de se greffer sur la tige épuisée, à l'ombre et sous la protection de la bannière de la croix. Le nouveau trône pontifical s'écroula lorsque fut brisé le sceptre du dernier roi de Jérusalem. Et neuf cents ans après, monseigneur Valerga reçoit de Sa Sainteté le pape Pie IX le périlleux honneur de le relever.

Aimable et distingué, le prélat ouvrit ses salons à la foule de nos pèlerins avides de le voir et de l'entendre. Il fit apporter les sorbets et le café, inséparables de toute réception orientale. Il eut, pour tous, une parole aimable.

En quittant le patriarcat, nous nous dirigeâmes vers le consulat de France. M. de Barrère nous y attendait avec cet empressement gracieux dont chacun aime à s'entretenir au retour dans la patrie.

Il est difficile de trouver, loin de son pays, un représentant plus complet de la courtoisie française. M. de Barrère a consumé une jolie fortune à rendre agréable à ses compatriotes le séjour de la ville sainte. De pauvres voyageurs ont bien souvent reçu de sa générosité le moyen d'achever leur course sans trop de souffrances.

Monseigneur le patriarche et M. le consul de France inviteront successivement plusieurs de nos pèlerins à dîner chez eux. Ainsi la connaissance se fera plus complète : et de bonnes et de gracieuses soirées termineront agréablement des journées pénibles d'exploration.

Et, maintenant, nous voici libres de tout devoir et de toute préoccupation étrangère. Pour être tout entiers à la ville sainte, nous avons parcouru les localités environnantes dont j'ai rendu compte dans mon *Voyage en Judée.* Nous avons eu le bonheur de voir Bethléem et la grotte de la Nativité, la maison de la Visitation où naquit le précurseur, le tombeau d'Abraham, le Jourdain où fut baptisé Jésus; il faut maintenant nous circonscrire dans une limite étroite autour de la ville et concentrer notre âme dans les souvenirs de la Passion, en présence des lieux témoins du grand drame régénérateur. Nous nous prosternerons à Gethsémani, nous monterons au Calvaire, et le jour de Pâques nous irons sur la montagne des Oliviers admirer les splendeurs de la foi. Nous gravirons les hauteurs de Sion où les échos nous rendront les frémissements de la harpe de David ; nous écouterons les tristesses désolées de sa pénitence et les cantiques inspirés de sa reconnaissance. Saturés alors de Jérusalem et de ses souvenirs, armés pour la lutte, nous retournerons dans notre France redire, à ceux qui n'auront point eu el bonheur de voir, les consolations du saint voyage et la force que donne la prière au chrétien agenouillé, le front sur la pierre du tombeau de Jésus-Christ.

---

## V

### LE MONT MORIAH.

Jérusalem, nous l'avons dit, est assise sur quatre hauteurs, le mont Moriah, le mont Acra, la colline de Bethzéta et le mont Sion. Rien au monde d'accentué comme son enceinte. Par le seul côté de Bethzéta elle touche aux pays circonvoisins. De toutes parts ailleurs elle est isolée par des vallées profondes qu'elle domine avec une sorte de majesté. Au nord et à l'orient, la vallée de Josaphat, avec son torrent de Cédron qui va perdre ses eaux dans la mer Morte ; au midi, la vallée de Hennon ou de la Géhenne ; à l'occident, la vallée de Géhon, séparée, au nord-ouest, de celle de Josaphat, par les hauteurs de Bethzéta. Vue du sud-ouest surtout, elle semble ne point appartenir à la terre, et ses dômes, et ses minarets, et ses coupoles apparaissent au-dessus de ses murailles crénelées, comme ces hardis châteaux forts que nos seigneurs du moyen âge plantèrent dans le nid des aigles.

On voudrait retrouver, dans son enceinte, ces gorges et ces hauteurs qui, sous les rois de Juda, donnèrent

4

tant de charmes et de beauté à ses palais, à sa forteresse, à son temple. Mais ici, plus que nulle part, peut-être, s'est accomplie la parole du précurseur : « Les collines seront abaissées et les vallées comblées. » Une légère dépression seulement indique la limite du mont Moriah d'avec celui de Sion. Les pentes de Bethzéta, occupées encore par des constructions, sont à peine sensibles. Le mont Sion domine seul ; cependant les vieilles dénominations restent ; et pour l'observateur, elles sont des points de repère essentiels à constater. Chacune de ces hauteurs a sa chronique particulière et contribue à l'histoire générale de Jérusalem.

Nous les rechercherons donc avec soin, pour les suivre comme si elles étaient encore une réalité ; et, dès aujourd'hui, fidèles à cette résolution, nous commencerons nos visites par l'exploration du mont Moriah.

Sion est plus connu sans doute et plus célèbre peut-être, à cause de David, qui l'a immortalisé, à cause de sa forteresse et de son rôle dans la guerre. Mais Sion eut seulement l'avantage d'être la cité du roi. Au mont Moriah, les grands mystères symboliques, et ce temple unique dans l'univers qui contient la majesté de Dieu.

Le Moriah est d'ailleurs le premier dans l'ordre chronologique. Il a un nom bien longtemps avant la prise de Jérusalem, avant la chute de la forteresse bâtie par les Jébuséens sur le mont Sion. Nous y re-retrouvons, dès l'année 1912 avant Jésus-Christ, 900 ans par conséquent avant David, des événements qui préparent le mystère de la Rédemption. Avec la construction du temple, il devient le centre autour duquel gravitent les phases de la destinée d'Israël ; et son histoire est l'abrégé des merveilles qui annoncèrent le Messie.

Allons donc avant tout au mont Moriah étudier Jérusalem. Son passé nous révélera les merveilles de l'Ancien Testament, et ses miraculeuses destinées nous conduiront insensiblement vers l'Évangile.

Hélas ! la visite de cette montagne est promptement faite pour celui qu'amène seulement une curiosité banale. Il sort de sa demeure, descend quelques rues obscures, et, au moment où il s'y attend le moins, à l'extrémité d'une rue qui débouche sur la place tant désirée, il entend la voix inflexible du fanatisme qui lui crie : On ne passe pas. — Heureux lorsque cette défense n'est pas accompagnée de quelque expression blessante comme *chien* ou *maudit*. Cette place est trop sacrée aux yeux des musulmans, pour qu'ils consentent à la voir profanée par la présence d'un chrétien. Ils y ont bâti leur mosquée ; et non-seulement ce lieu de prières restera inaccessible à tout autre qu'à l'enfant de Mahomet; mais les alentours eux-mêmes en seront réservés. Il n'y a cependant point de sentinelle pour garder la place. A quoi cela servirait-il? lorsqu'il s'agit d'un chrétien, tout bon musulman a droit de faire justice. Aucune formalité n'est exigée. Point d'instruction de la cause; ni procès ni jugement. Si vous vous avanciez de quelques pas au delà de la rue, une nuée de Turcs sortiraient de leurs maisons, et se précipiteraient sur vous avec des pierres et des bâtons, car un chrétien, c'est l'image de la malédiction; il est la malédiction même. Le droit naturel permet de se défaire d'un chien enragé, de repousser un fléau, d'éloigner la mort; et le chrétien est assimilé à tout cela par le Coran.

Nous sommes huit Français, le duc de Lorge et son fils Augustin, MM. de Rosambo, de Monteynard, de Divonne, de Salaberry, de Vibraye et moi. Sur la limite fixée pour les hommes déclarés impurs, nous regardons. Un Turc trouve la chose mauvaise; il nous fait signe de nous retirer. Nous étions dans nos droits; nous ne bougeâmes point. Le scélérat poussa l'insolence jusqu'à croiser sa lance contre l'un de nous. Il y avait de quoi le piler sous le talon de nos bottes. Force fut de nous contenir cependant. Trois cents Turcs fussent venus soutenir la cause de l'insolent. L'autorité française elle-même eût été impuissante à nous secourir. Nous eussions compromis la position présente et à venir des pèlerins de Jérusalem. Il fallut nous contenter de ne pas reculer d'une ligne devant la lance et de conserver, en face de ce brutal, une attitude fière et méprisante.

Voilà comment on entend l'alliance de la France avec la Turquie. Nous verserons des flots d'or et de sang ; nous immolerons ce qu'il y a de plus pur dans notre jeunesse française, pour la défense de ce peuple abruti ; et les traités lui laisseront le droit d'agir avec les enfants de la France comme avec des reptiles impurs!

Le lecteur ne s'attend plus à ce que je lui fasse maintenant une exacte description de la mosquée. Elle nous parut d'une belle architecture, mais elle est trop petite pour l'emplacement où fut le temple. Salomon, non content de consacrer une montagne entière à la demeure de son Dieu, avait encore élargi la place par de grandes terrasses dont les fondements reposaient dans la vallée. Sur une telle base il fallait un couronnement immense. La mosquée d'Omar s'élève belle, mais un peu grêle au milieu d'une esplanade exhaussée de huit marches. Elle s'ouvre par quatre portes faisant face aux quatre points cardinaux. D'élégants portiques présentent leurs voûtes arrondies devant chacune des portes. L'édifice est surmonté par une coupole autrefois dorée, mais actuellement revêtue de plomb.

Or, la mosquée est ce qui doit nous occuper le moins dans un lieu aussi vénérable.

Le mont Moriah, aujourd'hui profané, est, de toutes les montagnes de l'univers, une de celles auxquelles se rattache le plus de sens mystique. Son histoire paraît commencer à Abraham, et jusqu'au jour où Notre-Seigneur transporta l'autel sur le Calvaire, il fut, au milieu de la terre entière, le trône où reposait la majesté de Dieu.

J'ouvre ma bible vers les premières pages, et je lis ce passage sublime :

« Abraham planta un bois à Bersabée ; et il habita « longtemps ce pays. Or Dieu voulut l'éprouver, et il « lui dit : Prends Isaac, ton fils unique, que tu chéris ; « mène-le dans la terre de Moriah, et offre-le en ho- « locauste sur la montagne que je t'indiquerai. — Et « Abraham, se levant pendant la nuit, sella son âne, « et conduisit avec lui deux jeunes gens et Isaac son « fils, et, lorsqu'il eut coupé le bois pour l'holocauste, « il s'achemina vers le lieu où Dieu lui avait ordonné « d'aller. Et, lorsqu'il y fut arrivé, il laissa derrière lui « ses deux serviteurs, et il gravit la montagne avec « Isaac. Alors il éleva un autel et y plaça le bois, et « après qu'il eut attaché son fils Isaac, il le mit sur le « bois disposé sur l'autel, et il étendit la main, et il « saisit le glaive pour immoler son fils. Et voilà qu'un « ange du Seigneur l'arrêta tout à coup en lui disant : « N'étends pas la main sur l'enfant, et ne lui fais au- « cun mal ; car je sais maintenant que tu crains Dieu,

« puisque tu n'as pas épargné ton fils unique à cause « de lui. »

Il n'est pas absolument certain qu'Abraham ait offert son sacrifice sur l'emplacement du temple de Salomon. Au lieu de Moriah, les Samaritains lisent la terre de Morée, et ils désignent le mont Garizim pour le théâtre du sacrifice. D'autres veulent que le fait se soit accompli sur le mont Thabor. Nous n'essayerons pas de mettre d'accord les interprètes. Le nom de Moriah veut dire vision en hébreu, et l'Écriture pourrait l'avoir appliqué à un endroit différent de celui que nous visitons. Cependant, nulle autre montagne appelée Moriah n'est réellement à la distance de trois journées de Bersabée, et ceci nous donne une présomption que nous sommes sur le théâtre même du sacrifice mystérieux.

D'ailleurs, avant même de l'avoir choisi pour sa demeure permanente, le Seigneur s'est plu, d'autres fois, à exercer ses miséricordes et ses justices sur cette même montagne. Je n'en citerai qu'un exemple.

Aux jours de calamité, où l'Ange du Seigneur frappait sans pitié les enfants d'Israël et les exterminait pour châtier le crime de David, le roi pénitent reçut l'ordre d'élever un autel dans l'aire d'Ornan le Jébuséite, sur le mont Moriah. Et lorsqu'il eut acheté l'emplacement de cette aire pour cent sicles d'or, et dressé son autel, et placé des victimes sur le bûcher, il vit l'ange du Seigneur entre le ciel et la terre, qui avait à la main une épée nue tournée contre Jérusalem; et il se prosterna la face contre terre avec les anciens du peuple, et il invoqua le Seigneur; et le Seigneur l'exauça en faisant descendre le feu du ciel sur l'holocauste. Et il commanda à l'ange; et l'ange remit son épée dans le fourreau.

Cependant la merveille éternelle du mont Moriah devait être le temple de Salomon. Sur la fin de ses jours, le roi David, libre de ses ennemis, avait songé à élever une demeure magnifique à Jéhovah, son bienfaiteur. Mais Dieu lui avait dit : « Tu ne bâtiras point une maison à mon nom, parce que tu es un homme de guerre et que tu as répandu le sang! » Et il avait réservé cette grande œuvre à Salomon. Aussi, dès les premières années de son règne, le jeune héritier de David avait tout préparé pour que rien ne manquât à la magnificence de l'édifice divin. L'imagination se perd dans les détails de cette œuvre immense. Cent cinquante mille ouvriers y furent employés en même temps. Je ne décrirai point les dimensions ni les mesures du temple, ni ses dehors, ni ses portiques, ni ses vestibules, ni ses appartements, ni les travaux immenses qu'exigea à elle seule la préparation du terrain pour mettre la montagne en état de supporter l'édifice. Un volume ne suffirait pas, surtout s'il fallait détailler la multitude des logements intérieurs, la richesse des dorures, des bois exquis, des pierres précieuses, la quantité de lames, de gonds, de clous d'or, sans même compter, ce qui était bien plus précieux encore, les ornements sacerdotaux et lévitiques; les vases sacrés, les chandeliers, les instruments à l'usage du sacrifice, les encensoirs, les tables et tant d'autres objets dont l'or massif était la matière commune. Le lecteur ne se trompera point en donnant carrière à son esprit pour imaginer ce qu'il y a de plus beau, de plus noble, de plus riche, de plus magnifique, du travail le plus fin, du goût le plus exquis, et en quelque sorte de plus digne de la majesté du Seigneur. Ce chef-d'œuvre fut achevé la onzième année du règne de Salomon, au huitième mois appelé le mois de *bul*. La dédicace en fut solennelle, et Dieu, pour donner aux Juifs un témoignage éclatant de sa protection, permit qu'une nuée mystérieuse se reposât sur le temple au moment de sa consécration et l'enveloppât de la majesté du ciel.

Quelle place, dans l'histoire du monde, eût occupé le peuple juif si, fidèle à son Dieu, il l'eût servi dans son temple jusqu'au jour où la race de ses rois eût donné à la terre le Messie promis pour la rédemption du genre humain! Comprend-on une gloire semblable? Le peuple de Dieu comblé de plus en plus des faveurs célestes se présentant au monde comme la garde d'honneur de Jésus-Christ; quelle destinée sublime!

Malheureusement les Juifs ne surent jamais se rendre dignes des bienfaits de Dieu ; au lieu de l'aider dans l'accomplissement de ses desseins, ils les traversèrent continuellement, et ils forcèrent le Seigneur à se servir d'eux comme d'un instrument revêche qu'on brise lorsque l'ouvrage est achevé.

Écoutons l'histoire de leur temple, c'est le récit de leurs révoltes et des nombreux désastres qui préparèrent la dernière catastrophe.

Quatre cents ans après sa fondation, les Juifs s'étaient livrés à l'idolâtrie et à des excès en tout genre, au point que le Seigneur, ne pouvant rester davantage au milieu d'eux, leur envoya son prophète Jérémie pour leur dire : Écoutez, écoutez la parole de Jéhovah, rois de Juda et vous habitants de Jérusalem ! Voici ce que dit le Seigneur des armées, le Dieu d'Israël :

Je vais amener sur ce lieu des maux tels que les oreilles en tinteront à quiconque les entendra : parce qu'ils ont profané ce lieu, qu'ils ont brûlé de l'encens à des dieux étrangers, parce qu'ils ont rempli cette terre du sang des innocents, et qu'ils ont élevé sur les hauts lieux des autels à Baal pour brûler leurs enfants en holocauste.....

« En effet, dit l'histoire du peuple de Dieu, Nabuchodonosor vint avec une armée puissante exercer les vengeances du Seigneur. Et le quatrième mois de l'an 528 avant Jésus-Christ, qui était le onzième de la dernière année de Sédécias, le cinquième jour du mois, après un siége opiniâtre de près de deux ans et demi, la brèche fut faite à la première enceinte de la place ; et elle se trouva assez grande pour qu'on pût donner l'assaut.

Les vainqueurs se partagèrent aussitôt en deux bandes, dont l'une se précipita vers le temple. Alors le chef de l'armée prononça la peine de mort contre tous les Juifs sans distinction d'âge, de condition ou de sexe. Le lendemain, dès le point du jour, les officiers du roi de Babylone, s'étant assurés de toutes les portes, de toutes les issues et du temple même, abandonnèrent la ville au pillage et tous les habitants à la discrétion du soldat. Il n'est pas possible d'exprimer les horreurs de cette journée et de celles qui la suivirent. Le temple, la ville, les maisons particulières, les rues et les places publiques regorgeaient de sang. Le pillage fut entier, et le massacre général. Les prêtres furent les premiers immolés ; les vieillards décrépits ne demandaient point grâce, les tendres enfants ne pouvaient obtenir faveur. Les femmes, les vierges, les jeunes hommes ne recevaient le coup fatal qu'après avoir épuisé la passion d'un soldat sans pudeur comme sans pitié. Le Seigneur avait été outragé sans mesure ; il se vengea sans miséricorde. Son épée était sortie du fourreau, selon l'expression du prophète, elle ne devait plus y rentrer ; elle n'y rentra en effet qu'après s'être rassasiée de sang. Les coupables avaient beau crier vers le Seigneur ; il était sourd à leurs cris et résolu à ne plus les entendre. »

Le lendemain de ce jour terrible, Jérusalem n'était plus qu'un amas de palais et de maisons sans habitants, moins semblable à une grande ville qu'à un immense tombeau rempli d'un million de cadavres entassés les uns sur les autres. On ne cessa d'égorger que lorsque le soldat fut épuisé de force ou la ville de victimes. Il n'échappa de cette effroyable boucherie qu'un très-petit nombre de fidèles marqués au sceau de Dieu ; et tout ce qui trouva grâce devant le vainqueur fut emmené en captivité. Ainsi s'accomplit cette prédiction de Jérémie proclamée dix-huit ans auparavant :

« Ces nations serviront le roi de Babylone durant soixante-dix ans. » (*Jerem.*, XXX, 2.)

Or, Dieu n'avait pas condamné à jamais son peuple. Il le poursuivait au contraire de son amour, de ses bienfaits et de ses miracles ; et, s'il le châtiait, c'était alors seulement que sa justice ne pouvait l'éviter sans se mentir à elle-même. Après que les Hébreux eurent pleuré pendant soixante-dix ans sur les rives du fleuve qui arrose Babylone, en songeant aux malheurs de Sion, un homme se leva, suscité par Dieu, qui étonna le monde par ses conquêtes et réunit les puissantes monarchies des Perses, des Mèdes et des Babyloniens. Touché des malheurs d'Israël, Cyrus, dès la première année de son règne, rendit le célèbre décret de réédification qui fut l'accomplissement de cette parole d'Isaïe prononcée cent quarante ans auparavant : « C'est moi qui dis à Jérusalem : Vous serez habitée ; aux villes de Juda : Vous serez réédifiées, et je repeuplerai vos déserts ; c'est moi qui dis à l'abîme : Vous serez désolé, et je sécherai vos fleuves. C'est moi qui dis à Cyrus : Vous êtes le pasteur de mon troupeau, et vous exécuterez toutes mes volontés. Oui, Jérusalem, vous serez rebâtie, et vous, mon temple, vous reparaîtrez sortant de vos ruines..... C'est moi qui ai élevé Cyrus pour exercer la justice. Je le conduirai dans toutes ses voies, il fera rebâtir ma ville ; il délivrera mes captifs ; il ne leur fera point acheter leur liberté à prix d'argent et de présents. » (*Isa.*, XLV.)

Effectivement, Zorobabel, ayant ramené avec lui un grand nombre de Juifs, se mit à réédifier la ville et le temple.

Ce nouveau sanctuaire eut des destinées étranges. On vit le paganisme le vénérer et le souiller tour à tour. Alexandre le Grand y offrit des sacrifices au vrai Dieu ; mais il n'osa pénétrer dans le Saint des saints. Pompée, au contraire, franchit toutes les barrières. « Il entra dans le temple par droit de victoire, dit Tacite ; on apprit alors que l'enceinte ne renfermait l'image d'aucun Dieu et qu'elle était vide. » En effet, l'arche d'alliance n'y avait pas été replacée ; on n'avait pu retrouver la caverne du mont Nébo, où Jérémie l'avait cachée. Pompée respecta la maison de Dieu ; il dota même un certain nombre de prêtres et leur ordonna d'offrir des sacrifices en son nom. Et les choses restèrent dans cet état jusqu'à Judas Machabée.

Cependant, avant l'invasion de Pompée, un païen avait renouvelé les scènes de désolation qui précédèrent la captivité de Babylone. Les Juifs avaient oublié Dieu, leur bienfaiteur; ils profanaient son temple, et le mal était si universel, que le grand prêtre, dans un accès d'indignation, avait tué, sur les parvis sacrés, Jonathan, son propre frère. Alors Antiochus était venu; il avait enlevé l'autel des parfums, le chandelier et la table d'or restitués par Cyrus ; il avait pillé le trésor, et placé la statue de Jupiter dans le temple de Jéhovah. Et cette profanation avait duré jusqu'au jour où l'illustre fils de Mathathias avait purifié le temple, et l'avait rendu à sa destination première.

Un peu plus tard, il y eut un moment où les Juifs purent croire que Dieu voulait éterniser son alliance avec eux. Dix-neuf ans avant l'ère chrétienne, le roi Hérode renversa le temple pour le reconstruire ; son œuvre fut sublime ; il créa l'un des plus beaux édifices qui soient sortis de la main des hommes. Mais la dureté des cœurs avait, pendant ce temps-là, poussé à bout la patience de Dieu. Le culte de l'ancienne loi allait faire place aux autels de la loi nouvelle. Peu de temps après la consécration du temple d'Hérode, deux vieillards, saint Joachim et sainte Anne, venaient y présenter une jeune vierge, fruit tardif d'une sainte union. Et cette vierge grandissait à l'ombre du sanctuaire; et elle devenait mère sans perdre le privilége de sa virginité; et elle mettait au monde le Messie réparateur du genre humain. C'était le signal de la réprobation des Juifs.

En vain Dieu multiplia-t-il les avertissements et les merveilles. En l'espace de quelques mois, il accumula des prodiges dont les siècles auraient voulu être les témoins.

Le temple d'Hérode vit Joseph et Marie racheter au prix de deux tourterelles, à la façon des pauvres, le divin enfant de la crèche de Bethléem. Il entendit le *Nunc dimittis* du vieillard Siméon et les bénédictions enthousiastes d'Anne la prophétesse. Jésus vint y célébrer la pâque, à l'âge de douze ans. Il y enseigna les docteurs. Il y pardonna les péchés de la femme adultère. Il y fut tenté par le démon; il en chassa les vendeurs profanes; il y confondit les pharisiens qui lui demandaient s'il fallait payer le tribut à César; il y montra la vraie cause de l'excellence de la charité en faisant l'éloge du denier de la veuve; il y enseigna plusieurs paraboles; et il y adressa des reproches sévères aux scribes et aux pharisiens; et, peu de jours avant sa mort, il y entra en triomphe au milieu des acclamations du peuple.

Malheureusement toutes ces merveilles ne furent pas capables de toucher les Juifs endurcis. Le temps était venu où les anges allaient être forcés de quitter le sanctuaire, en criant : Sortons d'ici ! sortons d'ici ! Le bon maître lui-même avait été obligé de prophétiser la ruine complète de l'édifice profané par des cœurs corrompus; et il avait déclaré qu'il n'en resterait pas pierre sur pierre.

Et en effet, soixante-dix ans après sa construction, il tomba sous les coups des légions romaines. En vain Titus donna-t-il des ordres sévères pour sa conservation ; en vain s'efforça-t-il d'arrêter les premiers efforts du feu. La colère de Dieu attira elle-même l'incendie; et la parole prophétique s'accomplit : « Il n'en restera pas pierre sur pierre. »

Or Jésus-Christ ne s'était pas contenté de prédire la destruction du temple, il avait affirmé qu'il ne se relèverait jamais et que ses ruines seraient le témoignage éternel de la réprobation du peuple juif. En effet, depuis dix-huit cents ans, les efforts n'ont pas manqué pour contredire la parole divine; mais toute la puissance des hommes est venue échouer devant cette simple affirmation tombée d'une bouche céleste : « Il n'en restera pas pierre sur pierre. »

Au quatrième siècle, un empereur qui tenait la

terre entière sous sa puissance, résolut de faire mentir la prophétie de celui qu'il appelait par mépris le Galiléen. Il envoya à Jérusalem l'ancien gouverneur de la Grande-Bretagne, nommé Alypius, présider à la réédification. Il ordonna au gouverneur de la Syrie de le seconder de tout son pouvoir, et il convoqua tous les Juifs dispersés aux quatre vents du ciel. Chacun se mit à l'œuvre avec une ferveur extraordinaire. On prodigua les trésors. Les femmes elles-mêmes furent vues travaillant avec des instruments d'argent. Or, dit un païen consciencieux, homme de guerre et serviteur de Julien, « tandis qu'Alypius pressait vivement les opérations, aidé par le gouverneur de la province, il sortit des fondements de terribles tourbillons de flammes qui dévorèrent à plusieurs reprises les ouvriers et rendirent ce lieu inaccessible. » Après ce témoignage d'un païen, on croira facilement celui des Pères : d'après eux, les pierres qui étaient dans les fondements furent jetées au loin, et les édifices d'alentour renversés ; des galeries, sur lesquelles se tenaient les conducteurs des travaux, tombèrent avec fracas, et ensevelirent ceux qui s'y trouvaient ; des tourbillons de vent enlevèrent tous les matériaux, et le feu consuma jusqu'aux outils des manœuvres. Le lendemain, les Juifs étant revenus furent poursuivis à plusieurs reprises par des feux qui en dévorèrent un grand nombre ; des croix lumineuses s'attachaient à leurs vêtements. Continuellement repoussés par un prodige si effrayant, ils renoncèrent à poursuivre l'œuvre ; plusieurs d'entre eux demandèrent le baptême.

Ainsi la main de Dieu est sur ces ruines, et, debout sur le mont Moriah, nous, pèlerins des derniers âges, nous constatons un des prodiges par lesquels le Très-Haut manifeste sa puissance. Après des siècles de préoccupations et d'efforts, le temple de Jérusalem n'est pas rebâti.

Comment expliquer ce fait, sans miracle ?

En voyant toutes ces choses, je me demande : Qu'est-ce donc que le mont Moriah ! Qu'est-ce que son temple ?

Et la montagne et ses ruines me répondent : Nous sommes le monument impérissable qui proteste en faveur du dogme de l'unité de Dieu et de celui de la rédemption du genre humain par Jésus-Christ.

En effet ; les feux du Sinaï ne fument plus. Le peuple hébreu a quitté le désert. Il va s'établir dans la terre promise. Il lui faut un monument sensible qui lui rappelle le commandement : Un seul Dieu tu adoreras ! Alors Jéhovah lui ordonna de bâtir un temple. Ce temple sera un chef-d'œuvre. Il n'y en aura qu'un seul, comme il n'y a qu'un seul Dieu ; et tous viendront y adorer en esprit et en vérité. Les révolutions se succèdent. Les Juifs méritent la mort et l'exil.

Leur temple est détruit avec leur puissance. Dieu a soin de le faire relever à mesure qu'il pardonne, mais, lorsque Jésus-Christ est venu sur la terre, lorsque le dogme de l'unité a pris de telles racines qu'il n'a plus besoin d'une sauve-garde, le temple s'écroule pour ne plus se relever. Il était la figure ; il disparaît en présence de la réalité.

Assis sur des tronçons de colonnes et de larges pierres renversés, mes amis et moi, nous nous entretenions de cette destinée merveilleuse, et nous adorions la majesté de Dieu si longtemps présente sur cette montagne, lorsqu'un de nous attire notre attention sur un fait plein d'importance... Pensez-vous, dit-il, que toute la destinée du temple fût accomplie après Titus ? J'ai lieu de croire le contraire, et voici ma preuve ! Je l'établis sur cette parole de Jésus-Christ : « Du temple, il ne restera pas pierre sur pierre. » Eh bien, l'impossibilité de rejoindre ces pierres dispersées n'est-elle pas contre les Juifs une preuve que le temple des figures est à jamais passé pour faire place à la réalité? — Un autre reprit : Je croirais pouvoir trouver un sens encore à cette parole : *Il ne restera pas pierre sur pierre ;* je vois dans le temple abattu l'image de la nation juive réprouvée, car Dieu ne pouvait se contenter d'appesantir sa main sur des pierres sans vie, il fallait qu'il dispersât les pierres vivantes aux quatre coins du monde et qu'il les y maintînt dans cet état de désordre pour avertir l'humanité.

Or nos deux amis avaient raison. Avec le temple matériel l'édifice de la nationalité des Juifs s'est écroulé au milieu de circontances telles, que l'histoire du monde n'en présente pas de semblables; et, par un fait étrange et unique, le peuple qui a disparu, comme nation, continue à exister sous la forme d'individus, et nous le rencontrons à toute heure sur nos pas, en quelque pays que ce soit, comme on heurte les pierres dans une plaine couverte de ruines immenses.

Voyez-le ! il est singulier entre tous. Il ne forme point une masse compacte réunie dans une certaine contrée, qui ait ses lois, ses magistrats, qui compose une république ou un État quelconque. Répandu sur la surface du globe, mêlé avec cent peuples divers, soumis à des princes étrangers, il ne se confond cependant point avec ces nations. Les anciens peuples, les Perses, les Babyloniens, les Mèdes, les Romains eux-mêmes ont disparu de la terre; le peuple juif, plus ancien qu'eux tous, leur survit à tous. Il vit, malgré les calamités qui pèsent sur lui depuis dix-huit siècles, malgré sa dispersion étrange, malgré la haine et le mépris universel des nations. D'après les savants il s'élève à trois millions d'hommes. Dans les pays où on leur permet de se rassembler, les Juifs bâtissent des synagogues; ils prient ensemble, ils instruisent leurs enfants de leurs lois ! mais il n'ont ni temple, ni sacrifices, ni prêtres, ni rois. Si vous leur demandez qui ils sont, ils vous répondent sans hésiter qu'ils sont le peuple de Dieu, qu'ils attendent le Libérateur promis. Si vous insistez, ils vous mettent entre les mains la *Bible*, comme témoignage de la réalité de leur foi. Or, pour l'homme sérieux et sans passion, la *Bible* prouve que le Libérateur est venu, que le peuple juif a été rejeté pour son endurcissement et son déicide, que son état actuel enfin est l'accomplissement des prophéties les plus formelles. Dites-le-lui ! il ne vous croira pas. Il le faut bien. L'incrédulité et l'obstination sont une suite de la malédiction prononcée par ses pères, lorsque, réunis devant le palais du gouverneur romain qui refusait de condamner Jésus-Christ et de verser le sang innocent, ils s'écrièrent :

« Que ce sang retombe sur notre tête et sur celle de nos enfants ! »

Le sang fut en effet versé ! il coula sur la tête des coupables ! et depuis lors la malédiction n'est plus sortie de la maison d'Israël.

Voilà comment, en visitant le mont Moriah, nous sommes conduits à étudier les mystères les plus sublimes de la religion chrétienne.

---

## VI

### LA MOSQUÉE D'OMAR.

Voici venir pour le mont Moriah le comble de la désolation et de l'ignominie. Une mosquée va remplacer le temple de Jehovah!

« En 609, un homme de la Mecque, marchand de chameaux, Mahomet, fils d'Abdallah et d'Amina, de la noble tribu des Koreishites, âgé de quarante ans, annonce à ses proches et à ses amis que l'ange Gabriel, le visitant dans une apparition nocturne, l'a salué du nom d'apôtre de Dieu. Il y avait déja longtemps que, chaque année, au mois de Ramadam, il avait coutume de méditer et de prier dans une caverne du mont Hara, auprès de la Mecque; il rêvait à l'espoir de fonder une nationalité au milieu des tribus d'Arabie séparées entre elles par des haines profondes, et de ranger à l'unité religieuse ces tribus partagées entre les doctrines de Zoroastre et celles du sabéisme, se subdivisant en sectes nombreuses. Lorsque Mahomet se donna pour prophète, on ne le crut point; on lui demanda des miracles comme en avaient fait Moïse et Jésus-Christ; ses compatriotes étaient prêts à proclamer sa mission surnaturelle, si, à sa parole, le sable du désert se changeait en jardins embaumés, si son pouvoir les transportait en un clin d'œil, eux et leurs marchandises, aux foires de Syrie. L'imposteur dédaignait les miracles comme un moyen trop peu efficace pour appuyer l'autorité d'un envoyé de Dieu; il se borna à tirer de son imagination un conte merveilleux, son rapide voyage nocturne de la Mecque à Jérusalem, monté sur une bête blanche, plus petite qu'une mule, plus grande qu'un âne, et son ascension jusqu'au septième ciel; en franchissant les hautes demeures, il avait salué à mesure les patriarches, les prophètes et les anges; par delà les dernières limites, Dieu lui ayant touché l'épaule, un frisson glacé était entré dans son cœur. Puis il était redescendu à Jérusalem sur sa blanche monture, et avait repris le chemin de la Mecque. En moins d'une heure, le prophète avait traversé tous ces espaces infinis. Chassé de la Mecque par sa propre tribu (622), il fit une entrée triomphale à Médine, assis sur un chameau, avec un parasol de palmier déployé en guise de tabernacle, et un turban déroulé qui flottait en guise de drapeau. L'énergie, la dignité et le charme de ses paroles, les prodiges qu'il racontait au nom du ciel, les peintures de son imagination, les richesses qu'il promettait en ce monde et le paradis voluptueux qu'il garantissait dans l'autre, multiplièrent en peu d'années le nombre de ses disciples. Arrivé à la puissance, Mahomet garda la simplicité du marchand de chameaux; maître de l'Hedjaz, de l'Yémen et de toute la péninsule arabique, on le voyait raccommoder sa chaussure, son manteau de laine, traire ses brebis, allumer son feu; les dattes et l'eau pure étaient sa nourriture ordinaire; le luxe de ses repas n'allait point au delà du lait et du miel; mais il avouait qu'il aimait beaucoup les femmes et les parfums.

« Les traditions arabes nous ont laissé un fort curieux portrait du prophète de la Mecque; il avait le teint coloré, presque blanc; la tête grosse et développée, les sourcils bien tracés et fins, l'œil grand, vif et noir, les cils saillants, la main potelée et bien faite, le pied bien dessiné, la démarche facile et aisée comme celle d'un homme qui descend une pente légère, l'allure imposante et ferme. S'il regardait à ses côtés, il se tournait gravement et de tout le mouvement de son corps. Ses cheveux n'étaient ni plats, ni crépus, ni serrés; ils tombaient en boucles jusqu'au bas de l'oreille. Sa taille n'était ni courte ni élevée. Il portait entre les deux épaules le sceau des prophètes : une marque grosse à peu près comme un œuf de pigeon. Il ne riait jamais qu'au degré du sourire. Il avait sous la lèvre inférieure un léger pinceau de barbe blanche qui paraissait à peine. Du reste, ajoute Anak, fils de Maleck, le prophète n'eut pas plus de vingt poils ou cheveux blancs. Mahomet mangeait à terre, se promenait dans les marchés, visitait les pauvres. Il s'asseyait en s'accroupissant, les genoux relevés devant lui et les mains posées devant les jambes. Pour dormir il se faisait un oreiller de sa main, qu'il tenait avec les doigts étendus. Quand il mangeait, il ne s'appuyait jamais sur le coude.

Voici comment Mahomet parlait de lui-même : « Dieu a créé tous les hommes, et m'a fait le meilleur des hommes; il a partagé les hommes en nations et m'a placé dans la meilleure des nations; il a partagé chaque nation en tribus et m'a placé dans la meilleure des tribus; il a divisé les tribus en familles et m'a fait naître dans la meilleure des familles. Oui, ma famille est meilleure que les vôtres, et mes aïeux sont meilleurs que vos aïeux. Je suis le chef et le modèle des hommes et je n'en tire pas vanité; je suis le plus éloquent des Arabes, c'est moi qui frapperai le premier à la porte du paradis, car c'est moi le premier dont le tombeau s'ouvrira au grand jour. Abraham m'a demandé à Dieu; Jésus m'a annoncé au monde; et ma mère, quand elle m'a enfanté, a vu une grande lumière de l'orient à l'occident.... »

Tel est l'homme dont l'enthousiasme fanatique entreprit de changer l'Asie et l'univers, en excitant tous les sentiments violents; il mit le feu aux passions pour accomplir ses vastes desseins. « La guerre était, pour les tribus d'Arabie, un jeu, un instinct, un ardent besoin; il fallait des luttes aux brûlantes énergies du désert : Mahomet leur donna le monde à conquérir. Il n'eût pas été compris en parlant de charité et de miséricorde; le signe de sa doctrine fut l'épée, qu'il appelait la clef du ciel et de l'enfer. Missionnaire barbare, il ne s'emparait point des âmes, mais des corps; bourreau des consciences, il les forçait à s'incliner devant ses révélations fabuleuses, ou à choisir entre la mort et la servitude. Ses disciples ne songeaient jamais au péril; il leur avait dit qu'une goutte de sang pour sa cause, qu'il appelait celle de Dieu, une nuit passée sous les armes, valaient mieux que deux mois de jeûne et de prière ; il leur avait annoncé qu'au jour du jugement les blessures qu'ils auraient reçues rayonneraient d'un éclat céleste, exhaleraient des parfums, et que des ailes d'anges remplaceraient les membres perdus dans les batailles. Quand Mahomet mourut empoisonné à Médine, en 632, il avait pu faire un pèlerinage à la Mecque, à la tête de cent quatorze mille prosélytes. » (Poujoulat.)

Voilà l'homme singulier dont la doctrine et surtout l'épée allaient changer les destinées de Jérusalem. J'ai voulu le faire connaître au début; car, ne l'oublions pas, nous sommes en pays mahométans; et continuellement nous avons à parler des disciples du faux prophète.

Dès l'année 636, les sectateurs de la religion nouvelle s'étaient élancés vers les riches contrées de la Syrie, et ils se présentaient devant Jérusalem dont la possession tentait beaucoup leur piété belliqueuse. Après une résistance de quatre mois, les chrétiens se voyaient obligés de capituler et d'ouvrir leurs portes au calife Omar, qui entra dans la ville sainte « monté sur un chameau, chargé de deux sacs de provisions, d'un sac de cuir pour contenir l'eau à boire et d'un grand plat de bois. Il s'assit par terre sous une tente de cuir qu'il avait apportée, pour dicter ses conditions. »

Ces conditions furent d'une impitoyable dureté. « Il fut défendu aux chrétiens de porter des armes, de mettre des selles sur leurs chevaux, de placer des croix sur leurs églises, de carillonner, de prendre des serviteurs ayant appartenu aux musulmans, et d'employer la langue arabe. Cette dernière interdiction ne dura pas longtemps, car toutes les communions chrétiennes d'Orient finirent par traduire en arabe leurs livres saints. On imposa aux vaincus un costume de teinte brune et une ceinture de cuir. Ainsi périssait l'œuvre de Constantin; l'oppression musulmane remplaçait la protection impériale. La servitude commençait pour Jérusalem et les chrétiens d'Orient ; cette servitude a duré jusqu'à présent, si on excepte les quatre-vingt-dix ans de domination latine, fondée par les armes des croisés. »

La première chose que fit le calife, devenu souverain de la ville sainte, fut de diriger ses pas vers les ruines du temple de Salomon. Il les trouva couvertes d'immondices. Alors il se dépouilla de ses vêtements, se couvrit d'un cilice de poils de chameau, et, ramassant des ordures dans le pli de sa robe, il commença lui-même à les porter au loin. Les musulmans suivirent son exemple, et bientôt la place devint nette. Alors le calife donna des ordres pour la construction d'une superbe mosquée. L'édifice s'éleva et prit le nom de *Gameat-el-Sakra*, autrement dit *mosquée de la Roche*, à cause d'une tradition qui désigne cet endroit comme celui où Dieu parla à Jacob. A l'époque de la prise de Jérusalem par les armées de la croix, des flots de sang inondèrent la mosquée d'Omar. Après une vigoureuse résistance de ce côté des remparts, les musulmans vaincus se précipitèrent dans cet asile réputé chez eux inviolable. Ils y furent massacrés. Ensuite on purifia la mosquée; on la destina au culte chrétien, et le légat du Pape Innocent II en fit la dédicace vers le milieu du douzième siècle.

Mais en 1187 il y eut des représailles douloureuses. Jérusalem passa de nouveau entre les mains des disciples du Coran.

Il y avait sur la coupole de la Sakra une grande croix d'or. Le jour où la ville se rendit, plusieurs musulmans montèrent pour l'abattre. A ce spectacle, les yeux des chrétiens, aussi bien que ceux des musulmans, se tournèrent de ce côté. Quand la croix tomba, il s'éleva un cri général dans la ville et dans les environs. C'étaient des cris de joie de la part des musulmans, des cris de douleur et de rage de la part des chrétiens. « Le bruit fut tel, qu'on eût cru que le monde allait s'abîmer ! »

« Alors, disent les chroniqueurs, les premiers soins de Saladin furent de restaurer la célèbre mosquée. Il fournit des marbres et de l'argent doré de Constantinople et d'autres objets de prix. Son neveu se rendit avec une grande suite à la chapelle de la Sakra, et, prenant lui-même un balai, il nettoya le sol de toute immondice, puis il lava à plusieurs reprises les murs et les lambris avec de l'eau de rose, et distribua d'abondantes aumônes aux pauvres. Ensuite, le sultan vint y faire sa prière. Le vendredi suivant, on manquait de siéges pour la multitude des assistants. Le sultan ordonna au cadi Mohieddin de faire les fonctions de katib ou prédicateur. Le discours qu'il prononça excita notre admiration. Il exposa les prérogatives de la sainteté de Jérusalem ; il parla de la purification de la mosquée ; il dit un mot sur la fuite des prêtres et sur le silence des cloches. Les Francs avaient bâti une église au-dessus de la chapelle de la Sakra. On y voyait un autel et des logements pour les prêtres. Là était déposé le livre des Évangiles ; une coupole dorée avait été construite au-dessus de l'endroit marqué par l'empreinte du pied de Mahomet, et que les chrétiens disaient être la trace du pied du Christ. La coupole était supportée par des colonnes de marbre de la plus grande élégance. Le sultan fit tout rétablir dans son ancien état, et la roche fut protégée par une grille en fer. On rappela au sultan que, vingt ans auparavant, Nourreddin avait fait faire à Alep une chaire très-bonne et très-solide, dans la vue de l'envoyer à Jérusalem si jamais il en était maître; que cette chaire avait coûté plusieurs années de travail, et qu'il n'existait rien de si beau dans l'islamisme. Saladin la fit donc venir et la plaça dans un lieu convenable. »

Au dire des Turcs, les choses les plus merveilleuses sont renfermées dans la mosquée d'Omar et dans celle de la Roche. C'est la *noble caverne de Dieu*, au-dessus de laquelle est *l'ouverture de Mahomet;* c'est le *puits des âmes*, près duquel sont les balances qui servent à les peser ! Ce sont le bouclier de Mahomet et la selle de sa fameuse jument, les oiseaux de Salomon, les *grenades* de David. Les âmes des prophètes s'y rendent en troupes invisibles pour prophétiser et prier, et la garde de cette enceinte sacrée est confiée à soixante-dix mille anges. Les musulmans ont mille traditions plus bizarres les unes que les autres au sujet de cette mosquée. Ils prétendent qu'une grosse pierre verte se tient suspendue comme par miracle au sommet de la voûte. A quoi sert-elle? Ils l'ignorent, mais le fait n'en existe pas moins, disent-ils. S'il faut les en croire, un grand quartier de rocher, entouré d'une grille de fer et encadré dans le pavé de la mosquée, est la pierre sur laquelle s'appuya l'échelle de Jacob. Mahomet s'y plaça avant de monter au ciel. Au moment où le grand homme s'élevait dans les airs, la pierre intelligente ne voulut par laisser s'échapper de la terre un personnage aussi précieux. Elle s'attacha à son pied au point de ralentir, par sa pesanteur, le vol de l'aigle. Elle lui parla même et lui adressa mille supplications. Mahomet cependant ne fléchit point et ordonna à la pierre de redescendre sur la terre; ce qu'elle fit à l'instant. D'après le P. Roger, « il y a dans le pavé une autre pierre qui semble de marbre noir. Elle a deux pieds et demi en carré, et s'élève un peu au-dessus du sol. Cette pierre est percée de vingt-trois trous, dans lesquels il y avait autrefois des clous. Deux clous encore existants semblent du moins annoncer la présence antérieure des autres. Les mahométans assurent que les prophètes mettaient les pieds sur cette pierre lorsqu'ils descendaient de cheval pour entrer au temple, et que Mahomet daigna y poser le sien, lorsque, arrivant de l'Arabie Heureuse, il fit le voyage du paradis pour traiter d'affaires avec Dieu. » Une ancienne tradition annonce la fin du monde pour le jour où le dernier clou disparaîtra de dessus la pierre sacrée. Je ne finirais point si je voulais énumérer les légendes superstitieuses qui racontent les gloires de cette mosquée. Toutes les pierres y ont leur histoire à partir de la roche de Jacob jusqu'à ce bloc intelligent qui fut un jour arraché par les Grecs schismatiques et emporté loin de Jérusalem, mais qui eut le bon esprit de revenir de lui-même pendant le sommeil des voleurs.

On voit par ces détails que le règne de la superstition n'est pas fini à Jérusalem. La gloire française a passé devant les yeux des mécréants comme un beau météore. Les enfants de Mahomet l'ont regardée passer comme ils auraient assisté à une fête préparée en leur honneur. Et lorsque nos soldats se sont fait tuer par milliers, pour le soutien de leur empire vermoulu, ils ont donné dédaigneusement un témoignage de bonne conduite à ceux qui survivaient. Mais le respect pour nos dogmes et nos croyances, ils nous l'ont refusé. Bien plus, ils ne veulent même pas nous permettre de donner des marques de vénération aux lieux où mourut notre Sauveur. Épée de Godefroid, ne te relèveras-tu pas?

---

## VII

### EL-AKSA.

Hier, nous nous étions retirés, le cœur triste, de devant la mosquée d'Omar. Nous avions beaucoup médité, nous nous étions rendu compte de l'histoire mystérieuse du mont Moriah et de son temple, et des Juifs qui fréquentèrent ce temple; mais nous avions mal vu la montagne, et il nous était difficile de recomposer, dans notre imagination, les souvenirs de l'antique édifice. Or, comme nous exprimions nos regrets à nos compagnons de Casa-Nova, pendant la veillée du soir, l'un d'eux proposa de nous faciliter les moyens de mieux voir, grâce à l'intervention d'un jeune homme obligeant dont il avait fait la connaissance dans la matinée. Bonne chance. Partie acceptée. Ce matin donc, nous partons en compagnie de l'officieux cicerone. C'était un jeune Français qui se disait voyageur touriste; il s'appelait Napoléon de ***, parlait beaucoup, paraissait tout connaître, et se faisait fort de nous introduire partout. Il nous conduisit à la caserne élevée sur l'emplacement du prétoire, dit quelques mots à un officier turc et en obtint pour lui et pour nous la permission de monter sur une petite plate-forme d'où l'on domine assez bien la place.

Or, pendant que nous considérions cette immense surface, nous aperçûmes à nos pieds une enceinte carrée où s'agitaient pêle-mêle des hommes robustes, des femmes et des vieillards, des jeunes enfants enchaînés. Il n'y avait pas à s'y tromper, nous étions sur le toit de la prison. Le désir nous prit aussitôt de la visiter : il nous semblait curieux, en effet, de voir comment s'exerce la justice turque. Napoléon s'offrit à satisfaire notre désir ; il nous assura même que, si nous le voulions, il nous introduirait chez le pacha, logé tout près de là. Il n'y avait qu'un escalier à descendre ; la grille de fer s'ouvrit devant Napoléon, et nous nous trouvâmes au milieu d'une grande cour malpropre, tout autour de laquelle une quantité de petites portes donnaient accès à des cachots obcurs. Chaque cachot peut contenir sept ou huit prisonniers. Il n'y a pas une table, pas un escabeau, pas une natte à l'usage des détenus. Ils s'étendent par terre au milieu de la vermine, et, lorsqu'ils sont fatigués du cachot, ils varient en allant s'étendre encore sur la terre dans la cour. Je ne saurais mieux comparer cette prison musulmane qu'aux étables de nos fermes du Périgord ou du Limousin, dans lesquelles les pourceaux se trouvent parqués selon leur taille et leur poids, dans des loges ouvrant toutes sur un préau commun. Les fers sont énormes et d'un poids considérable ; ils entravent singulièrement la marche des coupables, mais surtout leur volume excessif cause, autour de la cheville du pied, des plaies et de la suppuration. Et comme l'autorité fataliste n'a pas l'habitude de se préoccuper de la souffrance des subalternes, les malheureux patients sont réduits à panser leurs blessures par un procédé pire que le mal, avec de sales guenilles de laine et des lambeaux de vêtements ramassés dans la poussière de la cour.

Tout en examinant les prisonniers, j'avais quelque peine, je l'avoue, à ne pas surveiller notre conducteur. Ses allures m'étonnaient. Il causait familièrement avec les gardiens ; il racontait l'histoire de leurs forfaits, et entrait dans les moindres détails sur leur triste séjour. Avait-il donc quelque charge dans les affaires de justice, ou bien... ? Mais il ne faut pas faire de jugement téméraire. Cependant, avec un homme si bien informé et si à son aise en un tel lieu, il est permis de se tenir quelque peu sur ses gardes. Plus je regardais, plus je croyais surprendre les allures d'un chevalier d'industrie. Napoléon était assez proprement vêtu à l'européenne; mais son mouchoir, qu'il dépliait le moins possible, me sembla troué. Sur sa poitrine, une chemisette assez soignée annonçait l'usage d'un linge quelque peu aristocratique ; cependant, à travers les manches un peu larges de son paletot, j'avais cru apercevoir une chemise de grosse toile mal fixée à son poignet ; enfin, en montant un escalier, le bas d'un pantalon lilas se relevant quelque peu me laissa voir des chaussettes horriblement percées. L'hypocrisie, même en fait de vêtements, me semble au moins de mauvais goût. Je crus devoir avertir mes compagnons de veiller à leurs bourses, et je résolus de tenter une épreuve. Napoléon nous avait offert de voir le pacha de Jérusalem. Il connaissait parfaitement son excellence turque. Il lui servait quelquefois de secrétaire pour la langue française. Il ne dédaignait pas de donner quelques leçons de français à ses enfants, l'espérance comme la fleur de l'aristocratie musulmane. Il avait ses entrées secrètes. De nobles Français, comme nous, pouvaient compter sur un accueil des plus gracieux. Or, le consul de France m'avait prévenu la veille que le pacha ne recevait personne sans une demande d'audience transmise par la chancellerie. L'occasion était bonne pour avoir la mesure de l'influence de Napoléon ; j'insistai pour aller chez le pacha. Nous montons à la salle des gardes. Napoléon dit quelques mots à un soldat qui le regarde fièrement et lui fait signe de sortir au plus tôt. Je m'attendais à voir mon homme quelque peu déconcerté ; mais, fier comme s'il venait de remporter une victoire, il ne songe pas même à s'excuser et nous propose de nous conduire ailleurs. Nous avions peu de chance de réussir sous la conduite d'un tel guide; nous pouvions craindre de traverser la ville en compagnie d'un escroc; peut-être quelques-unes de nos montres disparaîtraient-elles en chemin : nous le remerciâmes et nous fîmes bien. Le lendemain, nous eûmes le mot de l'énigme. Napoléon n'avait réussi qu'à nous conduire en prison, parce que là il était chez lui : il était libéré depuis fort peu de jours seulement.

Nous continuâmes notre route par des ruelles étroites, nous éloignant le moins possible de l'emplacement du temple. Çà et là nous reconnûmes les restes d'une architecture évidemment contemporaine des croisés. Une porte surtout et une fontaine conservent un cachet auquel il n'est pas possible de se méprendre.

De ce côté-là aussi, nous approchâmes de la mosquée plus que nous n'avions pu le faire au nord.

Sur de grands escaliers de marbre se tenaient assis au soleil des eunuques armés jusqu'aux dents, dont la figure noire et féroce ressortait hideusement sous leur turban blanc. Ce sont les gardiens de ce lieu de prière. Les prêtres de Mahomet en ont fait leurs sacristains. Je ne sais si leur vue récrée les anges du paradis du prophète, mais ils n'ont point une attitude rassurante pour les hommes. On affirme qu'ils se précipiteraient comme des chiens furieux sur tout chrétien assez hardi pour fouler le sol réservé aux saints, et qu'ils le hacheraient avec leur cimeterre.

Escaladant les murs, franchissant les haies des derniers jardins du quartier juif, nous arrivâmes au pied des grandes murailles qui soutiennent, vers le sud-est, les terrasses du Moriah. Elles sont monumentales! Les savants de tous les temps les ont étudiées avec soin, et, de nos jours encore, elles sont l'objet de travaux intéressants; mais le temps fixé pour les étapes des caravanes ne permet pas de s'y arrêter assez pour tirer profit de leur inspection; aussi passâmes-nous rapidement, afin de nous rapprocher autant que possible d'une grande construction dont la forme nous paraissait toute catholique.

L'apparence ne nous avait pas trompés; ce monument était effectivement, dans des temps meilleurs, une vaste église, actuellement convertie en temple du faux prophète sous le nom de El-Aksa. Il peut avoir de cent cinquante à deux cents pieds anglais du nord au sud, et à peu près la même étendue dans sa largeur. Il est divisé en sept nefs à l'intérieur. Les voûtes sont appuyées sur quarante colonnes de marbre et autant de piliers. Vers le milieu, une belle coupole s'élève et domine tout l'édifice.

L'empereur Justinien fit construire cette basilique, l'une des plus belles qui aient été dédiées à la sainte Vierge. Les proportions en avaient été calculées de telle façon que le sanctuaire fût situé à l'endroit où les parents de Marie la présentèrent au Seigneur.

Longtemps les jeunes mères vinrent y prier et mettre l'innocence de leurs filles sous la protection de la Vierge immaculée. Maintenant les chrétiens en sont exclus.

Dans la prévision de ces rencontres fortuites, au milieu d'une ville inconnue, nous chargions toujours notre guide d'un Ancien et d'un Nouveau Testament, de quelque vie de Notre-Seigneur et de la sainte Vierge, et d'un ouvrage archéologique sur la Palestine. Nous ouvrîmes l'histoire de la sainte Vierge au chapitre de la Présentation et nous lûmes le récit suivant :

« Marie avait trois ans, et déjà elle avait pris la résolution de se consacrer au Seigneur, d'abandonner sa famille, et d'aller habiter sous les parvis du Temple pour y être plus libre de se livrer à la prière. Le jour fixé pour le sacrifice était venu ; il fallait quitter Nazareth et la maison paternelle.

« Dès la veille, Joachim avait envoyé à Jérusalem des serviteurs chargés de conduire les animaux destinés aux sacrifices. Il y en avait cinq de chaque espèce. C'étaient les plus beaux du troupeau.

« Lorsque la pointe du jour commença à paraître, Marie fut la première sur pied. Elle était assez grande pour son âge, et d'une complexion délicate. Ses cheveux étaient d'un blond doré, lisses et bouclés vers l'extrémité. Elle portait une longue robe brune et un voile de même couleur. Sa modestie était angélique. Sur son visage on voyait rayonner la joie de se consacrer au Seigneur.

« Une bête de somme était à la porte de la maison. On mit sur son dos plusieurs paquets. De chaque côté du bât étaient suspendues des corbeilles, dont l'une était remplie de petits oiseaux, et l'autre de fruits magnifiques. On assit la jeune vierge au milieu des bagages, selon la coutume du pays. Joachim prit d'une main la bride de l'âne, et, de l'autre main, saisit un long bâton de voyage. Ensuite il donna le signal du départ. Anne, l'heureuse mère d'une si sainte enfant, marchait à quelque distance en avant. La joie semblait avoir donné des forces à sa vieillesse. Elle allait d'un pas libre et léger comme aux jours de son adolescence.

« Chemin faisant, les trois voyageurs priaient Dieu. Le père et la mère faisaient le généreux sacrifice de leur fille chérie. La jeune vierge s'offrait elle-même dans toute la naïveté de son cœur. Une légion d'anges invisibles les accompagnaient en chantant des cantiques célestes.

« On traversa de la sorte les vallées et les montagnes. Le voyage dura trois jours. De temps en temps on faisait des haltes pour prendre un peu de nourriture, grâce à quelques provisions enfermées dans des paniers.

Voici, d'après la sœur Catherine Emmerich, le menu d'un des repas du voyage.

« Comme il était de bonne heure et que le temps était beau, je vis, dit-elle, la sainte famille s'arrêter près d'une fontaine d'où sortait un ruisseau. Il y avait tout près de là une prairie. Ils se reposèrent contre une haie d'arbrisseaux de baumes. L'usage était, dans toute la Judée, de placer sous ces arbrisseaux des écuelles de pierre où était recueilli le baume tombant goutte à goutte. Les voyageurs en mirent dans leur eau pour la parfumer et la corriger. Ils complétèrent ce frugal repas avec des petits pains cuits sous la cendre.

« La nuit, nos pèlerins demandaient un abri dans quelque maison isolée ou chez les personnes de leur connaissance qui demeuraient près de la route.

« Le troisième jour, sur le midi, ils se trouvèrent en vue de Jérusalem. Ils arrivaient du côté du nord; cependant ils ne voulurent pas entrer par la porte de Damas qui s'ouvrait devant eux, afin de n'avoir pas à traverser les rues les plus fréquentées de la grande ville ; ils tournèrent du côté de la grotte de Jérémie et longèrent les murailles en suivant une partie de la vallée de Josaphat; alors, laissant à gauche la montagne des Oliviers et le chemin de Béthanie, ils entrèrent dans la ville par la porte des Brebis, suivirent quelques rues silencieuses et arrivèrent à la maison du grand prêtre Zacharie, leur parent, auquel ils demandèrent l'hospitalité jusqu'au lendemain.

« Élisabeth, femme de Zacharie, les reçut avec de grandes démonstrations de joie; elle leur fit les honneurs de sa maison et mit tout en œuvre pour leur procurer un agréable repos après les fatigues du voyage.

« Le lendemain, dès l'aurore, Joachim et ses serviteurs conduisirent les victimes jusqu'au seuil des parvis. En même temps Élisabeth et ses femmes préparaient des couronnes et des guirlandes de fleurs.

« A l'heure indiquée, on vit sortir un élégant cortége de la maison de Zacharie.

« Anne, Élisabeth et quelques pieuses femmes de leur âge ouvraient la marche.

« Puis venait la sainte enfant avec sa robe et son manteau bleu de ciel, les bras et le cou ornés de guirlandes. Elle portait à la main un cierge ou flambeau entouré de fleurs. Près d'elle, de chaque côté, marchaient trois petites filles, avec des flambeaux pareils et des robes blanches brodées d'or. Du sommet de leur tête descendaient sur leurs épaules de petits manteaux bleu clair. Elles étaient ornées de guirlandes de fleurs et avaient de petites couronnes autour du cou et des bras.

« Ensuite, venaient les autres vierges et beaucoup de petites filles toutes parées comme pour une fête.

« Les femmes âgées fermaient la marche.

« Le chemin du Temple n'était pas direct. Il fallait faire un détour et traverser plusieurs rues. Tout le monde se mit sur les portes pour voir passer le pieux cortége. Chacun était frappé de je ne sais quel air de sainteté et de grâce divine qui brillait sur le visage de la jeune vierge. On ne se rendait pas compte de cette gravité, de ce recueillement, de cet air pieusement épanoui et cependant méditatif dans une enfant de trois ans.

« Lorsqu'on fut devant le Temple, plusieurs serviteurs poussèrent avec effort et firent rouler sur ses gonds une porte fort grande et fort lourde, brillante comme de l'or, et sur laquelle étaient sculptées des têtes de prophètes, aussi bien que des grappes de raisin et des bouquets d'épis, emblème de l'Eucharistie. C'était la porte dorée.

« Il fallait gravir cinquante marches pour y arriver. On voulut donner la main à Marie pour l'aider à monter. Mais elle s'y refusa et franchit les degrés avec un saint enthousiasme.

« Tous les assistants étaient émus.

« La sainte Vierge fut accueillie par Zacharie, Joachim et plusieurs prêtres qui l'attendaient sous le portique. Ils la bénirent et la confièrent à quelques pieuses femmes, qui la conduisirent dans une salle écartée où elles la revêtirent du costume de fête sous lequel elle devait être présentée au Seigneur. »

Touchant usage d'orner ainsi la victime volontaire pour le sacrifice. L'Église a voulu le conserver pour la prise d'habit de ses religieuses. Dans plusieurs de nos communautés de femmes, la jeune postulante se présente à la grille du sanctuaire entourée de toutes les pompes du monde auquel elle veut renoncer, réclame contre lui un asile, et, lorsque sa demande est accueillie, se retire un moment dans une salle voisine. De vénérables religieuses lui coupent les cheveux, la dépouillent des livrées du siècle, lui jettent un manteau de bure sur les épaules avec un voile de laine sur la tête, et la ramènent dans le chœur. Alors elle s'étend à l'endroit où l'on dépose ordinairement les cercueils pour les dernières prières, on la couvre du drap mortuaire, et on chante sur elle les oraisons des morts.

« Le costume des noces mystiques fut, pour Marie, une robe d'un bleu violet à fleurs d'or, avec une sorte de scapulaire brodé en soie de diverses nuances. On y ajouta un manteau de la même étoffe et de la même couleur que la robe. Il était gracieusement taillé et un peu traînant par derrière. Trois nœuds brodés en argent, du milieu desquels sortaient des boutons de rose en or, le fixaient sur la poitrine.

« Un voile blanc doublé d'un violet tendre couvrait la tête de l'enfant. Au-dessus on plaça une couronne. C'était un cercle d'or à peu près semblable à nos couronnes de comte. Le cercle surmonté de vingt-quatre pointes était orné de petites roses de soie et de cinq pierres précieuses.

« Revêtue de cet habit, dont on lui avait expliqué la signification mystérieuse, la jeune vierge rentra dans le Temple.

« Les petites filles dont nous avons parlé l'accompagnaient.

« On la conduisit devant l'autel, où les prêtres l'attendaient debout. Ses parents et les amis de sa famille formèrent un cercle autour d'elle.

« Alors, seule au milieu de cette assemblée imposante, elle se tint debout modestement et sans perdre contenance. Elle écouta le prêtre qui lui expliquait de quelle sorte sa consécration au Seigneur impliquait un sacrifice pénible, par lequel elle s'engageait à passer toute sa jeunesse au service du Temple, loin de toutes les joies du monde.

« Ensuite, lorsque le Pontife lui demanda quelles mortifications elle voulait pratiquer pour se rendre plus agréable au Seigneur, elle répondit qu'elle avait résolu de ne manger ni viande ni poisson, de ne pas boire de lait, et de se contenter d'une boisson composée d'eau et de moelle de jonc, dont les pauvres gens faisaient usage; qu'elle renonçait à toute espèce d'épices dans sa nourriture et ne voulait pas manger de fruits, excepté une espèce de baie jaune fort commune, qui vient sur les buissons et dont les indigents se nourrissent; qu'elle voulait enfin dormir sur la terre nue et se lever trois fois chaque nuit pour prier Dieu.

« Amen, répondit le prêtre, et il la bénit.

« Alors Zacharie et Joachim déposèrent sur l'autel un rouleau de parchemin et tout ce qu'il fallait pour écrire.

« Marie s'agenouilla sur les marches de l'autel. Joachim et Anne étendirent leurs mains sur sa tête. Un prêtre lui coupa quelques cheveux qui furent jetés sur un brasier, en signe de renoncement aux vanités du monde. Ses parents prononcèrent les paroles sacramentelles par lesquelles ils offraient leur enfant au Seigneur, deux lévites les écrivirent à mesure qu'ils les prononçaient, et les parents signèrent.

« Pendant ce temps-là les jeunes filles chantaient et paraphrasaient le psaume quarante-cinquième, et elles disaient :

« Mon cœur ne peut plus retenir ses exclamations de bonheur. J'adresse à Dieu mes cantiques. Ma langue obéit à mon cœur comme ma plume à l'écrivain rapide.

« Et, s'adressant à Marie, l'une d'elles disait :

« Vous surpassez en beauté les plus beaux des enfants des hommes; la grâce est répandue sur vos lèvres, parce que le Seigneur vous a bénie pour l'éternité.

« Vous aimez la justice, et vous haïssez l'iniquité ; c'est pourquoi Dieu votre père vous a sacrée d'une onction de joie, qui vous élève au-dessus de tous ceux qui doivent partager votre bonheur.

« La myrrhe, l'ambre et le sandal s'exhalent de vos vêtements et des palais d'ivoire où les filles des rois font vos délices et votre gloire. »

« Ensuite toutes les jeunes filles reprenaient ensemble :

« Mon cœur ne peut plus retenir ses exclamations de bonheur. J'adresse à Dieu mes cantiques. Ma langue obéit à mon cœur comme la plume à l'écrivain rapide. »

« Et une voix mélodieuse reprenait doucement :

« Écoutez, ô ma fille, voyez et prêtez une oreille attentive. Oubliez votre peuple et la maison de votre père, et le roi du ciel sera épris de votre beauté.

« C'est lui qui est votre Dieu, prosternez-vous devant lui.

« Toute votre gloire aujourd'hui est dans le fond de votre cœur..... Mais bientôt à votre suite paraîtront une multitude de vierges, qui marcheront sur vos traces.

« Les filles de Tyr viendront vous offrir des présents ; et les grands de la terre imploreront vos regards. Et Dieu vous donnera un cortége innombrable composé de tous les saints et de tous les justes.

« Et ils perpétueront le souvenir de votre nom dans toute la suite des âges, et les peuples vous glorifieront dans les siècles et dans l'éternité..... »

« Après cela, le chœur répétait de nouveau :

« Mon cœur ne peut plus retenir ses exclamations de bonheur. J'adresse à Dieu mes cantiques. Ma langue obéit à mon cœur comme la plume à l'écrivain rapide.. »

« Aux hymnes des jeunes filles succédèrent les chants plus graves et plus solennels des prêtres.

« Eux aussi exaltaient le bonheur d'une âme qui renonce au monde pour se consacrer au Seigneur.

« Ils paraphrasaient le psaume quarante-neuvième et ils disaient :

« Qu'ils le sachent et qu'ils le retiennent ceux qui mettent leur confiance dans leurs propres forces, et qui se gorifient de la grandeur de leurs richesses ;

« Ils mourront et leurs richesses passeront à des étrangers.

« Le sépulcre sera leur demeure de siècle en siècle, à ces hommes orgueilleux qui avaient appelé la terre de leur nom.

« Au milieu de leur grandeur, ils n'ont pas compris leur destinée sublime! Ils se sont faits semblables aux animaux sans raison, en se soumettant à leurs passions.

« Un jour viendra où ils seront entassés comme de

vils troupeaux. La mort se repaîtra d'eux; et quand le jour de la résurrection se lèvera, ils seront dominés par les justes et chassés de leurs demeures; et leur gloire sera dévorée dans l'abîme.

« Laissez-les multiplier leurs richesses, et étendre la gloire de leur maison.

« A la mort, ils n'emporteront point ces richesses et leur gloire ne descendra pas avec eux dans le tombeau.

« On les estimait heureux pendant leur vie, et on s'applaudissait de pouvoir satisfaire tous leurs désirs.

« Mais voilà qu'ils ont été rejoindre les générations de leurs pères, et qu'ils ont perdu la lumière pour toujours.

« Nations de la terre, écoutez : habitants du monde, soyez attentifs.

« Grands et petits, riches et pauvres, écoutez :

« L'enfant qui se consacre au Seigneur sera plus grande et plus heureuse que toutes les divinités de la terre ! »

Après cette noble parole des prêtres, le chœur des jeunes filles se fit entendre une dernière fois; elles chantèrent :

« Mon cœur ne peut plus retenir ses exclamations de bonheur. J'adresse à Dieu mes cantiques. Ma langue obéit à mon cœur, comme la plume à l'écrivain rapide. »

Or, dans le lointain, à l'autre extrémité du Temple, les jeunes gens exécutaient sur leurs instruments une mélodie dont les sons couraient sous les voûtes de l'édifice et venaient expirer aux pieds de la vertueuse enfant, qui s'élevait au-dessus des concerts de la terre pour s'abîmer dans l'harmonie des cieux.

Vers la fin de cette mélodie, un prêtre brûla de l'encens auprès de Marie. La fumée l'enveloppa tout entière et monta vers le ciel comme un gracieux symbole d'offrande et de sacrifice.

Tandis que tout cela se passait sur la terre, dit la sœur Emmerich, je vis le Saint-Esprit planer au-dessus de la tête de Marie. Je vis le ciel ouvert, et à travers les nuages, la Jérusalem céleste se dessinait avec ses palais et ses monuments tels que saint Jean les décrit dans l'*Apocalypse;* et les anges allaient et venaient; et ils chantaient des cantiques de réjouissance à la future Mère de Dieu.

La cérémonie terminée, les parents se retirèrent bien tristes d'une cruelle séparation, mais le cœur admirablement consolé par tant de merveilles. Marie quitta l'autel à son tour, et s'en alla chercher un asile dans les appartements dépendants du Temple, où vivaient les vierges consacrées au service de l'autel.

On raconte des choses merveilleuses sur les jours qu'elle passa dans cette solitude bénie.

« Je la vis, dit une sainte, grandissant dans l'étude,

la prière et le travail. Elle filait et tissait le lin pour le service du Temple. Elle excellait à faire certaines broderies d'or et de soie pour la décoration des autels.

« Elle lavait les linges sacrés et nettoyait les vases destinés aux sacrifices. Elle ne mangeait que ce qui était absolument nécessaire au soutien de son existence, et jamais elle ne dépassa les bornes dans lesquelles elle avait promis de se renfermer.

« Au milieu des occupations extérieures, elle priait continuellement. En apparence, elle vivait comme tout le monde. Elle était plus aimable que tous, ne blessant jamais personne, toujours prête à rendre service, et gardant sur ses lèvres un continuel sourire.

« Elle se mortifiait et priait en secret. Dieu seul était le témoin de ses jeûnes et des austérités par lesquelles elle affligeait son corps.

« C'est ainsi que, par une vie chaste et pure, elle se préparait aux grandes choses que Dieu lui destinait.

« Sa vertu caractéristique fut la pureté. Son cœur chaste ne donna jamais accès à la moindre souillure, et comme un beau lis d'une éclatante blancheur, il allait toujours s'épanouissant et renouvelant son éclat sous l'action bienfaisante du soleil de justice. »

Telle est la légende de la mosquée El-Aksa. Ce souvenir, intéressant en lui-même, était nécessaire pour compléter l'histoire religieuse du mont Moriah.

Après la ruine des Juifs, les chrétiens avaient fait de ce lieu profané par leurs impiétés, un pèlerinage chrétien, où l'on venait honorer la Mère de Dieu.

Quant à la mosquée elle-même, nous n'y entrâmes pas. Les abords en sont aussi sévèrement interdits que ceux de la mosquée d'Omar. Un jour peut-être, nous les visiterons enfin toutes les deux. La brèche est faite. Plusieurs princes royaux y ont pénétré ; les officiers français du corps expéditionnaire l'ont vue ; et, chose remarquable, M. le comte de Vogüé et M. Wadington ont réussi à en lever les plans, à en prendre le dessin, à y faire en un mot toutes les études réclamées par la science. Pour de l'argent, j'aurais pu y entrer à mon tour en 1862, mais la somme demandée était trop forte pour un religieux qui a fait vœu de pauvreté. En 1860, M. le consul de France ne crut pas à propos de nous en faciliter l'accès. Puissé-je me rencontrer une fois dans la ville sainte avec un riche pèlerin qui voudra bien me permettre de franchir à sa suite les portes ouvertes par sa clef d'or !

---

## VIII

### LES JUIFS A JÉRUSALEM AU XIXe SIÈCLE.

Hier et avant-hier, sur le mont Moriah, nous avons étudié Jérusalem ancienne. Il le fallait bien pour avoir l'intelligence du présent, car l'état actuel serait inintelligible sans l'histoire du passé. Aujourd'hui, nous essayerons de faire connaissance avec la population de Jérusalem moderne. Cette étude nous sera d'autant plus intéressante qu'elle nous mettra en relation avec l'Orient tout entier rassemblé ici par députation, et qu'elle jettera la lumière sur ce qu'on appelle la question des Saints Lieux ou la question d'Orient.

Le grand mal de l'Orient est la division. Le malheur de Jérusalem n'a pas d'autre cause. En Orient, trois esprits sont en présence, le mahométisme, le schisme chrétien et le catholicisme. A Jérusalem, un quatrième élément s'ajoute aux trois premiers, le judaïsme. Or, de ces antagonismes divers résultent des luttes incessantes et partout une confusion déplorable.

Je dirais volontiers que Jérusalem n'est pas une ville, mais quatre cités juxtaposées, cités rivales, haineuses, toujours prêtes à combattre l'une contre l'autre. Quatre quartiers se distinguent ici fort nettement : celui des Juifs, celui des Chrétiens, celui des Arméniens, et enfin le quartier musulman. Ils sont faciles à reconnaître par la seule inspection de leur principal édifice. Chez les Juifs la Synagogue, chez les chrétiens l'Église, et la Mosquée pour les disciples de Mahomet. Dans un pays où Dieu est tout, et la politique presque rien, l'Église, le Temple, la Synagogue, la Mosquée, forment comme autant d'hôtels de ville dont le clocher ou le minaret sert de drapeau. Parcourez la ville, et selon que vous rencontrerez un de ces édifices, vous saurez immédiatement au milieu de quelle race d'hommes vous marchez, car le Juif n'habite pas avec le Chrétien, ni le Musulman avec le Chrétien ou le Juif. Chacun se groupe selon sa croyance, et la population se localise dans des quartiers distincts appelés Latin, Grec, Arménien, Juif, Mahométan, qui forment autant de petites villes dont la vie, les mœurs, les intérêts diffèrent essentiellement.

Si donc nous voulons connaître Jérusalem dans sa partie vitale, nous irons à la Synagogue, puis à l'Église, enfin à la Mosquée.

Difficile n'est pas de savoir par qui nous commencerons, ni dans quel ordre nous poursuivrons notre promenade. Aux plus anciens notre première visite, aux Juifs par conséquent. Aux Chrétiens catholiques et schismatiques la seconde et la troisième ; aux Turcs enfin la dernière.

Que sont donc les Juifs à Jérusalem? Allons, et voyons.

Et d'abord, y a-t-il dans la cité déicide une population antique descendant directement de ces hommes coupables qui osèrent crier sous les balcons du prétoire : « Que Jésus de Nazareth soit crucifié! »

Nous l'avons dit : plus de peuple juif à Jérusalem ; rien que des individualités. Ce sont huit mille pèlerins, population flottante qui se renouvelle sans cesse et même assez rapidement, car elle vient ici pour mourir. De tous les points du globe, des hommes et des femmes âgés, fatigués du monde, ruinés, ou possédant peu de chose dans le pays de leur naissance, tournent leurs regards vers la cité de leurs ancêtres, et réalisant leur petite fortune, quêtant pour augmenter leurs ressources, viennent baiser les ruines de leur temple et se faire enterrer dans la vallée de Josaphat.

Repoussés par l'islam des sommets du Moriah où sont leurs plus chers souvenirs, ils se massent le plus près possible de ses flancs dans l'espace situé entre le mont Moriah et le mont Sion. Et leur quartier s'étend dans la vallée, aujourd'hui peu sensible, de Tyropœon ou des Fromages.

Leur Synagogue, c'est tout simple, est vénérée

comme la première de l'univers. Entrons-y un jour du sabbat, à trois heures, nous serons sûrs de rencontrer le gros de la population accouru pour la prière.

Après bien des années, je vois encore présente à mon souvenir, comme au premier jour, cette assemblée étrange pour un chrétien et un prêtre, des juifs en grand nombre, et non-seulement des juifs, mais des juifs à Jérusalem, à deux pas du prétoire de Pilate, tout près du Calvaire!

Sous des appentis sales et infects, groupés autour d'une salle vaste, mais aussi mal tenue, une foule d'enfants d'Israël étaient réunis. Les femmes priaient à l'extérieur ou regardaient à travers les barreaux des fenêtres. Pauvres créatures! elles s'obstinent à méconnaître la Vierge, honneur de leur sexe et de leur nation, et elles gémissent dans un honteux esclavage, exclues même de l'assemblée sainte et de la réunion des enfants de Dieu. Les hommes étaient divisés par groupes, assis sur des bancs autour d'une table, ou massés par terre devant une mauvaise chaise de bois. Dans chaque petit peloton, un lecteur expliquait l'Écriture sainte, faisait des commentaires, ou se bornait à lire des prières.

Rien de singulier comme la liberté dont on jouit dans ce lieu de dévotion. A mesure qu'on entre, on demande une bible, on s'installe sur un banc, et l'on appelle les gens oisifs pour se faire un petit auditoire, ou bien on va se mêler vulgairement à quelque groupe déjà formé. Si l'orateur ne convient pas, on passe à un autre, et ainsi de suite.

Lorsque j'entrai là pour la première fois, j'étais accompagné de deux prêtres français, d'un franciscain, et des deux soldats, mes domestiques, qui me suivaient depuis Sébastopol. On nous regarda sans doute, mais sans émotion. Nous nous approchâmes d'un groupe, et nous demandâmes quelques explications à l'un des assistants. C'était le moment de la prière, et selon l'usage juif, tous parlaient à Dieu en se balançant d'arrière en avant et d'avant en arrière avec une persévérance digne d'éloges. Le lecteur poursuivit sa psalmodie. Le juif interrogé ne fit aucune difficulté de répondre, seulement il continua ses balancements en tournant la tête de notre côté ; ses voisins nous écoutaient, mêlaient leur mot à la conversation, et en même temps répondaient à la prière commune. L'orateur ne se troubla point et ne parut point surpris. Personne n'avait l'air offusqué. On priait et on tenait conversation tout à la fois ; cela paraissait aller de soi.

Au milieu de ces bizarreries, je fus frappé, comme l'avait été avant moi le P. de Géramb, du profond respect des Juifs pour l'Ancien Testament. Aucune nation ne porte à un plus haut point la vénération pour les livres qui contiennent les dogmes, les lois morales et l'histoire de sa religion. « J'avais honte, s'écrie le P. de Géramb, pour certains chrétiens, en trop grand nombre, hélas! dans la bibliothèque desquels nos saintes Écritures, souvent par suite de l'indifférence, quelquefois par une combinaison sacrilége, se trouvent placées à côté d'un livre impie ou obscène. Homère n'était qu'un homme, et Alexandre enfermait ses œuvres dans une cassette de bois précieux, ornée d'or et de pierreries. Moins respectueux pour l'œuvre de Dieu que des païens qu'on a vus honorer l'Évangile ; que dis-je ? plus éhontés que l'athée Diderot, que l'immoral Jean-Jacques, qui, parmi leurs livres, donnèrent toujours à la Bible la place d'honneur, des catholiques, abjurant toute pudeur, ont mis leur gloire à verser sur elle la dérision et le mépris, à la livrer aux outrages des ignorants, des âmes perverses, des cœurs corrompus, après l'avoir défigurée en lui prêtant toutes les turpitudes de leurs affections et de leurs pensées. » Ces paroles énergiques et justes doivent faire réfléchir. A Jérusalem, dans la Synagogue, devant les armoires où sont renfermées les saintes Écritures, des lampes brûlent continuellement. Ces armoires sont nombreuses. On y conserve des décalogues qui remontent à la plus haute antiquité, un surtout est regardé comme le premier des exemplaires connus. On y trouve aussi une grande quantité de copies de l'Ancien Testament, destinées soit aux juifs résidants à Jérusalem, soit à ceux qui s'y rendent des pays éloignés.

Mais autrement curieuse que la Synagogue, est la cérémonie des pleurs. Tous les vendredis avant le coucher du soleil elle se répète depuis des siècles. Je me rappellerai toujours mon émotion lorsque je la vis en 1856, grâce à l'obligeance de M. le chancelier du patriarcat, qui voulut bien m'y conduire. De ruelles en ruelles nous parvînmes à une allée solitaire le long de laquelle s'élève une muraille antique. Est-elle bien un débris du temple? On en doute, puisqu'il ne devait pas en rester pierre sur pierre. Cependant plusieurs auteurs l'affirment et prétendent y retrouver le caractère des constructions salomoniennes. Selon eux, la prophétie devrait se prendre dans le sens moral, et elle resterait vraie puisque le temple lui-même est ruiné et que cette muraille ne saurait être qu'un soubassement. Or, les Juifs que n'embarrassent pas la parole de Notre-Seigneur, l'estiment comme le dernier débris de leur temple, et ils s'y réunissent pour pleurer. Étrange contraste! ils gémissent sur la patrie absente, là même où leurs pères revenus de la captivité séchaient leurs larmes et cessaient de réciter la complainte de l'exil, le *Super flumina Babylonis!*

Tout le long de cette muraille, nous les trouvâmes assemblés, hommes, femmes, enfants et vieillards. Les uns étaient accroupis en cercle dans la poussière, et quelque vieux rabbin, debout au milieu du groupe, une paire de mauvaises lunettes sur le nez et un turban sur la tête, faisait la lecture de la Bible d'une voix nasillarde, en se balançant en avant et en arrière, selon l'usage imprescriptible. D'autres se tenaient debout, tournés vers la muraille, et toujours en se balançant, lisaient à demi-voix des prières particulières. D'autres encore collaient leurs lèvres contre les pierres sacrées, avec de grands signes de douleur et versaient des larmes. Vraiment, cet aspect de misère et de tristesse, ces hommes et ces femmes appartenant à tous les âges de la vie, assis dans la poussière et pleurant sur leur patrie vaincue, sur la destruction de leur ville et sur leur nation dispersée, offrent un spectacle émouvant, tel qu'on ne l'a vu nulle part et qu'on ne le rencontrera plus ; mais la réflexion arrive, et l'émotion devient moins sensible.

S'ils pleurent aujourd'hui et depuis des siècles, pourquoi ces larmes? C'est qu'il y a deux mille ans ils immolèrent le Juste venu pour les sauver. Le monde païen lui-même, dont la doctrine du Christ sapait les bases, ne trouvait rien à sa charge. Pilate le déclarait innocent. Eux voulurent sa mort! ils furent donc criminels, et ils pleurent justement sous le poids de la réprobation.

Pourquoi faut-il que l'obstination et le mensonge soient les causes de cette manifestation sublime de la douleur? En voyant cette désolation, ces larmes, ce désespoir d'une nation vaincue, on voudrait s'abandonner aux mouvements d'une âme ardente et sympathique. Malheureusement le juif charnel et cupide est une fausse personnification de la douleur. A Jérusalem, comme ailleurs, l'intérêt n'a pas cessé d'être son idole. Les yeux fixés sur l'emplacement du temple, il en déplore la ruine; et, le cœur encore gros de soupirs, les paupières encore baignées de pleurs, il va prêter avec des intérêts exorbitants au malheureux forcé de recourir à sa bourse. L'usure est devenue son élément, comme son nom un outrage.

Tels sont les juifs de Jérusalem. Entassés dans un espace étroit, ils y vivent sans air et sans soleil. Leur quartier n'est qu'un assemblage de ruelles tortueuses et sans pavés. Les musulmans, qui les méprisent, leur avaient interdit non-seulement l'église du Saint-Sépulcre, mais encore les rues et les places adjacentes. Si, depuis quelques années, on est devenu un peu plus tolérant à leur égard, c'est au patriarche latin de Jérusalem qu'ils le doivent. Ils se traînent, haïs et méprisés par tous, et comme exilés dans une patrie qui n'est plus la leur. Et ces hommes superbes, qui repoussaient l'enseignement de Jésus-Christ et ne voulaient d'autre roi que César, s'inclinent maintenant sous le joug du croissant et tremblent devant le courbach d'un colonel osmanli.

Je ne veux point ici faire leur procès. Ce que j'en

ai dit était nécessaire pour faire comprendre comment, loin de concourir à la prospérité de la ville, ils sont, au contraire, un élément de discorde : et je tire cette conclusion :

Étant ce qu'il est, comment le juif de Jérusalem pourrait-il frayer avec les habitants des autres quartiers? Nécessairement il les déteste et les abhorre. Le musulman est pour lui un vainqueur insolent et odieux. Et pour ce qui est des chrétiens, ses pères ont crucifié leur Dieu; or la dernière chose qu'on pardonne à un homme, c'est le mal qu'on lui a fait injustement. Nous n'appellerons donc point les juifs des citoyens de Jérusalem, mais des vaincus pleins de haine et de vengeance, cantonnés dans leur quartier comme un ennemi trop faible, qui, débusqué successivement de toutes ses positions, se renferme dans la citadelle pour tâcher de nuire encore au vainqueur et de le tenir en échec. Seulement, leur guerre n'est pas loyale et à visière levée; dépouillés qu'ils sont du pouvoir et de la force, incapables de se servir du glaive, ils conspirent avec de l'argent, et trouvent malheureusement en lui un auxiliaire puissant, car à Jérusalem comme par tout l'Orient, l'or et l'argent sont les plus terribles ennemis de l'Église de Dieu.

Mais quittons les juifs, et voyons si l'harmonie est mieux gardée dans les autres parties de la cité.

## IX

### L'ÉGLISE DE LA RÉSURRECTION.

L'âme s'émeut en pensant que nous allons visiter les chrétiens de Jérusalem !

Saint Paul ne les appelait-il pas les *saints ?* ne voulait-il pas que tous les fidèles de la chrétienté vinssent à leur secours? N'écrivait-il pas en leur faveur ces paroles expresses : « Que le premier jour de la « semaine, chacun de vous mette quelque chose à « part chez soi, réunissant ce qu'il veut donner aux « *saints, c'est-à-dire aux chrétiens de Jérusalem ;* « afin qu'on n'attende pas ma venue pour recueillir « les aumônes. Lorsque je serai arrivé, j'enverrai « ceux que vous aurez désignés dans vos lettres, por- « ter vos libéralités à Jérusalem ; et, s'il est à propos « que j'y aille moi-même, je le ferai, et vos commis- « saires viendront avec moi. » (Saint Paul, Ire *Ép., aux Cor.* XVI, 2-5.)

Les malheurs des chrétiens de Jérusalem n'ont-ils pas ému la Catholicité à toutes les époques? et ne le méritaient-ils pas à bien des titres?

Hélas ! les temps et les hommes ont bien changé.

Ce n'est pas sans une douleur amère que je pénètre dans ce quartier appelé celui des chrétiens. Ici, peut-être plus que dans le reste de la ville, le scandale règne en maître.

J'expliquerai tout à l'heure ce douloureux mystère. Mais c'est chose embrouillée pour quiconque ne connaît pas l'Orient, et il importe, si je veux être compris, de mettre un ordre tout particulier dans mon récit.

Je diviserai donc en plusieurs chapitres ce que j'ai à dire des chrétiens de Jérusalem. Avant toute chose, nous allons nous agenouiller dans l'église de la Résurrection, vénérer son saint tombeau et son Calvaire; cette première visite est un besoin impérieux pour nos cœurs; elle est d'ailleurs nécessaire pour bien comprendre la situation morale de ceux qui l'entourent, car c'est à propos d'elle que les chrétiens sont tellement divisés entre eux.

L'état du saint tombeau ainsi constaté, nous nous demanderons à qui il appartient en droit, et nous donnerons une idée des schismatiques orientaux qui prétendent en disputer la possession à l'Église catholique.

A l'orient de Jérusalem, avez-vous aperçu cette immense coupole, supportée par un vaste assemblage de constructions massives? C'est la fameuse coupole qui abrite le saint Sépulcre et dont il est si tristement question depuis bien des années.

Cherchons-en l'entrée à travers ce dédale de rues

infectes, étroites et sombres. Passons ce guichet qui donne accès sur une place pavée de dalles antiques. Voici deux portes d'architecture ancienne. A côté un beffroi; mais, hélas! beffroi découronné, car c'était de là qu'au temps du royaume de Jérusalem, on donnait l'alarme lorsqu'il y avait à craindre une attaque; et les musulmans rancuneux le renversèrent dès qu'ils en furent les maîtres.

Ne nous arrêtons point à la pierre vénérable que l'on appelle *pierre de l'Onction*, parce que le corps de Notre-Seigneur y fut embaumé. Négligeons les détails, si saints qu'ils soient, afin de mieux saisir cet ensemble, prodigieusement compliqué. Prenons encore moins garde à ces malheureux Turcs, assis ou couchés sur des nattes auprès de cette pierre vénérable, causant, fumant et préparant leur café. Pénétrons tout de suite sous cette vaste coupole, à laquelle viennent se rattacher les portions éparses de l'édifice. Le tombeau de Notre-Seigneur devrait s'élever dans sa majestueuse simplicité, avec son roc vif, son ouverture un peu basse, et sa forme antique, du milieu de cette enceinte. Malheureusement, le rocher a disparu pour faire place à un petit édifice de marbre élevé à l'endroit où fut le saint tombeau. N'est-ce point chose triste et à jamais regrettable? que font ici la pierre ou le marbre, l'or ou l'argent? Je voudrais vénérer le sépulcre que Joseph d'Arimathie avait fait creuser pour lui et qu'il donna au Sauveur, et non le travail dont la main des hommes l'a recouvert. Deux chambres funéraires sont renfermées dans le petit édifice. La première, celle où se tint l'ange après la résurrection, donne accès à la seconde partie du monument, c'est-à-dire au sépulcre proprement dit. Ce caveau est fort étroit. A côté du banc de pierre où reposa le corps de Jésus, il y a à peine de la place pour quatre personnes de front. La lumière du soleil n'y pénètre jamais. Des lampes d'huile odoriférante y répandent, jour et nuit, une lumière mystérieuse et brillante.

En face de la sainte grotte, attenante à la rotonde principale, une église se prolonge sur une étendue assez vaste. C'est l'ancienne basilique de Constantin. Elle appartient aux Grecs schismatiques.

A gauche de cette église, est une chapelle desservie par les Franciscains.

A droite vient l'édifice qui recouvre le Calvaire.

Ainsi, au centre une grande coupole domine la petite chapelle construite sur le saint tombeau. Et puis trois sanctuaires, celui de Constantin, celui des Franciscains, celui du Calvaire, s'ouvrent par des arceaux sur la grande coupole. Ce sont, par le fait, trois églises irrégulièrement rattachées à un centre.

Autrefois chacun de ces sanctuaires formait un édifice à part. Les premiers chrétiens avaient construit de petites chapelles sur chacun des lieux où s'étaient opérées les différentes circonstances du crucifiement, et Constantin avait ordonné d'élever une basilique au centre de ce groupe vénérable. Plus tard la piété des fidèles a essayé de réunir le tout dans un immense édifice. L'idée était magnifique, l'exécution en a été fautive. A force de tourmenter le terrain, pour le niveler et en accorder toutes les parties, on l'a rendu méconnaissable, en sorte que le pèlerin est réduit aux conjectures, pour recomposer dans son esprit le théâtre auguste qui fut témoin des grands mystères de la mort et de la résurrection de son Dieu.

Chaque jour, les Pères de Saint-François ont la pieuse coutume de faire, sur les quatre heures du soir, une procession solennelle de sanctuaire en sanctuaire, pour les vénérer successivement et y prier au nom de la Catholicité, dont ils ont l'insigne privilége d'être les représentants depuis deux fois trois siècles. Lorsqu'un nouveau pèlerin arrive à Jérusalem, on le mène avec honneur à cette procession. J'y ai participé plusieurs fois avec une émotion sentie.

Je veux en raconter les détails, afin de conduire successivement le lecteur à tous les autels élevés dans ce saint lieu. L'histoire de cette procession me paraît être la meilleure description de l'église. Tous les Pères étant réunis dans la chapelle où Notre-Seigneur aurait apparu, dit-on, à la sainte Vierge aussitôt après sa résurrection, on nous y introduisit, et on voulut bien nous donner à chacun un petit livre renfermant les prières composées pour la circonstance, et un cierge béni, marqué aux armes de Terre Sainte. Ce cierge devient la propriété du pèlerin ; il lui reste comme un souvenir précieux.

Alors les chants commencent, et la procession se met en marche.

D'abord on entre dans une petite prison où Notre-Seigneur fut, dit-on, enfermé quelques instants avant d'être crucifié. Épuisé de sang et de force, il n'avait pu traîner sa croix au haut du Calvaire. Alors les bourreaux l'en avaient déchargé, et, pendant qu'ils la hissaient au sommet du Golgotha, ils le firent entrer dans cette excavation du rocher.

De cette prison, la procession s'avance derrière le chevet de la basilique de Constantin, vers l'autel de Saint-Longin. Ce saint fut le soldat qui perça d'une lance le côté du Sauveur, et qui, par une longue pénitence, parvint ensuite à la sainteté.

Plus loin, on rencontre un autel dressé sur l'emplacement où les soldats tirèrent au sort les vêtements de Notre-Seigneur.

Après cela, par un escalier rapide, on descend dans un premier souterrain dédié à Sainte-Hélène, parceque la sainte impératrice paraît s'être tenue en cet endroit pendant qu'elle faisait exécuter des fouilles pour retrouver la vraie croix. Le clergé s'y arrête devant un autel, et salue la généreuse bienfaitrice de la Palestine.

Un nouvel escalier donne alors passage vers un autre souterrain, plus profond, où fut découverte la croix du Sauveur. Après une station pieuse, la procession remonte ces deux escaliers et se retrouve dans l'église au point d'où elle était partie.

Ensuite elle continue sa marche vers la droite, et s'arrête devant la colonne dite de l'*Impropère*. On pense que cette colonne fut celle où l'on assit Notre-Seigneur, lorsqu'on le bafoua comme un roi de théâtre. La sainte relique est enfermée sous un autel, derrière une grille de fer; on la vénère à genoux.

Puis, la procession se remet en mouvement, monte sur le Calvaire, s'arrête aux endroits où Notre-Seigneur fut dépouillé de ses vêtements, où il fut attaché à la croix, où la croix fut plantée.

Ensuite, elle redescend vers la pierre de l'Onction, où Joseph d'Arimathie embauma le corps de Jésus;

On se prosterne et on adore, en passant devant le saint Sépulcre;

Et la procession retourne enfin au lieu d'où elle est partie, c'est-à-dire à la chapelle des Franciscains, en faisant une station à l'endroit où Notre-Seigneur apparut à sainte Madeleine, sous la forme d'un jardinier.

Vers la fin de la cérémonie, le diacre prend l'encensoir, se retourne du côté des pèlerins, les salue, et les encense par honneur avant de les congédier.

Je passe rapidement sur ces détails. Et cependant, que n'y aurait-il pas à dire sur les impressions qu'on éprouve lorsque, à genoux, le livre des stations dans une main, le cierge béni dans l'autre, mêlant sa voix à celle des religieux et des prêtres, on chante ces hymnes et ces oraisons qui rappellent comment, *ici même*, on dépouilla Notre-Seigneur de sa robe sans couture, tissée par les mains de la sainte Vierge; *ici même* ses vêtemens furent tirés au sort; *ici* encore il fut attaché à la croix; *ici* la croix fut plantée; *ici* enfin Notre-Seigneur expira!

Mais je n'ai pas encore parlé du Calvaire: et on me demande des détails sur ce lieu, le plus vénérable avec le saint Sépulcre.

Le Calvaire seul n'a pas été mis de niveau avec le reste de l'église; mais, considérablement amoindri par un ciseau inintelligent, il est réduit à la forme d'un rocher carré, entièrement revêtu de marbre.

Trois autels le dominent, le premier devant l'espace où Notre-Seigneur fut attaché à la croix; le second à l'endroit où se tenait la sainte Vierge après le crucifiement; le troisième au lieu même où fut plantée la croix.

A côté de l'autel du crucifiement, on montre la fente opérée dans le rocher au moment où Notre-Seigneur mourut. Malheureusement, la manie de tout couvrir de marbre empêche de la bien distinguer.

Pour la mieux constater, les pèlerins descendent dans une chapelle souterraine où elle se voit assez bien, si on a soin de s'entourer de beaucoup de lumières.

A quoi bon répondre au sourire moqueur du touriste sans croyance qui me dit : — Croyez-vous bien que cette fente soit l'effet d'un tremblement de terre, opéré dans le moment même de la mort du Sauveur? — Oui, je le crois, et je le crois d'autant plus fortement que vous cherchez tous les moyens de n'y pas croire, pauvre âme dévoyée. Si les circonstances toutes surnaturelles qui signalèrent la mort de Jésus-Christ étaient moins évidentes, nouveau Titan, vous n'entasseriez pas des preuves factices pour vous confirmer dans le doute. Vous faites moins d'objections contre la réalité du tombeau de Mahomet ou de Confucius. Au contraire, vous annoncez avec grand fracas à l'Europe que vous avez visité ces lieux célèbres et constaté leur authenticité. C'est qu'il n'est pas sorti de là une doctrine qui condamne les passions coupables et force les hommes à être bons pour leurs frères, compatissants pour leurs inférieurs et soumis aux chefs qui les gouvernent ; c'est que Mahomet divinise la volupté ; c'est que les divinités, à la façon de l'Asie, consacrent la liberté d'être absurde.

Dès les premières époques qui suivirent l'événement, Cyrille, évêque de Jérusalem, jetait ce défi aux Juifs déicides : « Si je voulais nier que Jésus-Christ ait été crucifié, cette montagne de Golgotha, sur laquelle nous nous sommes présentement assemblés, me l'apprendrait à elle seule. Tacite et Suétone parlent de ce tremblement de terre mémorable, arrivé sous Tibère. Mandre le protestant, Millar, Fléming, Schaw, protestants et anglais, sont unanimes dans leur témoignage à cet égard. « *Je commence à être chrétien,* s'écria, en voyant la fente du rocher divin, un Anglais jusque-là moqueur et incrédule. J'ai fait une longue étude de la physique et des mathématiques, et je suis assuré que les ruptures du rocher n'ont pas été produites par un tremblement de terre ordinaire et naturel. Un ébranlement pareil eût, à la vérité, séparé les divers lits dont la masse est composée; mais c'eût été en suivant les veines qui les distinguent, et en rompant leur liaison par les endroits les plus faibles. J'ai observé qu'il en est ainsi dans les rochers que les tremblements de terre ont soulevés, et la raison ne nous apprend rien qui n'y soit conforme. Ici c'est tout autre chose, le roc est partagé transversalement, la rupture croise les veines d'une façon étrange et surnaturelle. Je vois donc clairement et démonstrativement que c'est le pur effet d'un miracle, que ni l'art ni la nature ne pouvaient produire. C'est pourquoi je rends grâces à Dieu de m'avoir conduit ici, pour contempler ce monument de son merveilleux pouvoir, monument qui met dans un si grand jour la divinité de Jésus-Christ. »

Au reste, comment douter? Est-ce que tous les témoignages anciens, amis ou ennemis, ne s'accordent pas sur le bouleversement étrange, produit dans la nature au moment de la mort de Jésus-Christ? La quatrième année de la deuxième olympiade (année précise de la mort de Jésus-Christ), dit Phlégon, affranchi d'Adrien, il y eut la plus grande éclipse de soleil qu'on eût encore vue, puisqu'on apercevait les étoiles au milieu du jour, et ces ténèbres furent accompagnées d'un fort tremblement de terre. Denys l'Aréopagite vit cette éclipse en Égypte, et, comme elle sortait évidemment des lois régulières de la nature, Apollophane, son compagnon d'études, s'écria : « Ce sont là, mon cher Denys, des changements surnaturels et divins. » « Cherchez dans les archives poli« tiques, dit Tertullien aux païens de son temps, vous « y trouverez ce fait constaté par le témoignage des « vôtres. »

En vérité, dit Mgr Mislin, notre incrédulité n'est-elle pas plus coupable que celle des Juifs? Si ces hommes ont vu les œuvres de Jésus-Christ sans en être touchés, nous en voyons de plus grandes encore auxquelles nous demeurons insensibles. Dans quel état se trouvait le monde à la mort de Jésus-Christ? Il était plongé dans l'idolâtrie et dans l'esclavage. A peine le sang du Juste a-t-il coulé sur le Golgotha, que tout change dans l'univers. Le polythéisme s'est écroulé avec l'empire des Césars; des peuples nouveaux, rachetés par le sang de Jésus-Christ, ont, partout, remplacé la société corrompue de l'ancien monde. Le Christianisme a changé les institutions, les mœurs et les hommes; nous voyons tout à coup un monde régénéré à la place d'un monde déchu. Rien ne les sépare que la croix plantée sur le Calvaire; et nous ne nous jetons pas au pied de cette croix, pour adorer le Dieu que nous avons méconnu! »

Il n'y a sur le rocher du Calvaire qu'un seul changement essentiel, et il importe de constater la fraude. Lorsqu'on le répara en 1808, à la suite de l'incendie de l'église, les Grecs enlevèrent, pour la transporter à Constantinople, la pierre dans laquelle la croix avait été plantée. Ils y substituèrent celle d'aujourd'hui qui n'a plus de valeur.

On m'a montré, dans l'église du Saint-Sépulcre, le tombeau de Joseph d'Arimathie. La tradition paraît se contredire en cet endroit, car des témoignages assez authentiques supposent que le saint passa en France avec Lazare, Marthe et Marie, pour fuir la persécution des Juifs, et que, de là, il se rendit en Angleterre, où il mourut. Quelques auteurs pensent qu'il y a confusion dans la manière de s'exprimer, et qu'après avoir cédé son propre tombeau pour y déposer le Sauveur,

Joseph d'Arimathie en fit creuser un autre pour lui dans le même jardin, mais qu'il n'y fut point enterré.

Deux sépulcres plus authentiques étaient ceux de Godefroid de Bouillon et de Baudouin, son frère. On sait que ces deux premiers rois de Jérusalem chrétienne furent enterrés au pied du Calvaire. Le dix-neuvième siècle retrouva encore leurs cendres. Mais, en 1808, la haine des schismatiques profita de l'incendie de l'église pour jeter ces cendres au vent. La trace même des tombes a été détruite et recouverte d'un escalier massif qui monte au Calvaire.

De ces deux grands héros, il ne reste plus que l'épée et les éperons de Godefroid. On les conserve dans la sacristie. Nous demandâmes à les voir. C'est, en effet, un beau souvenir que cette vaillante épée. L'illustre Godefroid la porta si haut et pour une si noble cause! A l'heure actuelle, on s'en sert encore pour la réception des chevaliers du Saint-Sépulcre.

Ah! quand viendra le jour où ces chevaliers ne se contenteront pas de porter, suspendue à un ruban noir, comme un ornement de pure vanité, la *croix rouge potencée et contournée de quatre croisillons?* Est-ce là l'usage qu'on doit faire des insignes de la plus noble chevalerie du monde? Autrefois, les chanoines du Saint-Sépulcre, institués par Godefroid lui-même, s'armaient du casque et de la cuirasse, et faisaient sur le champ de bataille des prodiges de valeur pour la défense des saints Lieux. Où sont, aujourd'hui, les œuvres des successeurs de ces vaillants hommes ? Dieu fasse luire le jour où l'Europe se préoccupera de ce qui fit l'objet de la sollicitude et de la gloire de nos devanciers ! Il est temps d'y songer, ou les ennemis du Catholicisme, Turcs et schismatiques, auront bientôt reconquis ce qui a coûté à nos pères six cents ans des efforts les plus héroïques, comme nous allons le voir au chapitre suivant.

---

## X

### LES CATHOLIQUES AU SAINT-SÉPULCRE.

Hélas! nous sortons du Saint-Sépulcre ; nous descendons du Calvaire où Notre-Seigneur a donné le plus magnifique exemple de paix et de concorde, lorsque, près de rendre le dernier soupir, épuisé de sang et cloué sur la croix, il dit à Dieu son Père, en parlant de ses bourreaux : *Mon Père, pardonnez-leur!* et voici que je suis obligé de parler de luttes et de conflits!

Le croirait-on? le plus grand scandale de Jérusalem est dans le peuple chrétien. Nous parlions des juifs, il y a quelques instants : nous les montrions haineux et hostiles. Mais voilà pire que cela. Une fraction de chrétiens schismatiques, du rit grec, s'est proposé de confisquer à son profit le saint Sépulcre, le Calvaire, l'église de la Résurrection tout entière, de manière à en expulser totalement les Catholiques. De là, pour le patriarche latin de Jérusalem et pour les Pères de Saint-François, l'obligation de se tenir toujours sur la défensive. Et cette lutte constitue presque à elle seule ce qu'on appelle la question des saints Lieux.

On ne connaît point assez ces choses en Europe. On ignore que, grâce à la mauvaise foi des schismatiques et à leurs prétentions, à peine il nous est permis de prier en silence au Saint-Sépulcre. On ignore qu'à chaque heure, à chaque instant, ils excitent des rixes et suscitent des désordres au pied du Calvaire. On ne sait pas assez que cette faction turbulente cherche à accaparer à son profit les sanctuaires vénérables, pour en exclure à jamais l'univers catholique; on ignore trop que leurs empiétements deviennent exorbitants; que nous sommes déjà à peu près dépouillés de nos droits, vieux comme les siècles, et que, d'aujourd'hui à demain, nous sommes exposés, nous Catholiques, à être chassés des sanctuaires de Jérusalem par une poignée de schismatiques. Or il faut le dire, afin qu'on le sache, et que, le sachant, on s'en préoccupe, et qu'on arrête le mal.

La question des saints Lieux se réduit presque exclusivement dans ceci :

A qui appartient le tombeau de Jésus-Christ?

A cette question, les Turcs répondront : Il est à nous, parce que nous avons conquis la capitale de l'empire grec, Constantinople. — Les schismatiques objectent qu'il est à eux, parce qu'ils prétendent l'avoir. — La Catholicité dit : Il est à moi par le droit naturel, par le droit de la possession la plus antique, par celui des traités mille fois renouvelés et confirmés.

A qui la raison dans ce grand procès? Évidemment à l'Église Catholique. J'en appelle au simple bon sens.

Si je disais à un enfant de nos campagnes : Mon enfant, à qui pensez-vous que soit le tombeau de Notre-Seigneur? Il me répondrait sans hésiter : Au Pape et à tous les chrétiens.

Et pourquoi cela? — C'est bien simple.

Évidemment il appartient à l'Église apostolique. Car Joseph d'Arimathie en fit présent à Notre-Seigneur ; et, après la résurrection glorieuse, ce disciple de l'Évangile ne le reprit point à lui, il le laissa à la sainte Vierge, aux apôtres, à tous les fidèles qui voulaient le vénérer. Et Pierre, en mourant, dut le confier aux papes ses successeurs.

Évidemment il appartient à l'Église Catholique, et non pas à une fraction schismatique, s'appellât-elle la nation grecque ; car Notre-Seigneur est mort pour tous les hommes, et il a légué son tombeau à tous, et non à la nation grecque.

Jamais on n'entendit les choses autrement dans la primitive Église. Remontons aux premiers jours de l'ère chrétienne et demandons à l'historien des Croisades comment on jugeait cette question pendant les six premiers siècles.

« Les prophéties étaient accomplies, dit M. Michaud, il ne restait plus à Jérusalem pierre sur pierre. Mais dans l'enceinte déserte on visitait encore un tombeau creusé dans le roc, tombeau d'un Dieu sauveur, resté vide par le miracle de la résurrection. Il y avait là une montagne où le sang du Christ avait coulé, où le mystère de la Rédemption s'était consommé. Le sépulcre de Jésus et le Calvaire devaient naturellement devenir les principaux objets de la vénération et de l'amour des chrétiens; la Judée était à leurs yeux la terre la plus sainte de l'univers. Aussi, dès les premiers temps de l'Église, les fidèles y venaient adorer les traces du Sauveur. »

Vainement l'empereur Élie-Adrien essaya-t-il de substituer le culte des idoles à celui de Jésus-Christ. Le pouvoir profanateur de cette mythologie expirante ne fut pas de longue durée, et Constantin célébra la trente et unième année de son règne par l'inauguration de l'église du Saint-Sépulcre; et des milliers de chrétiens se rendirent à cette solennité où le savant évêque Eusèbe prononça un discours rempli de la gloire de Jésus-Christ.

Sainte Hélène, dont le nom est resté comme une tradition de la Palestine chrétienne, fit le pèlerinage de Jérusalem dans un âge très-avancé. Parmi les pèlerins de ces temps reculés, l'histoire ne peut oublier les noms de saint Porphyre et de saint Jérôme. Le premier abandonna, à l'âge de vingt-ans, Thessalonique, sa patrie, passa plusieurs années dans les solitudes de la Thébaïde et se rendit en Palestine; après s'être longtemps condamné à la vie la plus humble et la plus grossière, il devint évêque de Gaza. Le second, accompagné de son ami Eusèbe de Crémone, quitta l'Italie, parcourut l'Égypte, visita plusieurs fois Jérusalem et résolut de terminer ses jours à Bethléem. Paule et sa fille Eustochie, de l'illustre famille des Gracques, unies à Jérôme par les liens d'une sainte amitié, renoncèrent à Rome, aux joies de la vie, aux grandeurs humaines, pour embrasser la pauvreté de Jésus-Christ et pour vivre et mourir à côté de la crèche. Saint Jérôme nous apprend que les chrétiens arrivaient alors en foule dans la Judée, et qu'autour du saint tombeau on entendait célébrer, dans des langues diverses, les louanges du Fils de Dieu.

« A mesure que les peuples de l'Occident se convertissaient à l'Évangile, ils tournaient leurs regards vers l'Orient. Du fond de la Gaule, des forêts de la Germanie, de toutes les contrées de l'Europe, on voyait accourir de nouveaux chrétiens, impatients de visiter le berceau de la foi qu'ils avaient embrassée. Un itinéraire des pèlerins leur servait de guide, depuis les bords du Rhône et de la Dordogne jusqu'aux rives du Jourdain, et les conduisait à leur retour, depuis Jérusalem jusqu'aux principales villes d'Italie.

« Quand le monde fut ravagé par les Goths, les Huns et les Vandales, les pèlerinages à la Terre Sainte ne furent point interrompus. Les pieux voyageurs

9

étaient protégés par les vertus hospitalières des barbares, qui commençaient à respecter la croix de Jésus-Christ et suivaient quelquefois les pèlerins jusqu'à Jérusalem. Dans ces temps de trouble et de désolation, un pauvre pèlerin qui portait sa panetière et son bourdon, traversait souvent les champs du carnage, et voyageait sans crainte au milieu des armées qui menaçaient les empires d'Orient et d'Occident. »

Tel était la pensée du monde à l'égard des Lieux saints. On les regardait comme l'héritage inaliénable de l'Église, et ils étaient traités et vénérés comme tels. Lorsqu'au VIe siècle, les Perses viennent y faire irruption, l'empereur Héraclius vole à leur défense, il les affranchit du joug, et l'univers applaudit.

Plus tard, lorsque les souverains pontifes prêchent les guerres saintes, nous ne voyons nulle part que ni les rois, ni les empereurs, ni l'Europe catholique, aient mis en question le droit. Le Saint-Sépulcre est à eux par l'effet d'une possession légitime, inaliénable ; ils s'arment et traversent les mers pour le reprendre. Telle a toujours été la pensée commune et la pratique du monde catholique.

Or, aujourd'hui les schismatiques grecs se posent en adversaires de la Catholicité, et ils s'écrient : A nous le Saint-Sépulcre.

Or, malheureusement, ils joignent l'action à la parole et ils expulsent nos représentants ; et depuis soixante ans ils se sont à peu près emparés de tout ce qui était à nous.

En voici une preuve entre mille. Je désirais célébrer la messe au Calvaire, à l'endroit même où fut plantée la croix de Notre-Seigneur. — Non, me fut-il répondu. Cet autel est aux Grecs. — Je demandai la même faveur en divers autres sanctuaires; même réponse. Pour le coup, m'écriai-je, j'obtiendrai du moins la permission de dire la messe au Saint-Sépulcre. — A une condition, me dit le père gardien de Terre Sainte, c'est que vous passerez la nuit dans l'église, afin d'être prêt à commencer la messe à trois heures précises du matin. Et, comme je demandais la raison de cette exigence, j'appris que les Grecs avaient pris de tels droits sur le Saint-Sépulcre, que les Latins n'y peuvent plus célébrer que trois messes; encore faut-il s'y prendre le plus de bonne heure que possible. Les moines grecs poussent l'insolence à ce point, que l'autel doit être libre dès le moment où il leur plaît d'entrer à l'église. Veulent-ils le faire, ils agitent une petite clochette, et aussitôt le sacristain catholique est obligé d'enlever avec précipitation les objets destinés à la célébration des saints mystères. Une minute de retard exposerait à des profanations, à des injures, et peut-être à des voies de fait. A cette première vexation, les Turcs en ajoutent une seconde. En leur qualité de possesseurs de l'édifice qui renferme le Calvaire et le Sépulcre, ils ferment la grande porte de l'église avant la nuit, et ne l'ouvrent que fort tard le lendemain. Si donc on veut échapper à la double vexation et célébrer la messe au Saint-Sépulcre, il faut s'y renfermer dès la veille au soir pour y attendre l'aurore.

Pour moi cette difficulté n'était pas grande. Quel voyageur ne consentirait à faire une fois dans sa vie cette *veillée des armes* auprès du tombeau de Jésus-Christ? Je m'estimais heureux de la circonstance. Mais je constatai de mes yeux, à cette occasion, l'effroyable sacrifice que cette exigence impose aux Franciscains. Députés par l'Église pour offrir une prière perpétuelle en ces lieux sacrés, et gardiens du Saint-Sépulcre, ils doivent être là, chaque nuit, sous peine de trahir leur mission et de céder aux envahisseurs sacriléges.

Avec l'autorisation des musulmans, ils ont fait construire, attenant à l'église, une sorte de petit couvent, où ils ont des cellules et un réfectoire. Ce couvent n'a aucune communication avec l'extérieur ; sa porte unique donne sur la rotonde du Saint-Sépulcre. C'est un vrai tombeau : tous les trois mois, le supérieur désigne six de ses religieux et les envoie habiter ce pauvre réduit. Ils y vivent dans une humidité continuelle, privés à peu près de la lumière du jour. Les Turcs ont bâti une écurie au-dessus de leur réfectoire, et les pères entendent sur leur tête frapper les pieds des chevaux. Toute communication à l'extérieur leur est interdite, excepté dans les quelques heures où il plaît aux Turcs d'ouvrir l'église. Ainsi, chaque jour, lorsque leur nourriture leur est envoyée du couvent de Saint-Sauveur, ils doivent aller la recevoir au guichet et la rapporter ensuite à travers le lieu saint, jusque dans leur petite retraite. Encore ne sont-ils pas sûrs de la conserver intacte; et, pour prévenir l'effet d'une voracité brutale, ils se servent de casseroles et de bouteilles d'étain fermant à clef.

Est-il possible que les prêtres, députés par le monde catholique pour le représenter au Saint-Sépulcre, soient réduits à une telle position? Mais ce n'est pas tout.

J'étais entré la veille à l'église, sur les trois heures du soir, un peu avant l'heure où les Turcs ferment les portes, afin d'assister à la procession journalière dont j'ai parlé au chapitre précédent.

Qui le croirait? L'impiété ne laisse même pas au pèlerin catholique le loisir de satisfaire à son aise sa pieuse dévotion dans cette procession touchante. Les moments sont comptés. Quelques minutes de retard seraient un crime. La procession doit sortir à telle heure. Elle ne peut rester qu'un temps déterminé à chaque sanctuaire; autrement les schismatiques sont là, prêts à faire du scandale. Au besoin ils en viendraient aux coups, pour expulser le fidèle qui aurait trop prolongé sa prière.

Ainsi, pendant que nous priions et chantions les hymnes et les versets d'usage, nous entendions les cris des schismatiques, et leurs voix aigres et nasillardes traversaient nos chants et troublaient le recueillement. A chaque pas, dans ce sanctuaire auguste, on rencontre l'impiété. Tandis que nous étions à genoux autour de la pierre de l'Onction, dans une adoration profonde, les Turcs, étendus à côté sur des tapis, nous regardaient stupidement en fumant leurs longues pipes.

Mais ce qui prouve mieux que les faits particuliers l'état d'humiliation et d'abandon auquel sont réduits les catholiques de Jérusalem, c'est ce qui se passa en 1808, lors de l'incendie de l'église du Saint-Sépulcre. Écoutons la relation de ce terrible événement.

« Si le prophète Jérémie revenait dans ce monde, écrit un témoin oculaire, aurait-il, en ces jours de désastre et de deuil, moins de raison qu'autrefois d'inviter le peuple à pleurer sur Jérusalem désolée? Aurait-il à faire entendre des chants moins plaintifs sur la tristesse et l'abattement de l'infortunée fille de Sion ?.... Ah! Il ne serait pas le seul dont les yeux fussent deux sources de larmes!... Partout il rencontrerait des compagnons de sa douleur!.....

« La matinée du 12 octobre fut affreuse ; le souvenir de ce jour malheureux arrache un cri de douleur aux cœurs les plus indifférents, aux cœurs les plus endurcis. Les Catholiques, les schismatiques, les hérétiques, sont dans l'affliction; les Orientaux, les Occidentaux pleurent, les juifs même versent des larmes. Il n'y a personne dans la cité sainte, de quelque nation qu'il soit, qui ne partage la douleur et la consternation générale. L'église du Saint-Sépulcre, ce monument bâti par sainte Hélène et Constantin, avec une magnificence impériale, et conservé par la piété des chrétiens, ce temple, le plus auguste de l'univers, ce temple qui faisait l'admiration des nations les plus éloignées, vient d'être consumé par les flammes! On ignore si c'est l'effet d'un accident ou de la malice; mais la rapidité du feu a été telle, que dans l'espace de quelques heures, les galeries, les colonnes, les autels ont été anéantis. Voici quelques détails sur ce déplorable événement :

« Dans la nuit du 11 au 12 octobre, vers les trois heures du matin, le feu commença à se manifester dans la chapelle des Arméniens, située sur la galerie ou terrasse de la grande église du Saint-Sépulcre. L'aide-sacristain des religieux de Saint-François, qui allait visiter les lampes de la chapelle du Calvaire, fut le premier à s'en apercevoir; et comme il n'y avait là âme vivante, qu'un pauvre prêtre arménien, vieillard dont la vue du feu avait comme altéré la raison, il courut aussitôt chercher des secours. Mais la rapidité de la flamme les rendit inutiles; lorsqu'on arriva, elle avait déjà embrasé la chapelle des Arméniens, même leur habitation ainsi que celle des Grecs, dont une partie était construite en bois sec et peinte à l'huile.

« Les Pères Franciscains, après l'office de minuit, étaient allés se reposer. Réveillés par le bruit étrange qu'ils entendent dans la grande église, ils se lèvent à la hâte ; quelle est leur épouvante !.... Malgré mille dangers, ils volent au feu... La porte est fermée et ce qui met le comble à leur désespoir, c'est que peu d'instants après, les flammes, qui sortent du côté des Grecs et des Arméniens, et du côté des Syriens, des Messinéens et des Coptes, menacent la coupole du grand temple, construite avec d'énormes poutres, couvertes de plomb, élevée perpendiculairement sur le monument dans lequel se trouve le très-saint Sépulcre. Les poutres dont je viens de parler avaient été amenées à grands frais du mont Liban, au commencement du siècle passé, alors les princes chrétiens firent élever ce dôme, véritable chef-d'œuvre par sa hauteur et par la hardiesse de sa construction.

« Tous ont fui... Les Pères Franciscains restés seuls, et privés d'instruments nécessaires, tâchent de passer par une petite fenêtre pour aller avertir le monastère de Saint-Sauveur et les ministres du gouvernement turc. Dans l'intervalle, les jeunes Arabes catholiques s'élancent du dehors à l'intérieur, et bravent les flammes, pour sauver, s'il se peut, quelques objets, mais, en ce moment, le feu gagne le dôme, les autels de la sainte Vierge, l'orgue; l'église ressemble à une fournaise. Bientôt les pilastres s'écroulent avec fracas, et avec ceux-ci les arcades et les colonnes qui entourent le saint Sépulcre. Il est inondé d'une pluie de plomb ; le feu est tel, que les plus grosses colonnes de marbre se fendent ; il en est de même du pavé et du marbre qui recouvrent le monument. Enfin entre cinq et six heures, le grand dôme tombe avec un bruit épouvantable, entraîne toutes ces grosses colonnes et les pilastres qui soutenaient encore la galerie des Grecs, ainsi que les habitations des Turcs près du dôme.

« Le très-saint Sépulcre se trouve enseveli sous une montagne de feu qui semble devoir l'anéantir à jamais ; l'église offre le spectacle d'un volcan en fureur...... »

Or que résulta-t-il de ce malheur ? En des temps moins mauvais, il eût jeté la consternation dans le monde chrétien. On eût fait des quêtes ; on eût envoyé des aumônes abondantes ; et l'église de la Resurrection fût sortie de ses ruines, plus belle qu'elle ne fut jamais. Mais, dans notre siècle, les préoccupations sont si peu tournées du côté de Jérusalem, que les Catholiques ont abandonné aux Grecs schismatiques et aux Arméniens le soin de reconstruire le plus vénérable sanctuaire du monde.

Et qu'on ne me dise pas : Il n'en serait plus de même aujourd'hui. — Voyez ce qu'on fait pour la célèbre coupole ! .

Mais je dois m'arrêter et conclure.

De tout ce que je viens de dire, il résulte que les Catholiques du monde entier sont moins influents, je ne dis pas seulement à Jérusalem, mais dans l'église du Saint-Sépulcre, que les Turcs et quelques Grecs schismatiques ; qu'ils n'y ont même aucune autorité reconnue, et que les quelques droits dont on les laisse encore jouir peuvent être disputés et réduits à chaque instant.

Il importe de chercher les causes de cette anomalie. Comment le tombeau de Notre-Seigneur, légué à l'Église Catholique dans la personne de saint Pierre et de ses successeurs, par Joseph d'Arimathie, semble-t-il ne plus nous appartenir aujourd'hui ? Pourquoi sommes-nous traités en esclaves dans une propriété qui est la nôtre ? Voilà un problème douloureusement curieux qui se dresse devant nous.

Pour le résoudre, nous allons étudier, aux chapitres suivants, les hommes qui, sous le nom de schismatiques, osent attenter à nos droits.

---

# XI

## LES PRÉTENTIONS DES SCHISMATIQUES GRECS.

Pendant huit grands siècles, semblable à un arbre majestueux, l'Église catholique étendit ses branches vigoureuses sur l'univers entier, et les nations se reposèrent tranquilles et heureuses à son ombre bienfaisante. Alors, si l'on employait les expressions d'Église latine et d'Église grecque, d'Église d'Orient et d'Église d'Occident, cela n'impliquait en aucune façon l'idée de séparation ou de schisme; c'était une qualification indiquée par les deux langues le plus en usage dans le monde, une manière d'exprimer la situation géographique de deux portions de la même communauté chrétienne.

Or aujourd'hui la situation a changé. L'Église grecque se pose en antagoniste de l'Église latine. Ce qui formait une unité compacte s'est divisé. L'Église grecque déclare rebelles et coupables tous ceux qui obéissent au Pape. Chaque année, le jeudi saint, elle prononce une excommunication contre l'univers catholique; et, en sa prétendue qualité d'Église seule orthodoxe, seule possédant la vérité, elle revendique le tombeau de Notre-Seigneur, son Calvaire, et la grotte de sa nativité, comme sa possession exclusive.

D'où a pu venir un tel changement, et comment s'est-il opéré ? — Il nous importe de le rechercher en ce moment, si nous voulons apprécier la question des saints Lieux à sa juste valeur. Nous dirons donc les commencements du schisme grec, ses prétextes malheureux et les tristes conséquences dans lesquels il entraîna l'Orient.

Les sources de cet immense scandale remontent au sixième siècle de l'ère chrétienne. Séduits par les subtilités de la controverse, divisés par les antipathies de race et de langue, les évêques grecs commencèrent alors à creuser l'étroit fossé qui les sépare de l'Occident et à donner une signification trop sérieuse à ces expressions d'Église latine et d'Église grecque dont nous expliquions tout à l'heure la seule vraie portée.

Il fallait un prétexte pour se séparer ; les Grecs le cherchèrent dans de déplorables controverses sur la personne adorable de Notre-Seigneur.

Jésus-Christ, en venant en ce monde, déclara positivement qu'il était Dieu et homme, qu'il était le fils de Dieu et le fils de l'homme. Il était naturel d'en conclure qu'il y avait en lui deux natures, la nature divine par laquelle il était fils de Dieu, et la nature humaine par laquelle il était fils de l'homme ; que ces deux natures ne formaient qu'une seule personne, celle de Jésus-Christ, et qu'elles étaient unies entre elles et non confondues, car il serait absurde de supposer que la divinité avait cessé d'être divinité pour devenir humanité, que l'humanité à son tour était devenue divinité, et qu'il était résulté de ce mélange un tout monstrueux, qui n'eût été ni homme ni Dieu, mais une abominable confusion de principes divins et humains.

Les apôtres comprirent ainsi la personne adorable de leur maître. Ils reconnurent en lui deux natures et une seule personne ; et ils transmirent cette doctrine à l'Église universelle.

Or, au commencement du quatrième siècle, vers l'année 320, un prêtre de l'Église d'Alexandrie, Arius, déposa les premiers ferments de discorde dans l'Église grecque, en discutant ce principe incontestable.

Arius reconnaissait que *le Fils de Dieu existait avant Marie;* mais il soutenait qu'il n'était point éternel, qu'il avait eu un commencement, et que, par le bon usage de son libre arbitre, il avait mérité de passer de l'état de créature humaine à celui de fils de Dieu. C'était une absurdité; c'était le renversement complet du principe fondamental sur lequel repose le Christianisme. Cette hérésie fut immédiatement condamnée par un concile particulier tenu à Alexandrie. Mais Arius persistant dans son erreur, l'empereur Constantin obtint la réunion de trois cents évêques d'Orient et d'Occident, en concile œcuménique. C'était en 325. Les évêques y composèrent ensemble un symbole qui était le développement de celui des apôtres, et qui s'appela Symbole de Nicée, du nom de la ville où se tenait le concile. Il y est dit expressément : « Il y a en Jésus-Christ deux natures; la nature divine et la nature humaine; mais il n'y a en lui qu'une seule personne, qui est la personne du fils de Dieu. »

L'an 381, un second concile œcuménique s'assembla à Constantinople; il confirma le Symbole de Nicée, seulement il changea une expression amphibologique sur la personne du Saint-Esprit.

Malgré ces décisions, la nature de Jésus-Christ continua à être une pierre d'achoppement pour les Théologiens de l'Église grecque. En 428, Nestorius, évêque de Constantinople, reconnut deux natures en Jésus-Christ, mais il en conclut à la dualité des personnes. C'est l'hérésie connue sous le nom de nestorianisme. Elle fut condamnée par le troisième concile œcuméniquetenu à Ephèse. Eutychès, archimandrite d'un monastère de Constantinople, vint à son tour, se jeter dans l'arène. Il publia en 448, une hérésie diamétralement opposée à celle de Nestorius. Il admit l'unité des personnes en Jésus-Christ, mais il soutint que cette même personne n'était pas composéede deux natures et qu'elle n'en avait qu'une seule. Dioscore.

patriarche d'Alexandrie, soutint cette doctrine et la répandit en Egypte.

Eutychès et Dioscore furent condamnés en 451 par le quatrième concile œcuménique, celui de Chalcédoine.

Après avoir ainsi discuté la seconde personne de la sainte Trinité, on attaqua la troisième; on s'en prit au Saint-Esprit.

En vain le second concile œcuménique de Constantinople, en 381, et, plus tard, ceux d'Éphèse et de Chalcédoine, avaient-ils formulé la doctrine de la Catholicité sur ce mystère, en vain le monde entier avait-il accepté respectueusement et sans conteste l'autorité de ces décisions vénérables, l'Orient se prit tout à coup à discuter sur la procession du Saint-Esprit. Il accorda que la troisième personne de la sainte Trinité procédait du Père, il nia qu'elle procédât du Fils, et il retrancha du Symbole la fameuse expression *Filioque;* il continua à dire comme l'Occident, *le Saint-Esprit procède du Père;* il refusa d'ajouter avec nous, *il procède aussi du Fils.*

Telles sont les erreurs de principes qui ont amené l'Église d'Orient à se séparer de l'Occident.

Je viens d'indiquer les sources du mal, je dois maintenant raconter comment le schisme s'opéra définitivement.

Photius, aussi distingué par sa naissance que par

ses richesses et ses talents, avait été d'abord commandant des gardes et protosecrétaire de l'empereur Michel. Par ambition plutôt sans doute que par vocation, il résolut de se consacrer à l'état ecclésiastique, et passa, en six jours seulement, par tous les degrés du sacerdoce. En 857, il fut élu patriarche de Constantinople, en remplacement d'Ignace qui fut déposé. « Ignace réclama à Rome. De longues querelles s'ensuivirent. Photius, tour à tour exilé et rappelé par Basile le Macédonien, fut en dernier lieu confiné par les ordres de Léon le Philosophe, dans un monastère d'Arménie où il finit ses jours en 891. A partir de cette époque, il devint évident qu'une grande division religieuse, prévue et annoncée depuis longtemps, allait s'opérer entre Rome et Constantinople.

« Les patriarches de la ville impériale, pour la plupart hommes illustres par la naissance et distingués par de fortes études, s'arrogeaient le titre d'évêques universels, et ne subissaient qu'avec une grande répugnance la domination du Souverain Pontife, qu'ils affectaient d'appeler *l'évêque de Rome*. Ce mauvais vouloir, d'abord timide, puis arrogant, amena enfin, sous les plus frivoles prétextes, le refus positif d'obéissance; mais ce ne fut toutefois qu'en 1093 qu'eut lieu la séparation définitive des deux Églises..... »

En 1439, un concile fut convoqué à Florence, sous la présidence d'Eugène IV; Joseph, patriarche de Constantinople et Jean Paléologue, empereur d'Orient, y prirent part. La réunion des deux Églises fut proclamée. Mais les Grecs ne se soumirent point, et ils osèrent dire qu'ils préféraient le joug des Turcs à celui des Papes.

Or la Providence se chargea de justifier ce terrible anathème prononcé contre eux-mêmes. Le 6 avril, 1453, Mahomet II parut sous les murs de Constantinople. Le 29 mai de la même année, l'empire d'Orient s'écroulait. Il avait duré onze cent vingt-cinq ans. Fondé par Constantin, fils d'Hélène, il périt entre les mains d'un autre Constantin, fils d'Hélène (Constantin Paléologue).

Des capitulations et une sorte de liberté des cultes furent accordées au peuple vaincu, mais sous les successeurs de Mahomet II le sort des chrétiens devint de plus en plus dur, au point qu'à l'heure actuelle, le patriarche de Constantinople n'est plus qu'un fonctionnaire public de l'empire Ottoman, le très-humble serviteur du Sultan, qui le nomme et le dépose à volonté.

Donnons quelques détails sur cette situation anormale d'une Eglise chrétienne gouvernée par le successeur de Mahomet ; ils feront mieux comprendre la fatale erreur des hommes du jour, qui croient devoir traiter les Grecs comme une puissance ecclésiastique légitime, une Église sérieuse.

Sans doute le patriarche grec est une autorité à

Constantinople, mais une autorité turque. Je n'en citerai qu'un exemple. Dans ce siècle, les sultans de Constantinople ont nommé et déposé successivement, à leur fantaisie, dix-huit patriarches grecs ; et nous en avons connu dix-sept vivants.

Devant la Porte Ottomane, le patriarche grec est le représentant de sa nation et le grand justicier ; seulement il achète cette prérogative à prix d'or, et ce qui est pire, au prix de sa propre liberté et de l'indépendance de son Église.

Sous ses ordres, douze métropolitains forment avec lui le synode ou grand conseil. Les uns et les autres sont exempts de la capitation ou Harateth.

Partout où se trouve, dans l'empire Ottoman, une agglomération de sujets grecs, les archevêques et évêques sont de droit membres des conseils municipaux ; ils président, sous la direction des patriarches, à la répartition de l'impôt prélevé sur les Grecs.

Le patriarche est responsable, devant la Porte, de la conduite de ses coréligionnaires.

Investi du droit de juger les raïas de son Église, il délègue son pouvoir aux métropolitains et aux évêques. Les cadis et officiers de la Porte sont tenus de faire exécuter les sentences.

Les évêques ont droit d'excommunication. Ils imposent des amendes à leur profit, et prélèvent un droit variable dans les procès commerciaux et civils.

Voilà sans doute une puissance ; mais un seul mot suffit pour en faire comprendre l'inanité. Toutes les places ecclésiastiques s'achètent.

Le patriarche achète sa charge au divan, et il vend les évêchés aux ambitieux. Les évêques vendent l'ordination des prêtres. Les prêtres trafiquent des sacrements. En somme, le Sultan est le premier trafiquant ; il vend en-gros au patriarche qui se compense sur les ventes en détail.

Indépendamment du patriarche de Constantinople, il y en a trois autres à Antioche, à Jérusalem, et à Alexandrie, tous, plus ou moins investis de la même autorité. Les archevêques et évêques de l'empire sont au nombre de cent-soixante-dix.

Telle est l'Église grecque schismatique qui se dit la seule vraie et légitime Église de Jésus-Christ, condamne la Catholicité, la déclare déchue de tout droit, prétend confisquer à son profit le sépulcre de Notre-Seigneur et nous en expulser à jamais.

Comprend-on le sérieux avec lequel certains hommes prennent en considération les réclamations des Grecs, dans la question des saints Lieux, et mettent en balance les droits de deux cents millions de Catholiques avec ceux de vingt millions de Grecs vendus au Sultan ?

Mais nos droits à nous sont imprescriptibles. Nous les tenons directement de Joseph d'Arimathie auquel appartenaient le jardin et le tombeau de Notre-Seigneur.

Nous les avons payés de notre sang le plus pur, au temps des Croisades. Nous les avons toujours revendiqués. Jamais nous ne les avons cédés. Je pourrais en apporter des preuves sans nombre ; mais, afin de ne pas allonger, je me contenterai de raconter l'admirable énergie déployée par les religieux de Saint-François pour la défense de cette cause sacrée.

L'histoire des persécutions intentées, depuis des siècles, contre les Chrétiens de Jérusalem, ferait à elle seule la gloire de l'ordre illustre des Franciscains, et rendrait sa mémoire impérissable, si d'ailleurs il n'avait pas, dans son présent et dans son passé, mille autres titres à la vénération des peuples.

A l'heure marquée pour la chute du royaume de Jérusalem, Dieu suscita un homme extraordinaire auquel, entre autres missions, il donna celle de fonder par la prière et par la souffrance, un royaume plus glorieux que celui de Godefroid de Bouillon.

En 1219, François d'Assise débarquait à Ptolémaïs, parcourait et évangélisait la Palestine, retournait mourir en Italie, et laissait après lui de nombreux disciples, chargés de continuer sa mission à Jérusalem.

Le martyre consacra cette prise de possession au nom du Christ. Les premiers Franciscains de Jérusalem furent massacrés en 1244, par les Kharismiens, dans l'église même du Saint-Sépulcre. Ceux de Ptolémaïs eurent le même sort en 1291. Un moment, tout sembla perdu. Le patriarcat de Jérusalem, les évêchés de Lydda, d'Hébron, de Beyrouth, de Ptolémaïs, de Sidon, de Panéas, de Sébaste, de Tibériade et du Sinaï, une grande quantité d'abbayes, de chapitres et de couvents d'hommes et de femmes étaient entraînés dans la chute du royaume des Croisés. C'en était fait de la religion à Jérusalem; et l'Europe fatiguée n'avait plus le courage de réclamer ses droits. Heureusement la famille de Saint-François veillait. Pour remplacer les guerriers endormis, un essaim d'apôtres quitta l'Europe; ils accoururent en Palestine, et, à force de pauvreté, de patience et de désintéressement, ils surent si bien gagner les Turcs, qu'ils en obtinrent la permission d'établir leur demeure au sommet du mont Sion et près du Saint-Sépulcre. C'était en 1299. Alors pendant quarante-trois ans, réduits à leurs seules forces, ils maintinrent la prière catholique au milieu des impiétés dont le fanatisme souillait les vénérables sanctuaires. Au bout de ce temps, l'Europe s'émut d'un tel héroïsme; et en 1342, le pape Clément V leur décerna le titre et les privilèges de gardiens du Saint-Sépulcre et des saints Lieux, que Robert, roi de Sicile, et Sanche, sa femme, venaient d'acheter des musulmans au prix de sacrifices considérables. Ils virent dans cet honneur une obligation de plus de se montrer dignes du choix du souverain pontife ; et leur sang, répandu à flots au pied du Calvaire, redit assez l'héroïsme de leur noble conduite.

Leur premier martyr fut un Français, disons-le à la gloire de notre pays, le frère Limin, de la province de Touraine, décapité au grand Caire. « Peu de temps après, — dit le père Roger, — frère Jacques et frère Jérémie, furent mis à mort hors les portes de Jérusalem ; frère Jean d'Esther, espagnol, de la province de Castille, fut taillé en pièces par le pacha de Gaza ; sept religieux furent décapités par le sultan d'Égypte ; deux autres furent écorchés vifs en Syrie.

« L'an 1637, les Arabes martyrisèrent toute la communauté des frères qui étaient au sacré mont de Sion au nombre de douze. Quelque temps après, seize religieux, tant clercs que laïques, furent menés de Jérusalem en prison à Damas ; ce fut lorsque Chypre fut pris par le roi d'Alexandrie, et ils y demeurèrent cinq ans, tant que, l'un après l'autre, ils y moururent de misère. Frère Cosme de Saint-François fut tué par les Turcs, à la porte du Saint-Sépulcre, où il prêchait la foi chrétienne ; deux autres frères, à Damas, reçurent tant de coups de bâtons qu'ils moururent sur la place ; six religieux furent mis à mort par les Arabes, une nuit qu'ils étaient à matines au couvent bâti à Anatoth, en la maison du prophète Jérémie, qui fut brûlée ensuite. Ce serait abuser de la patience du lecteur, de déduire en particulier les souffrances et les persécutions que les pauvres religieux ont souffertes depuis qu'ils ont eu en garde les saints Lieux, ce qui continue avec augmentation, depuis l'an 1627 que ces religieux y ont été établis..... »

Si les personnes étaient ainsi traitées, leurs biens devaient être encore moins épargnés. Aussi, dès l'année 1564 on les chassa de leur monastère du mont Sion, sous prétexte que les Chrétiens pourraient y bâtir une citadelle menaçante. Cependant, à force d'argent, ils obtinrent de ne point sortir de la ville et de s'établir sur l'emplacement occupé aujourd'hui par leur couvent de Saint-Sauveur.

Malgré ces avanies de tous les jours et de tous les instants, les pères de Saint-François sont restés fidèles au poste de l'honneur et de la religion. En vain la tempête a grondé au-dessus d'eux, en vain le vent et l'orage ont essayé de déraciner l'arbre planté par leur fondateur; ils ont dû quelquefois plier la tête sous les coups de la violence, mais déserter lâchement, jamais.

Eh bien, malgré ces magnifiques dévouements, malgré des droits incontestables, le Catholicisme est à Jérusalem sous le joug des schismatiques.

Enhardis par de nombreux succès, les Grecs épient

et saisissent avec habileté toutes les occasions de supplanter les Latins et de leur enlever leurs droits. Puissants par leurs immenses richesses, aussi bien que par les amis qu'ils ont à Constantinople, forts par le nombre de leurs coreligionnaires domiciliés à Jérusalem, plus forts encore par celui de leurs pèlerins, soutenus par l'or de la Russie, ils se font craindre et bravent tout. Faut-il susciter des procès, inventer des calomnies, recourir au scandale et à la violence, les schismatiques n'hésitent pas. Dans un pays où l'argent fait la justice, ils entretiennent volontairement des procès contre les pères de Terre-Sainte, et toujours leurs trésors leur assurent la victoire.

Aussi, depuis une centaine d'années, ont-ils fait des progrès énormes, et leurs envahissements gagnent au point qu'on se demande si, dans cent ans, les Catholiques posséderont encore quelque chose des sanctuaires que nos aïeux achetèrent de leur sang et de leur vie.

En 1846, lorsque monseigneur Valerga, chargé de relever le patriarcat de Jérusalem, est venu prendre possession du siége de saint Jacques, au nom et par les ordres de Pie IX, il a trouvé les patriarches schismatiques richement dotés, les Grecs et les Arméniens en possession de magnifiques églises, les musulmans établis dans la mosquée d'Omar sur les ruines du temple de Salomon, les juifs dans leurs synagogues, et les Catholiques resserrés dans la petite église de Saint-Sauveur, qui a dix-neuf pas de longueur sur autant de largeur, dans l'étroite chapelle de la Flagellation, et dans quelques sanctuaires de l'église du Saint-Sépulcre. Sans métropole, sans séminaire, et sans asile pour lui-même, il est venu comme un étranger dans une cité où nos droits sont imprescriptibles depuis bientôt deux mille ans.

Aujourd'hui, à force d'économie et de sacrifices, il a réussi à construire un séminaire à Beit-Djalla et une maison pour lui et ses prêtres à Jérusalem. Mais si la Catholicité lui doit des actions de grâces personnelles pour son énergie et son courage, elle n'en a pas moins à rougir de la situation où elle laisse végéter son plus illustre représentant.

Tel est l'état moral du quartier chrétien à Jérusalem. On le voit, ce n'est pas la tranquillité, l'ordre, la paix, l'édification qu'il faut venir y chercher. Lorsqu'on l'a traversé, on rentre chez soi le cœur navré. Une indignation profonde soulève l'âme; on déplore qu'un tel scandale souille le lieu le plus saint du monde, et l'on s'étonne que les puissances catholiques supportent en paix les monstrueux envahissements du schisme.

## XII

### LE QUARTIER DES ARMÉNIENS

J'ai parlé des Catholiques et des schismatiques grecs, je n'ai pas fini cependant avec les chrétiens de Jérusalem. Il est ici une troisième race de chrétiens dont il importe de nous occuper, si nous voulons bien connaître la population de Jérusalem et son état moral.

A gauche du quartier juif, sur le versant oriental du mont Sion, et derrière le quartier des Chrétiens, semblable à un palais pour l'étendue de ses constructions et de ses jardins, on voit s'élever un couvent, dont la libéralité des rois d'Espagne fit grandement les frais. Il fut bâti en faveur des franciscains espagnols. Les Arméniens schismatiques s'en sont emparés. Ils y ont établi la demeure de leur patriarche, et eux-mêmes se sont logés à l'entour, de manière à peupler tout un quartier qui porte leur nom. Après la mosquée d'Omar, ils possèdent les plus beaux édifices de Jérusalem ; et comme ils sont riches, et comme leur nation n'est pas énervée comme la plupart de celles de l'Asie, ils les entretiennent avec un luxe, un ordre, une propreté, qui attirent les regards, j'allais presque dire les sympathies.

Les Arméniens sont affables, et ils aiment les Français. Nous demandâmes à visiter leur patriarche, et nous en fûmes reçus avec honneur. La demeure de ce prélat est tout ce que j'ai vu de mieux à Jérusalem, en fait d'habitation. Un immense salon voûté, pavé d'un beau marbre, convenablement éclairé, garni de divans confortables, prête merveilleusement à la pompe des réceptions. Autour de cette habitation princière, nous remarquâmes des jardins, des maisons, des hangars, où les nombreux pèlerins de la nation trouvent un asile au temps de leur pèlerinage à Jérusalem. J'ai vu ces bâtiments encombrés de voyageurs pendant les fêtes de Pâques; et comme on paye un droit considérable d'hospitalité, il en résulte un revenu très-rond pour le patriarche.

De toutes les nations de l'Orient, les Arméniens sont, peut-être, la plus vivace, la plus intelligente, celle qui jouera probablement bientôt l'un des premiers rôles.

Ce peuple a un cachet vraiment unique. Il n'a plus de patrie politique, depuis que la Russie, la Perse et la Turquie se sont partagé son territoire. Et cependant, grâce à un esprit patriotique fort prononcé, il conserve sa nationalité dans les différents pays où le souffle de la tempête l'a en quelque sorte semé.

Les Arméniens se glorifient d'être la première nation chrétienne du monde. Autrefois ils adoraient le soleil, les planètes et les constellations. Mais en l'année 240 de l'ère chrétienne, il leur naquit un apôtre devenu célèbre sous le nom de saint Grégoire l'illuminateur.

Issu de la maison des Arsacides, exilé fort jeune, Grégoire apprit à Césarée à connaître la religion chrétienne. Converti sincère, plein de zèle et de talent, il revint dans son pays et l'entraîna vers le Christianisme. En 314, le pape saint Sylvestre l'éleva à la dignité de patriarche.

Pendant un siècle et demi, l'héritage de ce grand homme se conserva intact. Mais un jour, par une anomalie étrange, les Arméniens, qui avaient condamné Eutychès, adoptèrent sa doctrine. Depuis lors, la main de Dieu s'appesantit sur eux. Privés de l'appui des Grecs, ils furent continuellement opprimés par les Perses. En 1375, les Égyptiens s'emparèrent de leur pays. Tamerlan le ravagea. Le shah de Perse, Abbas, prit d'assaut la ville de Zulfa en 1603 et la ravagea. Ces malheurs aboutirent au démembrement dont nous avons parlé plus haut.

Au milieu de toutes ces révolutions, la pureté de la doctrine s'altéra malheureusement. La plus grande partie de la nation fut entraînée dans l'hérésie et se sépara de l'Église Romaine.

Aujourd'hui la plus faible portion des Arméniens est restée catholique; elle est gouvernée par un patriarche qui réside à Bzommar, au mont Liban, et par un archevêque-primat dont le siége est à Constantinople. Quant aux schismatiques, ils ont à Eischmiadzin un chef spirituel qui prend le titre de *Catholicos* ou *universel*.

J'aurai plus tard l'occasion de rendre hommage aux grandes qualités de cette nation. Nous la retrouverons à mesure que notre itinéraire nous conduira vers le nord, au pied du Taurus; et alors nous dirons quel parti les hommes de bien pourraient tirer de cette race énergique et habile, pour la régénération de l'Orient. Mais aujourd'hui, n'ayant à m'occuper que de Jérusalem, je dois constater le tort que lui apporte ce second schisme.

Les Arméniens sont ici adversaires des Grecs sans doute, mais surtout ennemis des Catholiques dont ils occupent la place avec une insolence qu'on ne supposerait pas dans nos pays de l'Europe. J'en citerai deux exemples.

Me trouvant un jour à Jérusalem pour la fête de saint Jacques le Majeur, je fus invité par les pères de Saint-François à aller célébrer la messe dans l'église arménienne, à l'endroit même où le saint apôtre fut décapité. Or comme je m'étonnais de cette proposition, et que je demandais par quelle faveur les schismatiques permettaient de célébrer chez eux une fête catholique, on me l'expliqua ainsi. Lorsqu'il plut à l'impiété de chasser les Franciscains de leur couvent, les Arméniens s'en emparèrent par le droit du plus fort. Les pères réclamèrent justice et en appelèrent aux puissances. L'affaire fut poursuivie avec lâcheté et terminée par un étrange compromis, en vertu duquel les Arméniens garderaient le bien volé, à la seule condition que les vrais possesseurs auraient le droit de dire tous les ans la messe sur l'autel de Saint-Jacques, le jour de sa fête ! — En effet, ce jour-là nous fûmes de quatre heures du matin jusqu'à dix comme les maîtres de l'église ! — Comprend-on cette audace des schismatiques, et la facilité avec laquelle les pouvoirs chrétiens permettent de telles monstruosités ?

En voici un second exemple.

Malgré leur puissance, les Arméniens n'étaient pas encore parvenus à avoir leur place dans l'église du Saint-Sépulcre. Il en résultait pour eux une infériorité relative, dont leur génie ne s'accommodait point.

Alors leur patriarche imagina un stratagème vraiment honteux. Il feignit de se faire catholique lui et tous les Arméniens de Jérusalem. Il envoya un message au Pape, surprit sa bonne foi, et obtint que les Latins lui céderaient une portion de la grande tribune placée sous la coupole, pour y faire les fonctions du rit arménien. La concession obtenue, il redevint schismatique; et aujourd'hui, pendant que le patriarche latin chante la messe devant le saint Sépulcre, les Arméniens, dans leur tribune, célèbrent à grand bruit leur office schismatique; et leurs voix mêlées à celles des Grecs produisent une confusion pire que celle d'une place publique.

Que sont donc les Arméniens à Jérusalem? Hélas! un nouvel élément de discorde dans cette malheureuse cité, que nos explications nous apprennent de plus en plus à connaître comme une sorte de repaire habité par des frères ennemis.

---

## XIII

### LE ROLE DES TURCS A JÉRUSALEM

Vraiment, plus nous avançons dans notre visite des quartiers, plus nos découvertes apportent de tristesse à nos cœurs. Aussi j'hésite presque à pénétrer dans le quartier Turc ; et cependant, il le faut, malgré nos répugnances. Nous y recevrons des révélations tristes, mais importantes pour juger la situation de Jérusalem.

De tous les quartiers de Jérusalem, celui des musulmans est sans contredit le plus grand et le plus populeux. Il s'étend au nord et à l'est sans autre limite que le mur extérieur de la ville, et s'étale, avec une sorte de complaisance en refoulant au midi et sur son flanc occidental les trois autres, auxquels il semble abandonner, par faveur, un étroit espace. Quels sont ses habitants? quelle est leur doctrine? De quel droit et à quel titre les soldats de l'Islam dans la Ville sainte et le drapeau turc flottant sur les remparts de Sion?

Voici, en peu de mots, leur histoire.

Vers le milieu du septième siècle, l'Église de

Jérusalem entendit gronder, du côté de l'Arabie, un immense orage... L'Orient était alors arrivé à un de ces moments de confusion et de décadence qui favorisent l'invasion des idées nouvelles, surtout quand elles se présentent appuyées par le glaive. Le culte des mages tombait dans le mépris ; les Juifs répandus en Asie étaient opposés aux Sabéens et divisés entre eux : le schisme avait déchiré le manteau de l'Église, et beaucoup de mauvais Chrétiens devenus schismatiques, sous les noms d'Eutychiens, de Nestoriens et de Jacobites, s'accablaient réciproquement d'anathèmes. L'empire des Perses, déchiré par les guerres civiles, avait perdu sa puissance et son éclat ; celui des Grecs, affaibli au dedans et au dehors, s'avançait vers une ruine prochaine ; tout périssait en Orient, dit Bossuet.

Mahomet parut. Nous savons son histoire. On sait le bouleversement incroyable que cet homme opéra en Asie ; nous avons raconté de quelle sorte Oscar, son successeur, s'empara de Jérusalem. A dater de cette époque, tout fut deuil et douleur dans la Ville sainte.

Il y eut, sans doute, un moment où l'Église patriarcale de Saint-Jacques releva sa tête courbée par la douleur. C'était lorsque le pape Urbain lui suscita une armée de sublimes défenseurs, dans ces héros magnanimes que la fin du onzième siècle vit s'élancer à la Croisade. Mais sa lumière brilla comme un de ces météores dont l'apparition subite éclaire soudain l'obscurité de la nuit, et qui, disparaissant aussitôt, laisse après lui des ténèbres plus profondes et une horreur plus grande.

Aujourd'hui, les mahométans sont les gardiens et les possesseurs du saint Sépulcre. A l'entrée du temple, sur une estrade recouverte de tapis et de coussins, le pèlerin rencontre d'abord une troupe de musulmans qui fument le tchibouck et prennent le café. Cette malheureuse estrade est un point de réunion pour les nouvellistes de Jérusalem, pour les papas grecs et les drogmans des schismatiques. C'est une officine de cancans, de bavardages et de commérages. Une cafetière toujours bouillante y est en permanence sur un réchaud pour fournir le café aux consommateurs. On s'y livre aux conversations les plus bruyantes, à des rires indécents, à des cris inqualifiables.

Toutes les fois qu'il y a au Saint-Sépulcre une cérémonie un peu importante, les soldats turcs sont convoqués pour maintenir l'ordre. Voilà où en est réduit le Christianisme en Orient. Il est sous la dépendance d'un pacha musulman. Mais ce n'est pas tout.

Au milieu des rixes sans fin qui surviennent entre les communions dissidentes, l'autorité turque joue à peu près le rôle du singe dans la fable des plaideurs. Il reçoit des deux côtés les présents corrupteurs. Il assure aide et protection au plus offrant. Il fait traîner l'affaire en longueur pour amener une surenchère. Et son jugement enfin donne droit à celui qui l'a le mieux payé.

Or, comme les schismatiques ont des ressources immenses, les Catholiques, même en épuisant leur bourse, ne parviennent jamais à avoir raison.

Est-ce là tout le jeu de la politique ottomane pour maintenir sa prépondérance à Jérusalem par l'affreux principe de Machiavel, *divide et impera?* — Non! Elle fait jouer d'autres ressorts et elle a une multitude d'agents subalternes, qu'elle sait mettre à propos en mouvement pour augmenter le désordre; ce sont les Coptes, les Syriens, les Abyssins, auxquels elle a trouvé le moyen d'adjoindre, en ces derniers temps, les Protestants et les Russes.

Trop peu nombreuses pour former un quartier spécial, trop nouvelles aussi dans la ville pour y avoir plongé de solides racines, ces fractions de la communauté chrétienne n'en ont pas moins leurs prétentions et leur vie propre; elles n'en augmentent pas moins la confusion, par les nouveaux éléments de discorde qu'elles y introduisent, et les deux dernières surtout deviennent un danger de plus, que la Porte ne manque pas d'exploiter habilement à son profit,

Sur le mont Sion, au-dessus de la porte de Jaffa, des constructions immenses attirent les premiers regards du pèlerin. C'est l'église russe, avec ses coupoles byzantines ; c'est le palais d'un archevêque député par le saint Synode de Moscou, ce sont des bâtiments royaux destinés à loger un nombreux clergé russe et à donner asile aux pèlerins. Jusqu'ici le nom de la Russie était à peine prononcé à Jérusalem. Mais depuis la guerre de Crimée, les Turcs, voyant dans cette puissance schismatique un moyen de contre-balancer l'influence catholique et française, se sont empressés de lui ouvrir les portes. Et les Russes sont entrés avec beaucoup d'or. Actuellement ils ne semblent préoccupés que d'une chose, bâtir un asile et mettre leurs pèlerins à l'abri de l'intempérie des saisons; mais laissez-les faire : ils sont habiles. Jusqu'à ce que leurs fondations soient bien solidement posées, ils ne diront rien et ne manifesteront aucune prétention. Ils sauront attendre. Seulement, prenez garde, et ne vous endormez pas, car le jour où vous y penserez le moins, l'aigle du Nord fondra des hauteurs de Sion sur le Saint-Sépulcre, et si les Turcs y trouvent un profit quelconque, ils l'aideront à vous en chasser.

Si puérils que soient également les efforts de la prédication protestante, nous lui devons cependant aussi une mention sérieuse, car, derrière le protestantisme, se montre l'influence anglaise, et personne n'ignore combien la politique ottomane prise l'or et la protection de la Grande-Bretagne.

Voici, sur l'emplacement du palais d'Hérode, un temple élégamment bâti en pierres blanches, meublé de bancs artistement travaillés, tenu avec la propreté anglaise. C'est le temple construit par M. Gobat, évêque avec femme et enfants, qui touche un traitement de la Prusse et de l'Angleterre.

Le protestantisme est chose nouvelle à Jérusalem, nous l'avons dit : il date de 1840. Ce fut à cette époque qu'un juif converti au protestantisme, nommé Alexandre Gobat, y vint en qualité d'évêque.

Hélas ! les catholiques d'Europe ont cru avoir tout fait contre sa mission « en se moquant de cet évêché amphibie et du long cortége de progéniture épiscopale qui suivait l'évêque prétendu, lorsqu'il fit son entrée à Jérusalem. » Ils se sont trompés. Sans doute, le protestantisme n'a pas de chance comme doctrine parmi les Orientaux, mais il est à redouter, puisqu'il y deviendra puissant par le désordre.

« Partout ailleurs, — dit M. Mislin, — la concurrence protestante est peu à craindre; mais dans un pays où l'on obtient tout du gouvernement par l'argent, où les Catholiques ont déjà à lut er contre les richesses des Grecs, l'influence de la Russie, l'avidité des pachas et l'indifférence des gouvernements catholiques de l'Europe, un nouvel ennemi, soutenu par la protection de l'Angleterre, dont il est le servile instrument, peut amener sur les populations chrétiennes de la Palestine des malheurs plus grands encore que ceux qui ont naguère et si cruellement ensanglanté le Liban. Avec de l'or, on trouve partout des Druses prêts à égorger les moines, à piller les couvents, à incendier les villages et à profaner les églises. Le protestantisme ne s'établira pas plus dans les montagnes de la Judée que chez les Maronites; mais si l'on parvient à exciter la haine de populations demi-sauvages contre les faibles établissements que nous avons en Palestine, les sanctuaires révérés de Jérusalem, de Bethléem, du Carmel, de Nazareth, que nous ne possédons déjà plus qu'à moitié, seront bientôt des ruines fumantes, comme les églises catholiques du Liban. Là, au moins, il y avait trois cent mille Maronites pour les reconstruire; ici, il y a quatre mille catholiques pauvres, dispersés, que le fanatisme et la barbarie peuvent faire disparaître en un jour..... Si le protestantisme était venu à Jérusalem uniquement pour se prosterner au pied du Calvaire et avoir un représentant en adoration devant le Sauveur du monde, sur la terre qu'il a arrosée de son sang, on ne pourrait que louer un si pieux motif; mais trois siècles d'oubli prouvent assez quel est son respect pour les Lieux saints. Si donc, sous l'influence d'un diplomate, connu par son animosité contre l'Église catholique, la Société des missions, sous la protection de deux puissances, l'une anglicane, l'autre luthérienne, envoie à Jérusalem un évêque mixte, d'abord hébraïque, anglican, puis anglican évangélique, il est facile de prévoir que de ces éléments hostiles et hétérogènes il ne sortira que de la confusion et de la haine.

Or qui profitera de tout cela? — Les Turcs.

N'entendez-vous pas les cent mille voix de la presse européenne proclamer les droits du Sultan, déclarer que Jérusalem, que le Calvaire, que le Saint-Sépulcre, sont à lui?

Ah! fallait-il dix-huit cents ans de luttes généreuses pour arriver à un tel résultat!

## XIV

### ÇA ET LA

Voilà que nous avons presque oublié notre caravane et ses pèlerins sous les graves préoccupations de la visite des quartiers de Jérusalem. Grâce à Dieu nous la retrouvons joyeuse et contente. Les santés se soutiennent; le moral est parfait. On se promène, on étudie, on prie, on se repose; chacun s'efforce de retirer le plus grand fruit possible de son voyage.

Un incident est venu, pendant ces jours, égayer la monotonie de nos soirées. Il est petit en lui-même, mais à huit cents lieues de son pays, dans une ville morte comme celle-ci, la moindre chose devient un événement, surtout pour une jeunesse pleine d'entrain et de gaieté.

En relâchant à Alexandrie, par la négligence des officiers du bord, la malle du vicomte de Salaberry avait été descendue à terre parmi les ballots de marchandises et laissée à la douane. Nous l'avions inutilement réclamée, et force avait été au propriétaire de prendre son parti et de s'arranger de son mieux pour souffrir, le moins possible, d'une privation qu'on ne ressent bien qu'à la distance où nous étions. Or, la bienheureuse malle nous revint enfin, le jour où nous l'attendions le moins.

Il n'en fallait pas tant pour mettre en joie notre jeune monde, soumis, depuis six semaines, à de rudes privations. On fit une ovation à la malle perdue et retrouvée : on proposa même pour le soir un punch de réjouissance.

En effet, sur les huit heures, les habitants de notre petit couvent rentrent promptement chez eux. Ils amènent quelques amis de *Casa-Nova*, MM. de Vergès, de Luppé, de Blavette, d'autres, peut-être, dont j'ai oublié les noms. Mais comment faire un punch à Jérusalem? — Henri de Larochetulon fait bouillir de l'eau dans un petit réchaud de fer-blanc qui appartenait à René Jordan. J'apporte aussi ma lampe à esprit-de-vin. Voilà pour le thé. Pendant ce temps-là, on fait brûler du rhum dans une cuvette; on remue avec une baguette de fusil, il résulte de ce tripotage quelque chose de détestable. Le petit ménage fait ; je remonte dans ma chambre pour dire mon bréviaire; et les jeunes gens prennent ou ne prennent pas leur mauvais punch, mais s'amusant de bon cœur au clair de la lune. A dix heures, tout le monde va se coucher. Le croirait-on? Ce punch devint célèbre. Son histoire alla à Rome et à Paris. Douze mois après, il en était encore question.

Ce matin, en revenant de faire ma prière au Saint-Sépulcre, je m'engageai dans une petite rue sale et infecte du quartier des Tanneurs. Des peaux de divers animaux couvraient la terre pour être tannées par les pieds des passants au bénéfice d'un fabricant paresseux. Je foulais depuis quelques instants ces débris puants, lorsque tout à coup au fond d'une cour, j'aperçus de gracieuses constructions.

Parmi une masse de décombres et de ruines, un élégant escalier conduisait à de vastes salles éclairées par des fenêtres moresques. Plus bas, j'apercevais des souterrains encombrés d'immondices. J'interrogeai, et j'appris que j'étais devant le palais des chevaliers de Saint-Jean de Jérusalem !... Cette réponse me causa un véritable bonheur ; je me sentais heureux de contempler le berceau des ordres religieux et militaires.

« En ce temps-là, dit M. Michaud, la piété inspirait la valeur, et près du tombeau de Jésus-Christ tout devenait belliqueux, même la charité évangélique. Du sein d'un hôpital consacré au service des pauvres et des pieux voyageurs, on vit sortir des héros armés contre les infidèles.

« Voici, en quelques mots, l'histoire de cette pieuse fondation :

« Peu de temps avant la conquête de la ville sainte par les Croisés, des marchands italiens avaient obtenu du sultan d'Égypte la permission d'élever à Jérusalem un hôpital pour y recevoir les pèlerins, les soigner dans leurs maladies et les mettre quelque peu à couvert des avanies des Sarrasins. Ils bâtirent auprès de l'hôpital une église dédiée à saint Jean-Baptiste. Bientôt la nécessité des temps les obligea à étendre leurs soins au delà des murs de l'humble hospice, et ils résolurent, non-seulement de recueillir les malades et les pèlerins, mais encore de les défendre dans la visite des sanctuaires, de les accompagner et de les secourir dans tous leurs besoins. L'exemple de leurs vertus les fit estimer et on leur offrit des dons considérables. Plusieurs chevaliers s'adjoignirent à eux, et bientôt leur congrégation devint quelque chose de sérieux, capable de peser dans la balance des intérêts du monde.

« A l'exemple de ces pieux chevaliers, quelques gentilshommes se réunirent près du lieu où avait été bâti le temple de Salomon et firent le serment de protéger et de défendre les pèlerins qui se rendaient à Jérusalem. Leur réunion donna naissance à l'ordre des Templiers, qui fut, dès son origine, approuvé par un concile et dut ses statuts à saint Bernard.

« Ces deux ordres étaient dirigés par le même mobile qui avait fait naître les Croisades : la réunion de l'esprit militaire et de l'esprit religieux. Retirés du monde, les chevaliers n'avaient plus d'autre patrie que Jérusalem, d'autre famille que celle de Jésus-Christ. Les biens, les maux, les dangers, tout était commun entre eux ; une seule volonté, un seul esprit dirigeait toutes leurs actions et toutes leurs pensées; tous étaient réunis dans une même maison qui semblait habitée par un seul homme. Ils vivaient dans une grande austérité, et plus leur discipline était sévère, plus elle avait de liens pour enchaîner leurs cœurs. Les armes formaient leur seule parure; des ornements précieux ne decoraient point leurs habitations ni leurs églises, mais on y voyait partout des lances, des boucliers, des étendards pris sur les infidèles. A l'approche du combat, dit saint Bernard, ils s'armaient de foi au dedans et de fer au dehors; ils ne craignaient ni le nombre ni la fureur des barbares; ils étaient fiers de vaincre, heureux de mourir pour Jésus-Christ, et croyaient que toute victoire vient de Dieu.

« La religion avait sanctifié les périls et les violences de la guerre.

« Chaque monastère de la Palestine était comme une forteresse où le bruit des armes se mêlait à la prière. D'humbles cénobites cherchaient la gloire des combats. A l'exemple des Hospitaliers et des Templiers, des chanoines, institués par Godefroid pour prier auprès du saint tombeau, s'étaient revêtus du casque et de la cuirasse, et, sous le nom de chevaliers du Saint-

Sépulcre, se distinguaient parmi les soldats de Jésus-Christ.

« La gloire de ces ordres militaires se répandit bientôt dans tout le monde chrétien. Leur renommée pénétra jusque dans les îles et chez les peuples lointains de l'Occident. Tous ceux qui avaient des péchés à expier accoururent dans la ville sainte pour partager les travaux des guerriers du Christ. Une foule d'hommes qui avaient dévasté leur propre pays vinrent défendre le royaume de Jérusalem et s'associer aux périls des plus fermes défenseurs de la foi.

« L'Europe n'avait point de famille illustre qui ne fournît un chevalier aux ordres militaires de la Palestine; les princes eux-mêmes s'enrôlaient dans cette sainte milice et quittaient les marques de leur dignité pour prendre la cotte d'armes rouge des Hospitaliers ou le manteau blanc des chevaliers du Temple. Chez tous les peuples de l'Occident, on leur donnait des châteaux et des villes qui offraient un asile et des secours aux pèlerins, et devenaient des auxiliaires du royaume de Jérusalem.

« Les religieux de Saint-Jean et du Temple méritèrent longtemps les plus grands éloges..... Ces deux ordres étaient comme une croisade qui se renouvelait sans cesse et qui entretenait l'émulation dans les armées chrétiennes. »

En contemplant l'ancienne habitation des chevaliers, j'étais animé par deux sentiments contraires. Je songeais avec douleur à l'ivraie semée par l'homme ennemi dans cette pépinière de saints et de héros; je gémissais sur la chute de quelques-uns de ses membres; mais surtout je rendais hommage au noble héroïsme des religieux militaires. Je ne sais si, après les lieux témoins des douleurs et des triomphes de Jésus-Christ, j'ai vu, dans les trois parties du monde qu'il m'a été donné de visiter, un monument qui m'ait fait plus d'impression que ces ruines. Être militaire et prêtre, je ne connais rien de plus beau. Je m'éloignai à regret d'un endroit où j'aurais passé mes jours, si nous étions encore au beau temps des Croisades.

Auprès du petit couvent que j'habite, s'élevait probablement la célèbre tour Antonia, dont il est si souvent question dans l'histoire du siége de Jérusalem. Sa base, d'après l'histoire, était un rocher de cinquante coudées qui surgissait de terre non loin du temple. Hircan Macchabée y avait bâti une citadelle importante, à laquelle il donna le nom de tour de Bovis. Le grand prêtre l'habitait pour sa sûreté personnelle et à cause de la proximité du temple. Mais Hérode, jugeant la position trop importante pour la laisser aux mains de ses turbulents sujets, s'en empara et l'augmenta considérablement. Il ajouta à ses fortifications et fit creuser un souterrain qui la mettait en communication avec le prétoire. Enfin il lui donna le nom d'Antonia, en mémoire de son amitié pour Marc-Antoine. Mais de la tour et même de l'immense rocher, il ne reste plus rien que le souvenir.

Bien près d'ici encore doit se trouver le lieu du martyre de saint Jacques le Mineur. Ne donnerons-nous pas une pensée à la mémoire de ce premier archevêque de Jérusalem?

« Jésus-Christ, en retournant à son Père, dit saint Jérôme, recommanda à saint Jacques, comme à son frère, les enfants de sa mère, c'est-à-dire l'Église de Jérusalem. Aussitôt après l'Ascension du Sauveur, Jacques devint archevêque de cette ville, et la sainteté de sa vie lui attira l'estime et la considération des fidèles et des infidèles. Cependant, fatigués de ses prédications perpétuelles qui les condamnaient, les pharisiens résolurent un jour de se défaire de l'Apôtre. Festus, gouverneur de la Judée, venait de mourir. Aussitôt le Sanhédrin s'assembla, sous la présidence d'Anne, fils et successeur du grand prêtre qui avait condamné Jésus-Christ et prononça secrètement la peine de mort. Cependant, on n'osait en venir à l'exécution, de peur du peuple. Alors on essaya de prendre le Saint par l'intimidation et par la ruse. On lui laissa pressentir des projets pervers; on lui fit entendre que sa grâce dépendait d'un parjure. Et puis, on le conduisit dans un endroit élevé du temple, d'où il pouvait être vu et entendu de la multitude; ensuite on l'interpela et on lui demanda : « Dites-nous, homme juste, ce que nous devons croire de Jésus, qui a été crucifié, car il faut que nous tous nous suivions ce que vous enseignerez. » L'Évêque répondit à haute voix, et dit : « Jésus, le Fils de l'homme dont vous parlez, est maintenant assis à la droite de la majesté souveraine comme fils de Dieu ; et il doit venir un jour pour nous juger, porté sur les nuées du ciel. » Aussitôt les chrétiens crièrent : « Hosanna ! et ils remercièrent Dieu du courage donné à leur évêque. Mais les pharisiens humiliés s'écrièrent : « Quoi ! le juste s'égare aussi ! » Et ils le précipitèrent sur le pavé. Le Saint ne mourut pas sur le coup. Il se releva à demi ; il mit un genou en terre et pria pour ses bourreaux. Alors une grêle de pierres l'assaillit et lui arracha le dernier soupir. Cette mort irrita les Romains et les Juifs eux-mêmes. Le nouveau gouverneur romain, Albinus, s'indigna de l'abus de pouvoir du grand prêtre, qui ne l'avait pas attendu pour juger une pareille cause, et il le déposséda du souverain pontificat. »

Après saint Jacques, il y eut soixante-six patriarches qui se succédèrent à Jérusalem jusqu'aux temps des Croisades. A la destruction du royaume de Jérusalem, le siége cessa d'être occupé. Et, depuis lors, monseigneur Valerga, actuellement en charge, est le premier à renouer la chaîne de saint Jacques, si longtemps interrompue.

Derrière le temple et non loin de la porte Dorée, on rencontre un immense fossé rempli d'immondices, c'est là qu'était la piscine de Bethsaïda, et l'on est douloureusement froissé de ne trouver qu'un réceptacle impur dans un lieu qui rappelle un souvenir si touchant. « Il y avait dans Jérusalem, dit l'Évangile, près de la porte des Brebis, une piscine appelée en hébreu Bethsaïda, ayant cinq portiques sous lesquels gisait une grande multitude de malades, d'aveugles, de boiteux, de paralytiques, attendant le mouvement de l'eau. A certains jours marqués, un ange du Seigneur venait dans la piscine pour agiter l'eau, et celui qui y descendait le premier, après que l'eau avait été agitée, était guéri, de quelque maladie qu'il fût atteint. » On ne sait pas exactement aujourd'hui comment s'alimentait cette piscine. On croit que des sources actuellement perdues lui apportaient leur tribut. Elle devait recevoir aussi les eaux pluviales, et les immenses toits du temple, qui l'avoisine, lui versaient des écoulements abondants. Il est bien difficile, de nos jours, de se faire une idée de sa structure : outre les bouleversements continuels du terrain, Tayer-Pacha, gouverneur de la Palestine, y a fait jeter tous les décombres enlevés autour de l'église de Sainte-Anne.

Quelles rues il faut parcourir pour voir ces choses ! Aucune police pour y maintenir l'ordre ou veil-

12

ler à leur entretien. Inégales, mal pavées, elles sont quelquefois impraticables à cause de la boue, et on hésite à s'y aventurer, ou bien c'est un encombrement, un pêle-mêle sans nom. Un homme veut-il construire une maison, il dépose ses pierres sur la voie publique ; il les y fait tailler, et une multitude de débris la jonchent et l'encombrent. Or, il se gardera bien de payer des chameaux pour la déblayer, et l'autorité insouciante songera encore moins à l'y contraindre.

Cette incurie explique comment le sol de Jérusalem est méconnaissable, depuis qu'on bâtit et rebâtit cette ville si souvent ruinée. Le terrain disparaît sous des couches artificielles déposées par la main de l'homme ou par le hasard des éboulements, et, de siècle en siècle, le voyageur dérouté ne retrouve plus ce que d'autres avaient vu avant lui.

Voyez-vous ces morceaux de clinquant ou ces ossements de bêtes cloués à l'endroit le plus apparent des maisons. Ils vous répugnent assurément, mais il faut bien que vous les supportiez. D'après la tradition du pays, ces débris repoussants sont un préservatif contre les maléfices ; ils éloignent l'influence du *mauvais œil.*

On ne saurait trop le répéter, le pèlerin doit se prémunir fortement contre les impressions fâcheuses qui l'attendent à chaque pas. Ici, tout est ruines, et ces ruines elles-mêmes sont encore l'objet de la haine et du mépris des infidèles, qui les dégradent à plaisir. Gardons-nous donc de mettre notre curiosité à contempler l'état présent des choses, le dégoût viendrait bien vite. Le seul moyen de visiter Jérusalem est d'évoquer le passé et de reconstituer de son mieux les édifices qui ne sont plus. Ainsi, devant cette vieille maison sans apparence, je relis volontiers ce passage des Actes des Apôtres :

« Après avoir fait mourir saint Jacques, Hérode, dans l'espérance de plaire aux Juifs, avait fait arrêter saint Pierre, bien décidé à le mettre à mort après la Pâque. Or, la nuit qui précéda le jour où Hérode devait le mettre à mort, Pierre dormait entre deux soldats. Il était lié avec une double chaîne, et des soldats gardaient la porte de sa prison, et voilà qu'un ange du Seigneur parut, et une vive lumière illumina la prison, et l'ange, frappant Pierre au côté, l'éveilla et lui dit : Lève-toi promptement. Aussitôt les chaînes tombèrent de ses mains. Et l'ange lui dit : Prends ta ceinture et mets ta chaussure à tes pieds. Il fit ainsi, et l'ange ajouta : Prends tes vêtements et suis-moi. Et Pierre le suivit ; et il avait peine à croire à la réalité du fait qui se passait, et il s'imaginait avoir une vision. Or, après qu'ils eurent traversé la première et la seconde garde, ils vinrent à la porte de fer qui conduit à la ville, et elle s'ouvrit d'elle-même devant eux; et ils la franchirent, et ils s'avancèrent jusqu'à l'extrémité de la rue, et l'ange s'éloigna de lui. Alors Pierre, revenant à lui, s'écria : Maintenant je vois que le Seigneur a envoyé son ange et qu'il m'a délivré des mains d'Hérode et de celles de tout le peuple Juif qui attendait mon supplice. Et, réfléchissant en lui-même, il vint à la maison de Marie, mère de Jean surnommé Marc, où plusieurs étaient rassemblés pour la prière. Cependant le jour étant venu, un grand trouble s'éleva parmi les soldats, lorsqu'ils virent que le prisonnier avait disparu. Hérode le fit inutilement chercher ; et, après avoir soumis ses soldats à la question, il les envoya au supplice. Mais bientôt lui-même porta la peine de son crime. Un jour que, revêtu de ses habits royaux, il était assis sur son trône, haranguant le peuple et se complaisant dans un fol orgueil, un ange du Seigneur le frappa, pour le châtier de n'avoir pas rendu gloire à Dieu, et il mourut dévoré par les vers. » La délivrance de saint Pierre a inspiré Raphaël qui en a fait un magnifique tableau. Quand on parcourt les *Stanze* ou chambres du Vatican à Rome, on trouve dans la troisième chambre, sur le panneau qui entoure une fenêtre, cette fresque dans laquelle le grand artiste, se jouant de la difficulté, a reproduit un double effet de lumière. Elle est divisée en trois parties. Dans la première, à droite, on voit à demi couchés les soldats chargés de garder l'entrée de la prison; dans celle du milieu, saint Pierre endormi est éveillé par l'ange qui répand une vive lumière, contrastant, sans l'effacer, avec celle d'une lampe qui éclaire le premier compartiment. La troisième partie, celle de gauche, représente saint Pierre fuyant, guidé par l'ange. Ce sujet, que la peinture seule pouvait reproduire à cause des effets de lumière, est rendu avec une vérité saisissante. Sainte-Geneviève de Paris en possède une copie imparfaite, mais suffisante pour faire admirer le génie du maître.

La maison où ce fait s'est passé est aujourd'hui enclavée dans la ville, par suite des nombreuses modifications apportées par les siècles dans le plan général. Du temps de saint Pierre, elle était, dit-on, attenante aux remparts et donnait en même temps sur l'intérieur de la cité et sur la campagne. C'est une maison de fort triste apparence, comme toutes celles de Jérusalem, et nul signe extérieur ne la distingue des autres.

Est-il bien sûr que cette autre construction, en marbre rouge et noir, soit la maison du mauvais riche ? On me l'assure ; mais j'aime mieux ne pas le garantir ; Jérusalem a été si souvent détruite ! N'importe ! Je me rends volontiers à la tradition vulgaire. Si je me trompe, les conséquences de mon erreur n'en seront pas grandes. « Un homme était riche. Il se revêtait de pourpre et de lin, et donnait tous les jours de magnifiques repas. Et un homme appelé Lazare, étendu à sa porte et couvert d'ulcères, mendiait et demandait à se rassasier des miettes qui tombaient de la table du riche. Et personne ne voulait les lui apporter. Or, les chiens venaient et léchaient ses ulcères. Et il arriva que ce pauvre mourut, et qu'il fut porté par les anges dans le sein d'Abraham. Et le riche mourut à son tour, et il fut enseveli dans l'enfer. » Parabole terrible et singulièrement significative dans la bouche du Fils de Dieu. Celui qui abuse des biens de la vie y trouve sa condamnation, écrite avec les caractères de la vérité immuable. Et pour celui qui souffre, et pour l'opprimé, et pour le malade, cette même parabole renferme un baume divinement composé de tous les parfums de l'éternité.

Non loin du théâtre de ce drame terrible, la Providence nous montre la charité chrétienne, exercée royalement. On arrive devant un édifice, que des traces de sculpture, la solidité et la recherche de sa construction désignent comme l'œuvre d'une main puissante. C'est l'hôpital de Sainte-Hélène. La pieuse impératrice ne borna pas ses soins à bâtir et à orner des églises ; elle chercha Notre-Seigneur dans ses membres souffrants et leur éleva un asile où, de ses mains et de ses trésors, elle voulut soulager leurs souffrances. Elle dota richement cet hospice, et longtemps après sa mort, les pèlerins et les pauvres lui durent la santé et la vie. Je suis entré dans ces bâtiments, où la voix du Turc ne répète plus les accents de la charité. J'y ai trouvé des hommes occupés de trafic et de négoce; les vendeurs ont envahi le temple. Je leur ai demandé à voir les chaudières où sainte Hélène préparait la soupe des pauvres. Elles sont en cuivre, et d'une dimension prodigieuse, telles que je n'en ai jamais vues. On comprend immédiatement la quantité de pauvres qu'elles nourrissaient; une d'elles a cent trente-trois palmes de circonférence.

Tous les pieux monuments, bien entendu, dont nous venons de parler, sont perdus au milieu d'une immense quantité de ruines. La Jérusalem actuelle est un fumier rempli de pierres précieuses.

Chose remarquable ! à tout instant nous rencontrons d'immenses terrains vagues, et, tout à coté, des maisons entassées sans air et sans lumière. A quoi cela tient-il ? On dirait que l'espace est cher à Jérusalem; et cependant nous ne comptons que vingt-quatre mille âmes dans une enceinte qui en abriterait cent mille. J'interroge sur cette anomalie, et j'apprends qu'en effet, il est difficile de trouver un pouce de terrain à vendre ici. C'est que le sol appartient en presque totalité à des mosquées ou à des églises. Ces sortes de propriétés sont appelées *wacoufs*. Ainsi, il y a le

*Wacouf-el-Harem*, propriété de la grande Mosquée ; le *Wacouf-el-Takidjek*, propriété de l'hôpital de Sainte-Hélène ; le *Wacouf-Frandji*, propriété du couvent Latin ; le *Wacouf-Bûmi*, propriété du couvent Grec. Or les wacoufs sont inaliénables, et personne, on le comprend, ne veut bâtir sur un terrain qu'il est sûr de ne pouvoir jamais posséder. Mais, outre les wacoufs, une autre portion du sol doit revenir aux établissements publics, dans le cas où les familles des possesseurs s'éteindraient, ou à défaut d'héritiers mâles dans ces familles ; cela s'appelle *mulk-maukuf*, main-morte ; encore des terrains inhabitables. En sorte que la très-petite partie reste aux propriétaires privés, d'où résulte le grave dommage d'une population entassée dans un espace trop étroit et malsain. Mais qu'importe à la justice turque ?

Aussi, la malpropreté et la misère entretiennent-elles ici de fréquentes et dures maladies. Encore s'il y avait des médecins ! mais ils manquent absolument. Quelques charlatans s'arrogent, il est vrai, le titre et les fonctions de docteurs. Mais quels docteurs ! Ils ont soin de se faire accompagner ou précéder d'un compère qui leur prépare des dupes ; et beaucoup d'infortunés se laissent prendre par ignorance ou cèdent à l'excès de la douleur. Heureusement l'usage veut qu'on ne paye qu'après guérison, et si on a la mauvaise chance d'avoir été trompé, il reste du moins la satisfaction de ne pas laisser échapper son Esculape impuni. Malheur à lui surtout, si le malade meurt trop tôt. Il n'a plus qu'à fuir au plus vite, s'il veut se soustraire au courroux d'une population entière et furieuse.

Les ophthalmies sont une des maladies les plus communes en Orient. Les causes n'en sont pas bien déterminées. Je vis un jour une chrétienne qui, après la messe, s'approcha de l'autel, prit le bord de la nappe et se l'appliqua sur les yeux. On me fit remarquer que cet usage est général parmi les hommes, les femmes et les enfants : ils attribuent à l'attouchement des linges sacrés, sur lesquels a reposé le corps de Jésus-Christ, une vertu particulière contre les maux d'yeux.

Tout ici est primitif.

Entrons dans cette longue rue voûtée sans jour, où des marchandises sont étalées sans goût et sans discernement, et qu'on appelle le Bazar. Voyez travailler ces hommes en plein vent. C'est un spectacle curieux. Voici un fabricant de pipes ! N'allez pas croire qu'il ait des fourneaux ou des instruments perfectionnés. Il a allumé un petit feu entre deux pierres, il pétrit l'argile dans ses mains, la jette dans le feu, la tourne et la retourne avec un morceau de fer pour empêcher qu'elle se brûle, et l'amène ainsi au point de cuisson nécessaire. — Un rôtisseur s'établit à côté du fabricant de pipes. Au besoin il se servirait du même feu pour préparer ses brochettes de rognons et ses autres viandes, dont la saveur est vraiment délicate. — La pâte se travaille d'une manière aussi simple et non moins ingénieuse. Le boulanger la pétrit dans ses mains, l'arrondit en galette, la rejette sur une pierre plate, la reprend, la jette encore jusqu'à ce qu'elle ait acquis le degré de légèreté voulue, puis il la met au four. Ce pain n'est pas levé et ne convient guère aux Européens ; il exale en outre une odeur désagréable que lui communique la fiente de chameau avec laquelle on chauffe souvent le four. — La construction des moulins est tout à fait primitive. Une meule volante est mise en mouvement par un système de roues à engrenage que des ânes font tourner. Le blé, placé dans une peau de chèvre formant trémie et légèrement inclinée, coule lentement sous la pierre qui le broie. Réduit en farine, il est recueilli par des femmes qui le tamisent à travers la soie.

Vraiment l'Oriental est ingénieux; et en voyant avec quelle habileté ces hommes parviennent à faire les plus jolies choses, sans outils, et guidés seulement par leur instinct, on comprend tout le parti qu'une administration sérieuse et régulière pourrait tirer de leurs dispositions naturelles.

Mais pourquoi parler d'administration? S'il y en a une à Jérusalem, comme dans toute la Turquie, c'est pour arrêter tout élan, pour tout gâter, tout détruire. On se demande souvent pourquoi la population de Jérusalem est si pauvre. Eh ! comment pourrait-il en être autrement, dans un pays où l'autorité ne fait nul effort pour promouvoir l'agriculture, l'industrie, le commerce, où elle ne s'occupe ni des chemins, ni des canaux, ni de ce qui pourrait contribuer à la sécurité, amener la stabilité ?

Ici tout est à l'arbitraire. Les poids, les mesures, les monnaies changent d'un jour à l'autre, selon le caprice ou la volonté d'un pacha. Ainsi, une pièce d'or peut valoir treize piastres à Smyrne, et n'être acceptée que pour dix à Jérusalem. Or, si demain le pacha a reçu une grande quantité de ces pièces en payement, il réglera que leur valeur est dorénavant à quinze piastres et forcera tout le monde à les prendre pour ce prix. On comprend la perturbation qu'un tel système jette dans le commerce. Aussi n'y a-t-il aucun luxe à Jérusalem, ni dans les maisons, ni dans l'ameublement, ni dans le costume, ni dans la table. La parure même des femmes constitue une entrave à la circulation de l'argent. Ces pauvres créatures ne conçoivent pas de plus bel ornement qu'une série de pièces de monnaies suspendues à un cordon et roulées dans tous les sens, sur leur front, le long de leurs joues, sous leur menton, dans leurs cheveux, sur leur cou. Pour cela, elles percent des pièces d'or ou d'argent dont la valeur diminue, et qui, en rentrant dans le commerce, ne sont plus acceptées au prix courant, mais estimées au trébuchet. Toutes ces causes, jointes à tant d'autres énumérées ailleurs, font de Jérusalem une ville morte à laquelle rien ne ressemble dans le monde.

O ville étrange ! tout ce que nous y avons rencontré nous a repoussés et dégoûtés. Cependant, après avoir vu, nous voulons voir encore. Nous heurtons du pied une pierre qui nous expose à tomber, et, maudissant la pierre, nous nous prenons tout à coup à la ramasser pour la contempler ; et nous cherchons à lire dans ce débris mutilé toute une histoire qui captive nos âmes. Pourquoi, après avoir tout vu, ne sommes-nous pas encore rassasiés ? Pourquoi ce spectacle de désolation continuelle ne nous donne-t-il pas envie de fuir ? Ah ! c'est que Jérusalem, toute maudite qu'elle est, n'en est pas moins la ville de Jésus-Christ, et nous y cherchons Jésus-Christ; et, grâces lui en soient rendues ! nous l'y retrouvons pour le bonheur de nos âmes.

---

## XV

### LA SEMAINE SAINTE A JÉRUSALEM.

Elle est arrivée la *Grande Semaine*, la *Semaine* où s'opérèrent les derniers mystères de la vie du Sauveur, *la Semaine* qu'on est si bien convenu d'appeler la *Semaine Sainte !*

Cette année, la Pâque des Grecs coïncide avec celle des Latins. Aussi, depuis hier, des multitudes de pèlerins schismatiques sont accourus de la Morée, de l'Archipel, de Constantinople, de la Russie, de l'Arménie, de l'Anatolie, de l'Égypte, de la Syrie. Jérusalem, si triste, si désolée, si morte, est devenue vivante et animée. Dix mille nouveaux arrivants affluent par toutes les portes ; au nord, au midi, au levant et au couchant, vous apercevez de longues processions d'hommes, de femmes et d'enfants, qui stationnent un moment sur la hauteur d'où ils ont découvert la coupole du Saint-Sépulcre, font le signe de la croix, se prosternent, baisent la terre, se relèvent, et font entendre ce cri particulier des Orientaux par lequel ils saluent la ville, que leur vénération leur défend de nommer autrement que *la Sainte.*

Renonçons à jouir du silence, du recueillement, des exemples de piété calme et douce, dont notre âme est naturellement avide en ces grands jours.

La piété des Orientaux est bruyante et démonstrative. Parmi les schismatiques, elle est mélangée d'abus et de scandales, comme tout le monde le sait aujourd'hui en Europe. Ils remplissent le sanctuaire de leurs cris, du bruit de leurs disputes, et de certains détails de mœurs hideuses. Autour du Saint-Sépulcre surtout le tumulte est plus grand et plus sensible. Ils se sont habitués à considérer l'enceinte renfermée sous la grande coupole de l'église de la Résurrection comme une sorte de bazar ou de champ de foire. Ils s'y établissent comme sur une place publique, ils s'y pressent sans égard ; ils parlent haut, tiennent des conversations banales, s'appellent d'un bout à l'autre de l'église, grimpent jusque sur les corniches et s'y tiennent suspendus, comme le peuple s'accroche aux branches des arbres pour voir par-dessus les grandes foules. C'est au milieu de ce désordre que Monseigneur le patriarche latin sera condamné à célébrer les offices de la Semaine Sainte, et que nous devrons y assister.

Dure nécessité assurément ! et cependant je ne veux point m'en attrister. Nous trouverons toujours de longues heures pour nous recueillir dans la solitude loin du sanctuaire profané, et nous jouirons en même temps d'un avantage que beaucoup de voyageurs moins heureux nous envient, celui de voir les schismatiques à l'œuvre, pendant cette semaine, et surtout le Samedi Saint dont les journaux de l'Europe se sont tant entretenus et reparlent encore tous les ans.

C'est la veille du dimanche des Rameaux, le samedi, sur le midi, que s'ouvrent les exercices du culte catholique. Un ancien privilége donna la priorité aux Latins sur les schismatiques; et, dans un pays où les plus petites négligences entraînent les conséquences les plus graves, il est important de profiter de tous ses droits. Monseigneur Valerga nous fit donc prévenir de nous tenir prêts à l'heure indiquée. Nous fûmes exacts; et un quart d'heure avant le temps, nous étions à la porte du patriarcat, pour prendre Sa Béatitude et la conduire à l'église.

Une foule immense encombrait la place, sur laquelle stationnait un peloton de troupes ottomanes. Plus nombreuse encore était l'assistance réunie sous les voûtes sacrées. Autour du Sépulcre lui-même, deux haies de soldats qui se regardaient, maintenaient le passage nécessaire pour la procession. Les Pères de Saint-François ouvraient la marche; l'un d'eux portait une grande croix de bois. Après eux les prêtres de notre caravane et le clergé du patriarche en habits sacerdotaux, et puis Monseigneur Valerga en habit de chœur, et, derrière Sa Béatitude, la foule recueillie des pèlerins. Comme nous chantions volontiers, en ce moment, l'hymne triomphal de la Croix, le *Vexilla regis prodeunt.*

Voici l'étendard du Roi souverain des rois.
Voici le mystère de la Croix qui rayonne.
Voici le Mystère qui nous montre un Dieu attaché à une croix.

. . . . . . . . . . . . . . . . . . . . . . . . .

Aujourd'hui s'accomplissent les paroles de David.
Prophète, il avait dit aux nations :
C'est par le bois que régnera le Seigneur Dieu !

. . . . . . . . . . . . . . . . . . . . . . . .

Salut, ô Croix, notre unique espérance !
O Croix, dans ces jours de la passion,
Augmente la piété au cœur des justes,
Obtiens le pardon aux coupables !

. . . . . . . . . . . . . . . . . . . . . . . . .

Arbre resplendissant et beau,
Arbre que le Roi des rois empourpra de son sang ;
Arbre privilégié, choisi entre tous,
Quel honneur pour toi d'avoir touché les membres du Saint des saints !
Oh ! que tes branches sont heureuses !
N'ont-elles pas porté la rançon du monde ?
Salut, ô Croix, notre unique espérance !
Salut !

Les Turcs nous regardaient passer avec étonnement. Les schismatiques nous méprisaient en notre qualité de Latins et de catholiques : mais nous nous estimions heureux, et nous étions saintement fiers de représenter, en ce moment, en ce jour, à l'ouverture de la grande Semaine, autour du tombeau de Notre-

Seigneur, les pontifes suprêmes, les rois et les empereurs, les cardinaux, archevêques et évêques, l'assemblée des prêtres, et la multitude des fidèles répandus dans le monde entier, qui, moins favorisés que nous, arboraient aussi dans leurs églises l'étendard de la croix, et lui disaient avec amour : Salut, ô Croix, notre unique espérance!

La cérémonie fut assez longue. Avant même que nous eussions fini la nôtre, les schismatiques commencèrent la leur. Ils avaient déployé une pompe et une magnificence écrasantes pour la pauvreté des Latins. Ils élevaient la voix et multipliaient leurs chants pour étouffer les nôtres. A part cette confusion, il n'y eut pas de désordre matériel.

Le lendemain, de bonne heure, nous étions encore à l'église. Le patriarche devait bénir et distribuer les palmes symboliques du dimanche des Rameaux et célébrer pontificalement la messe.

« Autrefois, pour rappeler d'une manière plus sensible la marche triomphale de Jésus-Christ, les Pères de l'Observance de Saint-François se rendaient tous à Bethphagé. Lorsqu'on y était arrivé, le père gardien députait deux religieux pour aller à l'endroit que la tradition désigne comme étant celui où Jésus envoya deux de ses disciples, en leur disant : *Ite in castellum quod contrà vos est*, etc. : Allez au village qui est devant vous, etc. Les religieux amenaient une ânesse avec son âne. Puis, jetant leurs manteaux sur le dos de l'animal, ils y faisaient monter le révérendissime Père, et le conduisaient ainsi à la ville par un chemin que les fidèles jonchaient de fleurs et de feuilles de palmier ou d'olivier, en chantant à pleine voix : Hosanna! La procession arrivait ainsi à Jérusalem, par la porte où Jésus-Christ avait fait son entrée. La principale raison pour laquelle cette cérémonie n'a plus lieu, c'est qu'il en coûtait des sommes considérables pour en obtenir la permission du pacha, et que depuis longtemps la modicité des secours venus d'Europe ne permet plus d'accorder à la cupidité musulmane tout ce qu'elle exigerait. » (P. de Géramb.) Tout se passe donc à l'église.

Comme il serait impossible de faire les grandes fonctions ecclésiastiques dans l'intérieur du Sépulcre, on a dressé un autel contre la porte de la sainte caverne, le trône pontifical est adossé au jubé de la basilique de Constantin, et les Pères de Saint-François et le clergé séculier forment une haie et comme une garde d'honneur autour du patriarche officiant.

Une grande quantité de belles palmes sont déposées à l'angle de l'autel; des cierges d'une grosseur prodigieuse et une multitude de lampes d'or et d'argent illuminent le sanctuaire; l'encens fume; et le diacre, revêtu d'une splendide tunique de brocart, chante le magnifique Évangile de ce jour :

« Six jours avant la Pâque, Jésus vint à Béthanie où demeurait Lazare, ce mort qu'il avait ressuscité; là, il se mit à table auprès de celui qu'il avait tiré du sépulcre.

« Le lendemain, une multitude de peuple qui était venue pour la fête de la Pâque, ayant appris que Jésus arrivait à Jérusalem, prit des branches de palmier et alla au-devant de lui, en criant : « Hosannah ! Hosannah ! béni soit le roi d'Israël qui vient au nom du Seigneur ! »

« Tous ceux qui s'étaient trouvés avec Jésus, lorsqu'il avait ressuscité Lazare, lui rendaient témoignage. C'est pourquoi tout le peuple venait à sa rencontre; car il avait entendu raconter le miracle.

« Comme ils approchaient de Jérusalem, Jésus fit venir deux de ses disciples, et il leur dit : Allez à ce village qui est devant vous ; vous trouverez, en y arrivant, une ânesse attachée et son ânon avec elle. Détachez-les, et amenez-les-moi.

« Les disciples amenèrent l'ânesse et l'ânon, qu'ils couvrirent de leurs manteaux, et Jésus monta dessus, comme il avait été écrit :

« Ne craignez pas, fille de Sion, voici votre Roi qui vient monté sur un ânon.

« A mesure qu'ils avançaient, la foule du peuple étendait ses habits sur le chemin ; d'autres coupaient des branches d'arbres et les jetaient sur son passage.

Quand il fut près de la descente de la montagne des Oliviers, les disciples, qui étaient là en grand nombre, étant transportés de joie, se mirent tous à louer Dieu à haute voix, pour tous les miracles qu'ils avaient vus, en répétant : Béni soit le roi qui vient au nom du Seigneur! paix dans le ciel, et gloire au plus haut des cieux! Hosannah au fils de David! »

Après le chant de l'Évangile, le patriarche se leva. Il bénit l'encens, et il dit :

« O Dieu, dont le Fils est descendu sur la terre pour le salut des hommes; Seigneur, qui avez voulu que, lorsque le temps de sa passion était proche, Jésus allât à Jérusalem monté sur une ânesse ; vous qui avez voulu qu'il fût appelé roi par la multitude ; daignez bénir ces rameaux, et remplissez de grâces et de bénédictions tous ceux qui les porteront, afin qu'après avoir surmonté ici-bas les tentations de l'ennemi des hommes, ils aillent paraître devant vous, Seigneur, avec la palme de la victoire et le fruit des bonnes œuvres. »

Et quand le Pontife eut béni les palmes, nous nous approchâmes deux à deux pour les recevoir de ses mains, et une procession circulaire se fit par trois fois autour du saint Sépulcre; les palmes élevées au-dessus de nos têtes s'agitaient et ondulaient comme courbées par la brise, et nous nous avancions entre les deux haies de soldats turcs, célébrant le triomphe de Notre-Seigneur, et chantant :

« Tous ceux qui allaient à sa rencontre, tout le peuple qui allait au-devant de lui, criaient : Hosannah au fils de David !

« Béni soit celui qui vient au nom du Seigneur ! Béni soit le règne de David que nous voyons arriver ! Hosannah au plus haut des cieux !

« Fille de Sion, sois remplie d'allégresse; fille de Jérusalem, laisse éclater ta joie ! Voici votre Roi qui vient à vous; le voici, c'est un Roi juste et bon ; il est pauvre, il vient à vous monté sur une ânesse !

« Sauvez-nous, Seigneur ! Seigneur ! Seigneur ! regardez-nous favorablement !

« Béni soit celui qui nous vient en votre nom !

« Le Seigneur est le vrai Dieu, et il a fait luire sur nous une nouvelle lumière. Rendez, rendez ce jour grand et solennel; amenez la victime jusqu'à l'autel. »

Et en chantant ce cantique, nous pensions à Notre-Seigneur entrant à Jérusalem avec une pompe triomphale, et nous donnions un souvenir aux nobles soldats de la croix qui, avant nous, en ce même lieu, célébrèrent cette même fête, et de la main qui portait si bien l'épée, soutenaient les palmes bénies de l'Idumée, marchant en processions, revêtus de la cotte de maille et le casque en tête.

Autant qu'on peut accorder les dates à une si grande

distance, l'entrée de Notre-Seigneur à Jérusalem se fit le 10 avril qui correspond au neuf de nisan. Évidemment, ce ne fut point l'effet du hasard, mais une disposition très-spéciale de la Providence qui ménagea ce triomphe. Les humiliations du Calvaire approchaient. Il fallait que la royauté de Notre-Seigneur et sa divinité fussent bien constatées avant sa mort, pour rendre ses bourreaux inexcusables et surtout pour affermir la foi des générations à venir.

Aussi, en ce jour, le peuple rend à Jésus-Christ les honneurs royaux. « De tout temps et chez tous les peuples, les branches de palmier ont été considérées comme un signe de triomphe. Elles étaient la récompense des vainqueurs aux jeux Olympiques. Les Juifs les liaient en faisceaux lors de la fête des Tabernacles, et quelquefois aussi à celle de la Pâque, et on les appelait alors *lulabir* ou *arcabin*, ou même *Hosanna.* » Étendre ses habits sur la route était également la plus grande marque de respect qu'on pût donner à un homme. « On lit dans les auteurs juifs que, lorsque Moïse revint de chez Pharaon vers son peuple, il fut reçu au milieu des chants et des fanfares, et que les Hébreux jetaient leurs habits devant lui sur la route, en criant : Vive notre roi ! Hérodote raconte que Xerxès fut accueilli de cette manière lorsqu'il traversa l'Hellespont et qu'il entra en Europe. Lorsque Simon Macchabée eut conquis la citadelle de Jérusalem, il fit son entrée au milieu du chant des hymnes, du son des cymbales, et procédé de la foule, qui portait des branches de palmier. La même chose eut lieu lorsque Judas Macchabée vint consacrer de nouveau le temple, qui avait été profané. » (Docteur Sepp.) Le peuple voyait donc bien en Notre-Seigneur plus qu'un homme ordinaire. Et comment aurait-il pu en être autrement, puisqu'il venait d'assister à la résurrection de Lazare?

Mais les Juifs n'étaient pas les seuls témoins ni les seuls acteurs, dans ce triomphe du Fils de Dieu. On était au temps de la Pâque, et des multitudes de toutes les nations affluaient à Jérusalem à cette époque, et cette année en particulier, il y en avait davantage, car « la présence corporelle du Fils de Dieu sur la terre n'avait pu, dit le docteur Sepp, rester un secret pour le monde. Le bruit de ses miracles était depuis longtemps répandu dans la Phénicie, la Syrie et l'Idumée ou l'Arabie, comme nous le racontent les évangélistes eux-mêmes. (Matth., IV, 24; Marc., III, 8, etc.) Et le peuple de ces contrées venait en foule pour le voir et l'entendre. Son nom avait donc pénétré jusqu'au fond de l'Orient, où déjà, longtemps auparavant, le voyage des mages avait produit une grande sensation. Pour ce qui est de l'Occident, on connaît le mot de l'empereur Auguste sur le massacre des Innocents. Il paraît même que les hommes qui dirent à l'apôtre saint Philippe, au moment où le Sauveur entrait dans le temple : « Maître, nous voudrions voir « Jésus ; » étaient des députés de la grande Arménie, pays alors gouverné par Agbar ou Abgar, fils d'Uchom le Noir, qui résidait à Édesse, capitale de la province syrienne d'Osrhoène. Ce roi avait entendu beaucoup parler de Notre-Seigneur ; il le savait poursuivi par Hérode, et il lui envoyait offrir un asile dans ses États. Or ce fut devant cette foule immense qu'eut lieu le triomphe. Elle y prit évidemment part, comme nous devons le conjecturer par la démarche des envoyés du roi d'Arménie. — Et devant la multitude rassemblée, le ciel lui-même s'expliqua par un prodige, afin qu'il ne restât pas de doute dans les esprits ; et lorsqu'on fut entré dans le temple, et que Notre-Seigneur eut fait cette prière : « Mon Père, glorifiez votre nom, » la foule entendit cette parole venue d'en haut : « Je l'ai glorifié, et je le glorifierai encore. » Et les Juifs et les païens connurent bien que cette voix n'était pas une voix humaine, car les uns disaient : *C'est le tonnerre ;* et les autres reprenaient : *Non ; un ange lui a parlé.*

Le jour des Rameaux est donc un grand jour parmi les anniversaires chrétiens ; ce jour-là fut celui de la glorification de Jésus de Nazareth, fils de David selon la chair, — devant le monde entier.

Heureux pèlerins, chantons donc : *Hosannah au fils*

*de David! Béni soit celui qui vient au nom du Seigneur.* Chantons autour de ce sépulcre glorieux ; chantons *hosannah* devant les Turcs, devant les juifs : que les échos de nos voix, descendus des hauteurs de Sion, s'en aillent, répétés de collines en collines, de montagnes en montagnes, par-dessus les vastes mers, jusqu'aux extrémités de la terre, porter à tous les peuples l'immortel *Hosannah !*

---

## XVI

### HACELDAMA !

Dans la matinée du Mercredi Saint, mes jeunes compagnons et moi, nous sortîmes de Jérusalem par la porte de Saint-Étienne, et, descendant au fond de la vallée de Josaphat, nous suivîmes le torrent de Cédron jusqu'à l'entrée de la vallée de Hennon, et, montant droit devant nous, nous parvînmes à des grottes funéraires, pratiquées au flanc de la montagne sous le champ célèbre où le traître Judas finit misérablement. Nous ne voulions pas quitter Jérusalem sans visiter ce lieu ; mais il eût été trop pénible d'y aller le Vendredi Saint, en suivant l'ordre des événements. Nous préférions n'avoir rien à faire avec le traître, lorsque nous aurions commencé la méditation des douleurs du bon Maître.

Deux faits étranges se rattachent à cette montagne : la décision prise par les princes des prêtres de se défaire de Jésus, et la mort de Judas Iscariote. On l'appelle communément le mont du *Mauvais-Conseil*, parce que ce fut-là, dans la maison de campagne de Caïphe, que se tint, quarante jours avant la Passion, la célèbre assemblée dont il est question dans l'Évangile lorsqu'il est dit : « Beaucoup de Juifs qui étaient « venus trouver Marie et Marthe, et avaient été té« moins du miracle par lequel Jésus ressuscita « Lazare, crurent désormais en lui. Mais quelques« uns, étant allés trouver les pharisiens, leur dirent ce « que Jésus avait fait ; et alors les princes des prêtres « et les pharisiens réunirent le grand conseil et di« rent : Que faire? Cet homme opère beaucoup de mi« racles. Si nous le laissons continuer, tout le monde « croira en lui, et alors les Romains viendront et « prendront le pays et ses habitants. Or, à partir de « ce jour, ils résolurent de le faire mourir. »

Il paraît qu'en cette circonstance Notre-Seigneur fut réellement et solennellement excommunié et mis hors la loi : ce qui rend bien plus remarquable le triomphe que le peuple lui décerna trente jours après, malgré les prêtres, le jour des Rameaux.

« L'Église judaïque avait trois sortes de censures : l'exclusion ou l'excommunication mineure. Ceux qu'elle frappait étaient interdits pour trente jours, pendant lesquels ils ne pouvaient approcher ni de leurs femmes ni de leurs enfants, moins de quatre coudées de distance, et ne pouvaient prendre part au service divin que couchés sur la terre. La seconde censure était la malédiction ou l'expulsion de la Synagogue et de toute société humaine. La troisième était l'anéantissement. Celui qui l'avait encourue était exclu à jamais de la Synagogue, maudit éternellement devant Dieu et les hommes, et son âme était livrée à Satan. D'autres, néanmoins, regardent cette troisième censure comme identique avec la seconde. C'est de cette excommunication majeure que Notre-Seigneur fut frappé, et ceci arriva précisément le jour où les Juifs célébraient la mort de Moïse..... L'excommunication n'était pas une chose particulière aux Juifs; on la retrouve chez tous les peuples et dans toutes les religions. César la rencontra chez les Druides. Le premier excommunié fut Caïn; et c'était à ce meurtrier de son frère que l'on égalait le Sauveur du monde! Saint Paul, dans sa première Épître aux Corinthiens, ch. XII, constate que Jésus fut frappé d'anathème par les Juifs. Les prêtres ne se contentèrent pas de l'excommunier dans le secret du temple; mais, comme saint Jean le témoigne à plusieurs reprises dans son Évangile, ch. XI, ils l'excommunièrent publiquement, et le dénoncèrent au peuple, de sorte que chacun pouvait le prendre et le tuer. Et le même apôtre nous apprend, au chapitre XII, que beaucoup des principaux d'entre les Juifs n'osèrent se déclarer publiquement en sa faveur, dans la crainte d'encourir l'excommunication... »

« Une tradition des Rabbins, consignée dans le Talmud, rapporte que le Christ a été excommunié avec quatre cents trompettes, c'est-à-dire par quatre cents prêtres, et qu'il a été dénoncé publiquement quarante jours avant sa mort; qu'il a été condamné à mort comme magicien et séducteur du peuple. Or nous savons, par le témoignage de Josèphe, qu'il y avait alors dans le royaume de Juda vingt mille prêtres et trente mille lévites. Mais, outre le temple, ils avaient encore à Jérusalem de quatre cent soixante à quatre cent quatre-vingts synagogues ou églises nationales, pour les Juifs qui affluaient chaque année dans cette ville, de toutes les contrées de la terre. Les prêtres publiaient toujours au son des trompettes l'excommunication à tous ses degrés. Ainsi, le Fils de Dieu fut excommunié et dénoncé comme tel au peuple par le clergé tout entier de Jérusalem, qui représentait tout le peuple juif..... »

« A cause de cela, continue l'évangéliste, Jésus ne « parut plus en public parmi les Juifs; mais il s'éloi- « gna dans une contrée près du désert, dans une ville « qui s'appelait Éphraïm, et il y séjourna avec ses « disciples. » Éphrem ou Éphraïm, que le Sauveur choisit pour sa dernière retraite après son excommunication, était une petite ville de l'ancien royaume d'Israël, non loin de Béthel, et à huit lieues environ au nord de Jérusalem. Elle était située sur la limite du désert pierreux et montagneux qui s'étend, au nord, de Bethhaven à Scythopolis, et au sud jusqu'à la mer du Désert. Notre-Seigneur parcourut ainsi les voies où l'avaient précédé les prophètes, et il chercha son dernier asile dans ce même désert où Élie, fuyant la persécution d'Achab et de Jézabel, avait été nourri miraculeusement par des corbeaux, et près de ce même ruisseau nommé Crith, où Jean, le second Élie, avait baptisé. Quoiqu'il ne reste plus aucune trace depuis longtemps de la ville d'Éphraïm, on sait néanmoins d'une manière certaine qu'elle existait au lieu où est aujourd'hui le bourg arabe El-Taiyibeh. Comme elle était peu éloignée de la grande route de Galilée, Notre-Seigneur y avait probablement résidé plusieurs fois. Peut-être aussi ses apôtres, dans leur mission, s'y étaient-ils ménagé un accueil favorable ; de sorte qu'il put y jouir avec ses disciples de la sécurité qu'il cherchait. Il n'y resta que quatre semaines environ, après lesquels les jours du Fils de l'homme furent remplis, et sa dernière heure arriva. Ainsi fut accomplie, en quelque manière, cette ancienne prédiction, que le Messie, le fils de Joseph, viendrait d'Éphraïm, et entrerait dans sa gloire par beaucoup de souffrances. » (Doct. Sepp.)

C'est à cette retraite de Notre-Seigneur à Éphraïm que l'évangéliste fait allusion lorsque, la Pâque approchant, il nous représente un certain nombre de Juifs qui « cherchaient Jésus, et se disaient dans le « temple les uns aux autres : Que pensez-vous de ce

« qu'il ne vient point à la fête ? car les princes des « prêtres et les pharisiens avaient donné ordre que, si « quelqu'un savait où il était, il le découvrît, afin « qu'ils le fissent prendre. »

On ne voit plus trace aujourd'hui de la maison de campagne où fut prise l'affreuse décision d'excommunier Notre-Seigneur et de le tuer. Les archéologues en fixent la place tout à fait au sommet de la montagne, à l'endroit où se trouvent les ruines du village Der-Kaddis-Modistus. Plus bas, nous vîmes le tombeau d'Anne, beau-père de Caïphe. Mais il est vide, car il a justement encouru la sentence du prophète : « Ils jetteront hors de leurs sépulcres les os des rois de « Juda, et les os de ses princes, et les os de ses prêtres, « et les os des prophètes, et les os de ceux qui ont « habité Jérusalem ; on ne les rassemblera point, on « ne les ensevelira point, mais on les laissera comme de « la boue sur la surface de la terre. » (Jerem., VIII, 1. 2.)

Entre les deux, nous rencontrâmes le champ d'Haceldama. Son argile est parfaitement propre à la fabrication des vases de terre. De tout temps il paraît avoir été destiné à la sépulture des étrangers. L'Évangile en fait foi pour les temps anciens ; l'histoire nous montre les chevaliers de Saint-Jean le consacrant à ensevelir les pèlerins ; et aujourd'hui encore il sert au même usage. C'est sur cette terre de la mort que le traître Judas se pendit.

Voici comment s'opéra ce triste dénoûment de la vie de l'infâme.

Le jeudi qui précéda la mort de Notre-Seigneur, les prêtres sacriléges des Juifs s'étaient réunis avant midi, avec quelques docteurs de la loi et quelques anciens d'Israël, pour délibérer sur les moyens de se défaire de Jésus : et malgré les impatiences du vieux prêtre Anne, ils s'étaient décidés à ne rien faire avant les fêtes, de peur d'une sédition, lorsque, poussé par le diable, Judas Iscariote vint tout à coup les trouver et leur dit : Que voulez-vous me donner pour que je vous le livre? — Pleins de joie, ils lui offrirent trente deniers, et lui firent promettre de saisir la première occasion favorable pour exécuter son dessein perfide.

Trente sicles d'argent ou cent-vingt drachmes pour la personne de Notre-Seigneur ! Quel crime atroce ! un homme libre en valait soixante. Trente, c'est-à-dire à peu près cent francs de notre monnaie, étaient le prix d'un esclave.

Ainsi se vérifia la parole du prophète Zacharie : « Il a été estimé comme un esclave, et son prix a été « fixé à trente deniers. » — Au reste, les Juifs devaient, quarante-deux ans après, expier chèrement cet affreux marché. Quatre-vingt-dix-sept mille d'entre eux ayant été fait prisonniers par les romains, leurs femmes et ceux de leurs enfants qui n'avaient pas dix-sept ans furent mis en vente ; et on les estimait si peu qu'on en donnait trente pour un denier. Ainsi Dieu vengeait le sang du Juste. Les Juifs l'avaient payé trente deniers, et trente d'entre eux ne valaient plus qu'un seul denier.

Plusieurs docteurs supposent que le traître n'avait jamais prévu les dernières conséquences de sa trahison. L'argent seul paraît avoir préoccupé son esprit. Il avait toujours espéré pour Jésus-Christ un règne temporel, et pour lui-même un emploi lucratif et brillant. Ne voyant rien venir, las de la vie fatigante, errante, et persécutée des apôtres, il avait songé à se faire une petite fortune, et dans les derniers mois, il n'avait cessé de voler les aumônes dont il était dépositaire. Enfin, irrité de la libéralité de Madeleine lorsqu'elle versa des parfums sur les pieds de Jésus, il avait juré de s'en dédommager, et il s'était rapproché de quelques pharisiens et de quelques saducéens rusés qui l'animaient à la trahison en le flattant. Il s'enfonça ainsi de plus en plus dans le mal, et enfin l'avarice et l'orgueil le poussèrent au fond de l'abîme.

Or lorsqu'il eut consommé son crime, lorsqu'il eut trahi son maître par un baiser, et quand il vit enfin conduire Jésus chez Pilate pour être condamné à mort, « l'angoisse, un repentir tardif, et le désespoir, s'emparèrent de son âme. Poussé par le démon, il se mit à courir dans la direction du temple. Les pièces d'argent suspendues à sa ceinture lui reprochaient sa faute en battant ses flancs avec un léger bruit, dans cette course échevelée ; il les prit dans sa main pour faire taire leur voix importune, et il continua à courir avec une rapidité plus grande. Hélas ! il aurait dû rejoindre le triste cortége, se jeter aux pieds du Sauveur, implorer son pardon, et mourir avec lui. Mais le désespoir est aveugle ! Il entre dans le temple comme un insensé, il y trouve des prêtres qui se félicitent de la condamnation du Sauveur, et le regardent d'un air surpris. Alors, détachant de sa ceinture la bourse qui renfermait l'argent, il la leur rend en disant : *J'ai péché,* j'ai mille fois péché, *en livrant le sang innocent.* » Mais les prêtres reçurent cet aveu avec un souverain mépris. — « Cela te regarde, ré- « pondirent-ils au traître ; que nous importe ? » Cette réponse augmenta la colère et le désespoir de Judas. Ses mains crispées froissèrent la bourse, il la jeta violemment sur le pavé du temple, sortit et descendit précipitamment le travers de la montagne qui conduisait à la vallée de Hennon.

« Je le vis bientôt courir comme un furieux, dit une âme contemplative ; Satan qui s'était montré à lui sous les traits les plus épouvantables et ne le quittait pas, Satan lui répétait les malédictions prononcées autrefois par les prophètes contre cette vallée où les Juifs immolèrent leurs propres enfants. Et toutes ces paroles semblaient dictées contre lui. « Ils sortiront et « verront les cadavres de ceux qui ont péché contre « moi... Le ver qui les déchire ne mourra pas, et « le feu qui les consume ne s'éteindra pas. » Quelquefois le malheureux entendait répéter à ses oreilles : « Caïn, où est ton frère, où est Abel? Caïn, qu'as-tu « fait de ton frère? son sang crie vers moi. Tu es « maudit sur la terre, tu y seras errant et fugitif. » Quand il fut arrivé au bord du torrent de Cédron, il aperçut de loin la montagne des Oliviers; alors il frémit et détourna les yeux; il se rappelait ce mot : « Mon ami, pourquoi êtes-vous venu ici? Judas, c'est « donc avec un baiser que vous trahissez le Fils de « l'homme! » — Une sombre terreur remplissait son âme, il était hors de lui, lorsque le tentateur lui dit : « C'est ici que David prit la fuite devant Absalon. « Absalon mourut suspendu à un arbre pour s'être « révolté contre son père. N'est-ce pas de toi que « David disait en cette occasion : « Il aura un juge- « ment terrible; Satan sera à ses côtés; tous le con- « damneront; ses jours seront abrégés; un autre « occupera sa place; le Seigneur n'oubliera jamais la « malice de son père ni les péchés de sa mère, parce « qu'il a poursuivi impitoyablement le pauvre et « fait mourir l'opprimé. Il a aimé la malédiction; elle « sera son partage; elle l'enveloppera comme un vête- « ment; elle pénétrera comme l'eau dans ses entrail-

« les, et comme l'huile dans la moelle de ses os ! » — Ainsi poursuivi par le remords, Judas parvient à un endroit couvert de débris et d'immondices. Il y y était seul, mais un bruit confus lui arrivait de la ville agitée, malgré la nuit, et lui rappelait les affreuses conséquences de sa trahison. Désespéré, il délia sa ceinture et se pendit. Or son corps éclata, et ses entrailles se répandirent à terre. Affreux, mais bien juste jugement de Dieu !

« Or les grands prêtres prirent les deniers et di-
« rent : Il ne nous est pas permis de les remettre dans
« le trésor du temple ; c'est le prix du sang. Ayant
« donc délibéré, ils achetèrent de cet argent le champ
« d'un potier, pour y enterrer les étrangers. C'est
« pour cela que ce champ s'appelle encore dans leur
« langue (en syriaque) Haceldama, c'est-à-dire le
« champ du sang. »

Lorsqu'au retour de notre excursion à la montagne du *Mauvais-Conseil*, nous revînmes à Jérusalem, il était l'heure de l'office appelé *Ténèbres*. Nous entrâmes à l'église. Les prêtres étaient réunis autour du saint Sépulcre. Nous écoutâmes, ils chantaient, et un diacre disait :

« Oh ! comment cette ville, autrefois si animée de peuple, est-elle maintenant si déserte et si morne ?

« Comment la reine des nations, celle que les peuples venaient voir de loin, a-t-elle été rendue semblable à une veuve désolée ? Comment la maîtresse de tant de provinces a-t-elle été faite tributaire de l'étranger ?

« Toute la nuit elle pleure ; et, pleurant toujours, la douleur flétrit son visage, et la marque des larmes reste sur ses joues... De tous ceux qu'elle chérissait, pas un ne pense à elle, pas un ne vient la consoler... Bien plus : ceux qu'elle aimait se sont tournés contre elle.

« Pour se sauver de l'affliction de la servitude, pour échapper à l'esclavage, Juda a quitté sa patrie. Mais le repos qu'il avait perdu, il l'a vainement cherché chez les nations étrangères ; elles n'ont fait que se lier ensemble pour le persécuter.

« Les rues de Sion pleurent leur solitude ; personne n'y vient plus ; personne n'accourt plus aux solennités du temple ! Ses portes sont brisées, ses parvis déserts, ses prêtres dans la douleur ; et ses vierges, vêtues de deuil, plongées dans l'amertume, gémissent.

« Ses ennemis l'ont terrassée, et se sont gorgés de ses richesses, parce que le Seigneur, irrité de ses iniquités, dans sa justice et sa colère, l'avait condamnée... Ses enfants, encore tout petits, ont été emmenés captifs, frappés et rudoyés par l'ennemi.

« Jérusalem ! Jérusalem ! convertis-toi au Seigneur ton Dieu ! »

Si le prophète Jérémie avait vécu en ce moment,

si lui-même nous eût adressé cette question : « Comment la reine des nations, celle que les peuples venaient voir de loin, a-t-elle été rendue semblable à une veuve désolée ? » — Nous lui eussions répondu avec respect : Prophète de Dieu, allez sur la montagne du *Mauvais-Conseil*. Vous trouverez une réponse à Haceldama.

---

## XVII

### LE CÉNACLE.

Le croirait-on ? Dans un jour aussi solennel que celui-ci, à Jérusalem, ce que nous redoutons le plus, c'est le temps des offices. Et cependant la messe va se célébrer au pied du Calvaire, sur un autel appuyé contre le tombeau de Jésus-Christ ! Oui, mais nous ne sommes point seuls en ce lieu de dévotion, surtout nous n'y sommes point les maîtres ; impossible par conséquent d'avoir cet ordre, cette décence, ces facilités qui rendent agréable une station un peu prolongée dans nos églises d'Occident. Hier, pendant tout l'office des ténèbres, nous nous sommes tenus debout, pressés et agités par une foule impatiente et indiscrète. Ce matin, il en sera de même. Point de bancs, point de chaises, on est un peu comme dans une rue populeuse où la foule s'est massée pour voir passer un cortége ; et le recueillement y trouve difficilement son compte. On nous a dit d'être exactement à six heures du matin, à la porte de l'église, parce que les Turcs l'ouvriraient à ce moment et la refermeraient impitoyablement. Fidèles à la consigne, nous entrons à l'heure dite; mais l'office, qui est censé commencer tout de suite, se fait attendre une grande heure, à cause de ces mille complications sur lesquelles il faut toujours compter en pays infidèle. L'organiste cherche à nous faire prendre le mal en patience; malheureusement il se trompe d'air, et joue une sorte de polka qui fait sourire nos jeunes amis.

C'est cependant le grand jour du devoir pascal. Et malgré ces contretemps, indépendants de la volonté de tous, la grande pensée de l'institution du mystère de l'Eucharistie domine tous les esprits et pénètre les cœurs.

L'autel est orné comme aux plus beaux jours. Une huile odoriférante exhale ses parfums d'une multitude de lampes d'or et d'argent suspendues à l'entrée du Sépulcre. La cire vierge brûle dans cent flambleaux offerts par la piété des rois et des reines de l'Europe. Les Pères de Saint-François sont rangés en deux lignes, à partir de l'autel, et nous regardons avec admiration ces vétérans de l'armée de Jésus-Christ, couverts de leur robe de bure, entourant le sanctuaire qu'ils ont défendu depuis six grands siècles, au prix de leur repos, de leur sang, de leur vie. Le patriarche, précédé de ses prêtres, s'avance vêtu richement, sa mître d'or sur la tête et son bâton pastoral à la main. L'office commence. Des voix mâles et fermes font retentir les cantiques de Sion. On chante la messe solennelle. Quand vint le moment de la communion, il y eut quelque chose de grand. Tous les prêtres en surplis, les religieux couverts de leur épais manteau, de nombreux pèlerins de nations bien diverses vinrent, deux à deux, recevoir le corps du Sauveur, de la main du patriarche.

Chose singulière! des soldats turcs veillaient à l'ordre de cette cérémonie et protégeaient l'église contre la foule envahissante des schismatiques !

Ce jour-là, les Catholiques seuls ont encore le privilége d'entrer à l'église. Les schismatiques en restent exclus rigoureusement. Hélas ! combien de temps cela durera-t-il ? Une infraction a été faite violemment depuis peu, et réparation n'a point été donnée.

A deux heures de l'après-midi, le patriarche fit solennellement la cérémonie du *Mandat*. Le consul de France y assistait.

« Après la Cène, Satan ayant déjà inspiré à Judas, fils de Simon Iscariote, de trahir Jésus ;

« Jésus, qui savait que son Père lui avait mis toutes choses entre les mains, qu'il était sorti de Dieu, et qu'il s'en retournerait à Dieu, se leva de table, quitta ses habits, et, prenant un napperon, le mit autour de lui, puis versa de l'eau dans un bassin ; et, après avoir lavé les pieds de ses disciples, il les essuya avec le napperon qu'il avait autour de lui..... Et s'étant remis à table, il leur dit : Comprenez-vous ce que je viens de faire à votre égard ? Vous me nommez votre maître et votre Seigneur ; et vous dites bien, car je le suis. Si donc je vous ai lavé les pieds, moi qui suis votre Seigneur et votre Maître, vous devez aussi vous les laver les uns aux autres ; car je vous ai donné l'exemple, afin que ce que j'ai fait pour vous, vous le fassiez pour les autres. »

Après avoir lu ce passage de l'Évangile, Monseigneur de Valerga lava les pieds à douze pèlerins, touchant usage, auquel le Souverain Pontife, les rois et les princes chrétiens ne manquent jamais. J'ai vu cette cérémonie à Rome ; j'ai vu le Saint-Père s'agenouiller devant douze prêtres, j'ai vu ces douze prêtres assis à une table splendide, et le Pape devant eux pour les servir, et douze évêques portant les plats et les présentant, un genou en terre, au Pape qui les offrait aux prêtres. J'ai vu, à Paris et à Munich, les rois agenouillés devant de petits enfants, choisis parmi les plus pauvres de leurs sujets ; et toute cette pompe n'a point parlé autant à mon cœur que le *Mandat* de Jérusalem, à quelques pas de la montagne de Sion.

Quand la cérémonie fut terminée, le soleil était encore assez haut sur l'horizon pour qu'il nous fût possible de sortir sans être exposés à voir les portes de la ville se refermer sur nous jusqu'au lendemain. Nous prîmes donc notre route vers le sud, et nous nous acheminâmes vers le mont Sion, pour visiter le lieu mémorable où s'accomplit le mystère d'aujourd'hui. Le Jeudi Saint n'est-il pas le jour par excellence pour un pèlerinage au Cénacle ?

Hélas ! ne cherchez pas cette foule recueillie que nos villes catholiques voient, ce soir, circuler d'église en église pour faire ses stations. « Les voies de Sion « sont dans la douleur, et elles pleurent parce que « personne ne vient à ses solennités ; ses prêtres gé- « missent, et ses vierges sont plongées dans l'afflic- « tion ; et ses portes sont détruites, et la cité entière « est abreuvée d'amertume, et ses ennemis pèsent sur « sa tête, et ses enfants sont traînés en captivité par le « persécuteur qui les chasse devant lui. — O vous « tous qui passez par le chemin, considérez et voyez « s'il est une douleur semblable à la sienne ! parce « que le Seigneur, comme il l'avait prédit, l'a traitée « comme une vigne ravagée par l'orage, au jour de « sa fureur. »

Nous allons vénérer le théâtre de l'institution de l'Eucharistie, et un minaret nous sert de point de mire ! C'est aux Turcs, possesseurs de ce groupe de bâtiments, que nous demanderons la permission de satisfaire notre dévotion.

L'édifice où nous entrons est d'un gracieux effet. Vu de loin, il ressemble assez à une jolie forteresse. Tout porte à présumer que la vérité est ici d'accord avec la tradition, et que nous foulons effectivement le sol témoin de mille merveilles. S'il faut en croire Épiphane, une église très-petite aurait déja existé en ce lieu au temps d'Adrien... Antonin de Plaisance au sixième siècle, Arculfe, saint Willibald et Bernard le Sage au septième et au neuvième, parlent de cette église, et ajoutent qu'on y montrait le lieu de la cène, la colonne où le Christ avait été attaché et flagellé (déjà mentionnée par le pèlerin de Bordeaux et par saint Jérôme), la chambre où mourut la Vierge Marie, et la place où saint Étienne souffrit le martyre, ou bien fut enterré... Il est probable que l'église aura été détruite par le sultan El-Hakem, car elle était en ruine à la fin du onzième siècle. Mais on en retrouve des descriptions à l'époque de la domination des Croisés, dit M. de Vogüé. Elle paraît avoir subsisté lorsque la ville retomba au pouvoir des musulmans, en 1187. En 1342, elle fut donnée en garde aux Franciscains, et un couvent s'éleva aux frais de la reine Sanche de Sicile, à peu près sur le plan des bâtiments qu'on voit aujourd'hui. Malheureusement, en 1561, les musulmans en chassèrent les Franciscains et s'en emparèrent, sous le prétexte qu'ils y retrouvaient le tombeau de David, découvert par un Juif.

Notre drogman parlemente avec un Turc d'assez mauvaise humeur. Il s'absente un instant, et revient enfin avec un farouche cerbère qui tient des clefs.

Une porte s'ouvre, et nous nous trouvons en face d'une salle de 14 mètres sur 9, en style gothique du quatorzième siècle parfaitement caractérisé. Deux colonnes la divisent dans le sens de sa longueur en deux nefs parallèles. Des demi-colonnes, situées dans leur alignement, sont engagées dans les murs extrêmes. Trois fenêtres s'ouvrent au sud dans le mur latéral. Tout y est malpropre, négligé, sans ordre ; rien n'y porte à la dévotion ; mais quel souvenir !

C'est ici que vinrent Pierre et Jean lorsque Notre-Seigneur leur dit, au jour dont nous célébrons l'anniversaire : « Allez, et lorsque vous serez arrivés dans « la ville, vous rencontrerez un homme portant une « cruche d'eau. Suivez-le, et, lorsqu'il sera entré, dites « au maître de la maison : Notre Maître vous fait dire : « Mon temps approche : où est la salle dans laquelle « je pourrai célébrer la Pâque avec mes disciples ? Et « il vous montrera une grande et belle salle ; et vous « y préparerez le repas. »

Notre-Seigneur avait dit ces choses à Béthanie, car, après l'excommunication solennelle prononcée contre lui, il n'aurait pu, sans danger, habiter Jérusalem. En revenant d'Éphraïm, il avait traversé Jéricho, et était allé demander l'hospitalité à Lazare, chez lequel il passait toutes les nuits. Le jour seulement, il se hasardait à aller au temple pour y instruire le peuple.

Or, le jeudi, contre sa coutume, il était resté toute

la matinée à Béthanie, et vers le midi seulement il manifesta le projet d'aller manger l'Agneau pascal à Jérusalem. Alors, dit un auteur, se passa une scène touchante entre lui et les habitants de la pieuse maison.

« Madeleine, ayant entendu l'ordre donné aux deux apôtres, s'écria tout émue : Seigneur, je vous prie de m'accorder une faveur. Daignez faire la Pâque avec nous !

« Jésus-Christ sourit doucement et parut tenir à son premier projet. Alors Madeleine courut auprès de Marie et la conjura en pleurant, de retenir elle-même son Fils.

« Notre-Seigneur était à table en ce moment ; lorsqu'il eut terminé son repas, de lui-même il se rapprocha de sa mère ; il alla s'asseoir près d'elle à l'écart comme pour la faire jouir encore une fois de sa présence.

« Le cœur de Marie s'attendrit dans cet entretien solennel. Il semblait qu'elle voulût s'attacher plus étroitement que jamais à son auguste Fils. Et se souvenant des paroles de Madeleine, elle lui dit :

« Mon Fils, je vous en conjure, demeurez ici pour célébrer la Pâque avec nous. Vous savez qu'à Jérusalem on dresse des embûches contre vous.

« Ma très-douce mère, répondit le Sauveur, la volonté de mon Père est que je fasse la Pâque à Jérusalem. Le temps approche où les prophéties vont s'accomplir et où les méchants feront de moi ce qu'ils voudront.

« Marthe et Madeleine entendirent cette réponse, et elles en furent consternées.

« Mon Fils, reprit la sainte Vierge, d'une voix entrecoupée de sanglots, votre parole nous remplit d'inquiétude. Je sens mon cœur près de défaillir. Priez votre Père céleste de retarder ce temps d'affreuse douleur.

« Ne pleurez point, dit Jésus, en la baisant au front ; ayez confiance, ma mère. Si je vous quitte en ce moment, c'est pour revenir bientôt près de vous.

« Notre-Seigneur ne changea donc point de résolution.

« Alors les saintes femmes, effrayées des dangers qu'il courait, se dirent entre elles : Puisque nous ne pouvons le retenir, allons, nous aussi, faire la Pâque à Jérusalem, afin d'être prêtes à le secourir au besoin. »

Alors Pierre et Jean partirent.

La tradition affirme que la salle où furent introduits les deux apôtres était construite à la place même où, sous David et Salomon, l'arche d'Alliance était restée quarante ans. Plusieurs veulent qu'elle appartînt à Joseph d'Arimathie et à Nicodème, trop heureux de la prêter à Jésus. D'après le docteur Sepp, si Notre-Seigneur put s'y installer sans contestation, c'est tout simplement parce « que toutes les maisons de Jérusalem étaient communes pendant les temps de fête; et que chacun pouvait se loger partout où il y avait de la place, sans être obligé de payer l'hospitalité ; le maître de la maison ayant droit seulement à la peau de l'agneau pascal. »

Lorsque les deux envoyés du maître eurent trouvé la maison nécessaire à leur dessein, ils descendirent vers le temple par le quartier d'Ophal et gagnèrent le marché où de jolis agneaux sautaient et bêlaient en attendant le sacrifice. Ils choisirent le plus beau, et, l'ayant mis sur leurs épaules, ils remontèrent pour tout préparer.

« Le soir arrivé (c'est-à-dire lorsque les étoiles « parurent), Jésus vint avec les siens, et il se mit à ta- « ble, et les douze apôtres avec lui. » Il devait y avoir au moins dix personnes pour manger un agneau pascal. Il y en avait treize ici : Jean, le disciple bien-aimé, était assis à la droite du Sauveur, et Pierre à sa gauche. Ou plutôt, d'après l'expression orientale, Jean était couché près de la poitrine de Jésus, comme il le rapporte lui-même dans son Évangile, et Pierre à sa tête. Les anciens, en effet, dans leurs repas, n'étaient point assis sur des chaises, mais étendus sur des lits très-bas, avec le bras gauche appuyé sur un coussin, tandis que les pieds posaient par derrière sur le sol. Pierre et Jean étaient donc également près du Sauveur. Le premier toutefois avait la place d'honneur, comme toujours. Car, en ce cas, la première place chez les Hébreux était à gauche, c'est-à-dire à la tête de l'hôte qui occupait le milieu de la table. Jean était cependant mieux placé pour parler à Notre-Seigneur...

« Jésus était donc couché près de la poitrine de Pierre. A la tête de Pierre était André ; puis, en descendant à gauche, Philippe, Barthélemy, Thomas, et Mathieu Lévi. A droite, étaient près de la poitrine de Jean son frère Jacques, puis Jacques le Mineur, Simon, Jude, Thadée, et au bout, vis-à-vis de Mathieu, Judas Iscariote. Chacun occupait le rang que lui donnaient et son ancienneté dans l'apostolat et ses rapports plus ou moins intimes avec Notre-Seigneur. L'autre côté de la table, ou l'hémicycle, restait libre pour ceux qui servaient... Cette coutume de se coucher pour manger n'était pas particulière aux Juifs; mais, d'après Casaubon, on la retrouve dès la plus haute antiquité chez les Assyriens et les Chaldéens, les Mèdes et les Perses, les Indiens et les Celtes, les Grecs, les Étrusques et les Romains. Les femmes seules, au témoignage de Varron, s'asseyaient par modestie, de même que les esclaves... Nous trouvons, en effet, souvent représentée sur les tombeaux romains une femme assise aux pieds de son mari couché devant la table. Il arrivait cependant quelquefois chez les Juifs qu'on s'asseyait pour manger ; et dans ce cas chacun faisait à part la prière du repas, tandis que, lorsqu'on était couché, le père de famille seul, ou le maître de la maison récitait la prière. Mais on devait être couché pour manger la Pâque, parce que ce repas marquait la délivrance du peuple d'Israël, et que se coucher pour manger était la coutume des rois et des grands. »

Voici, d'après les savants, comment se passait le festin de l'agneau pascal. Avant toutes choses, le maître de la maison, debout, prenait de la main droite une coupe pleine de vin, et prononçait la bénédiction en ces termes : « Ceci est le temps de notre délivrance et nous rappelle la sortie d'Égypte. Béni soit le Seigneur, l'Éternel, qui a créé le fruit de la vigne ! » Puis il buvait du vin contenu dans la coupe et la passait ensuite aux autres convives, qui en buvaient comme lui, chacun à son tour. Cette bénédiction du repas se nommait *Eulogie* chez les Juifs. L'agneau lui-même s'appelait sacrifice eucharistique ; et c'est de là que les chrétiens ont retenu le nom d'Eucharistie.

Après cela on approchait les tables, et on servait des laitues et d'autres herbes amères, telles que du raifort, de la chicorée, du persil, des radis, du cresson et d'autres plantes de cette espèce, en souvenir des mets amers que le peuple d'Israël avait mangés en Égypte. Il y avait aussi sur la table une tasse de vinaigre ou d'eau salée, qui rappelait aux assistants les larmes versées par leurs pères durant la captivité, et un plat nommé *Charoseth*. C'était une espèce de poudding, ou une bouillie de pommes et d'amandes cuites dans le vin avec des figues, des noix, des citrons, et d'autres fruits, auxquels on ajoutait ensuite quelques épices. Ce mets rappelait par sa forme les longues tuiles de paille et de mortier dont les Juifs avaient construit, dans leur exil, les villes de Phitom et de Ramessès. On servait encore du pain azyme, auquel la mère de famille ajoutait souvent une multitude d'ingrédients, et qu'elle préparait à la manière des gâteaux ; enfin on présentait dans un plat l'agneau pascal rôti.

Aussitôt, le père de famille, prenant le pain, le levait en l'air, et disait : « Nous mangeons ce pain sans « levain, en souvenir de ce que nos pères en Égypte « ne trouvaient plus le temps de faire fermenter la « pâte jusqu'à ce que Dieu les eût délivrés. Louons « donc le Seigneur, glorifions-le, et le bénissons de ce « qu'il a fait de si grandes merveilles à l'égard de « nos pères et de nous-mêmes, et nous a fait passer « de la captivité à la délivrance, de la douleur à la « joie, des ténèbres à la lumière. Dites donc : Alle- « luia ! — Serviteurs, louez le Seigneur. » Puis on récitait les psaumes 113 et 114 ; après quoi on disait : « Soyez béni, Seigneur, notre Dieu, Roi éternel, « qui nous avez tiré, nous et nos pères, de l'Égypte, et

« nous avez conservés jusqu'à cette nuit où nous « mangeons le pain azyme et les herbes amères. » Puis le père de famille prononçait de nouveau la bénédiction sur le vin, en buvait, se lavait les mains, et engageait tous les convives à en faire autant.

Et puis on se couchait pour manger, car la cérémonie de prendre le repas pascal debout, un bâton à la main et une ceinture aux reins, comme aussi d'asperger du sang de la victime les portes de la maison, n'avait eu lieu que la première fois. Tout le monde étant à sa place, le père de famille, prononçant encore une prière, rompait le pain en plusieurs morceaux, pour signifier que c'était un pain de misère, et que le pauvre vit de fragments et de miettes, et il distribuait aux convives le pain ainsi rompu.

Alors on récitait la formule de bénédiction sur le corps de l'agneau pascal et sur les autres viandes en disant : « Soyez béni, Seigneur, notre Dieu, de ce que « vous nous avez sanctifiés par votre loi, et nous avez « ordonné de manger l'agneau pascal. Ceci est la « Pâque que nous mangeons en souvenir de ce que « le Seigneur a passé devant la maison de nos pères « en Égypte. » Après cela, le père de famille découpait l'agneau pascal, et le servait aux convives. Le repas commençait alors et se prolongeait assez longtemps. On mangeait d'autres viandes bénies, le plus ordinairement du chevreau ou du mouton rôti.

On ne devait pas sortir de table que la coupe n'eût fait quatre fois le tour des convives, comme c'est encore la coutume chez les Juifs. On voulait représenter par là les quatre monarchies après lesquelles Jésus-Christ devait venir.

Le repas fini, le père de famille se lavait les mains et présentait aux convives la troisième coupe de vin, qui s'appelait spécialement la coupe de bénédiction, car on récitait l'action de grâces pour le repas pascal, tandis qu'elle circulait.

On pense que ce fut à la première de ces cérémonie, c'est-à-dire à la bénédiction du vin appelée *Eulogie*, que notre Seigneur adressa ces paroles aux apôtres : « J'ai ardemment désiré de manger encore une « fois avec vous cet agneau pascal, avant que je souf« fre ; car je vous le dis, je ne mangerai plus désor« mais jusqu'à ce que l'accomplissement du royaume « de Dieu arrive.... Prenez ce calice, et partagez-le « entre vous ; car je vous le dis, je ne boirai plus du « fruit de la vigne jusqu'à ce que le royaume de Dieu « vienne. »

On voit, par le récit de l'Évangile, que Notre-Seigneur, pendant la cène, fut très-affectueux pour les apôtres, et que ceux-ci partagèrent son émotion, mieux qu'ils ne l'avaient jamais fait.

Mais au moment où il servait les laitues et les herbes amères, son visage devint tout à coup sérieux et mélancolique. Et alors « il fut troublé dans son esprit; « et il dit, et il affirma : En vérité, en vérité, je vous « le déclare, un de vous me trahira ! Les disciples se « regardèrent les uns les autres, inquiets et ne sa- « chant de qui il parlait. Mais l'un d'eux, celui que « Jésus aimait, était couché près de la poitrine de « Jésus. Simon-Pierre lui fit signe de s'informer de « qui le Maître parlait. » Et Jean le fit, dit saint Bonaventure, et le Seigneur daigna le lui révéler parce qu'il l'aimait avec la plus tendre familiarité. Mais Jean, stupéfait, comme si on lui eût plongé un poignard au plus profond des entrailles, s'inclina pâle vers Jésus et se laissa tomber sur son sein. Le Seigneur ne dit rien à Pierre, car, remarque saint Augustin, avec l'ardeur qu'on lui connaissait, il eût déchiré le traître de ses propres dents.

Cet incident troubla profondément les apôtres. Émus et se défiant d'eux-mêmes, ils demandaient tour à tour : « Seigneur, est-ce moi ? — Jésus, qui ne voulait pas dénoncer Judas, se contenta de répondre : « Celui qui met la main au plat avec moi, celui-là me « trahira. » Or, les apôtres ne comprirent pas encore, parce que cette parole, mettre la main au même plat, était une expression usitée pour indiquer les rapports les plus intimes et les plus amicaux, comme nous dirions aujourd'hui, vivre sous le même toit, s'asseoir à la même table, partager le même pain. Notre-Seigneur prétendait seulement donner un avertissement indirect à Judas, afin de le convertir, s'il en était temps. Or, voyant que l'hypocrite s'endurcissait et jouait son rôle jusqu'au bout, il essaya d'un second avertissement, en ajoutant : « Le Fils de l'homme s'en « va, comme il est écrit de lui, mais malheur à celui « par qui le Fils de l'homme sera livré ; il vaudrait « mieux pour lui n'être jamais né. » Le mystère couvrit Judas jusqu'à la fin, et lorsque Notre-Seigneur, désespérant de le gagner, finit par l'abandonner à son malheureux sort, et lui dit : « Ce que tu veux faire, exécute-le promptement, » les apôtres ne comprirent pas encore, et ils pensèrent que, Judas ayant la bourse, Jésus avait voulu lui ordonner d'acheter les choses nécessaires pour la fête. Quelques docteurs pensent que le Sauveur poussa la condescendance jusqu'à donner la communion au traître avec les autres, et que ce fut après cette communion sacrilége que Satan s'empara définitivement de son âme, pour lui faire consommer le crime et le conduire au champ d'Haceldama, d'où il l'entraîna en enfer.

Entre le premier et le second repas, c'est-à-dire entre les cérémonies préliminaires et le repas proprement dit dont nous avons parlé, on place généralement l'acte d'humilité par lequel Notre-Seigneur s'abaissa jusqu'à laver les pieds de ses apôtres. Il ne paraît pas l'avoir fait dans la salle du festin, mais dans un vestibule attenant.

« Lorsque Jésus lava les pieds à Judas, ce fut de la manière la plus touchante et la plus affectueuse : il approcha son visage de ses pieds ; il lui dit tout bas qu'il devait rentrer en lui-même, que depuis un an il était traître et infidèle. Judas semblait ne vouloir pas s'en apercevoir, et adressait la parole à Jean ; Pierre s'en irrita et lui dit : « Judas, le Maître te parle ! » Alors Judas dit à Jésus quelque chose de vague, d'évasif, comme : « Seigneur, à Dieu ne plaise ! » Les autres n'avaient point remarqué que Jésus s'entretînt avec Judas, car il parlait assez bas pour n'être pas entendu d'eux : d'ailleurs ils étaient occupés à remettre leurs chaussures. Rien dans toute la Passion n'affligea aussi profondément le Sauveur, que cette trahison de son disciple. »

A quel moment se passa l'institution de l'adorable sacrement de l'Eucharistie, nous ne saurions le préciser ; seulement, d'après l'Évangile, la consécration du pain ne se fit pas en même temps que celle du vin. Probablement, Notre-Seigneur profita de la cérémonie en usage vers le commencement du repas, pour opérer le premier mystère, car, « pendant qu'il soupait, il « prit du pain dans ses mains, dit l'Évangéliste, ren- « dit des actions de grâces, et, l'ayant béni, il le rom- « pit et le donna à ses disciples, en disant : Prenez, et

« mangez : ceci est mon corps, qui est donné pour « vous.... Et quand la Cène fut finie (seulement), il « prit le calice, rendit des actions de grâces, et le « donna à ses disciples en disant : Buvez-en tous ; car « ceci est mon sang, le sang de la nouvelle alliance, « qui sera répandu pour la multitude, pour la rémis- « sion des péchés. »

Lorsque Jésus prit le calice, dit une révélation, il l'éleva à la hauteur de son visage, et alors il parut transfiguré ; son corps semblait transparent ; tous ses mouvements avaient une majesté qui remplit les apôtres d'un profond respect.

Quand on médite ces choses au Cénacle, un Jeudi Saint, comme nous avons le bonheur de le faire en ce moment, il semble que l'on comprend mieux l'amour ineffable qui inspira à Notre-Seigneur d'instituer le mystère de la sainte Eucharistie.

Il est bientôt dix heures du soir. A onze heures, la terrible agonie du jardin des Oliviers sera commencée. Et puis suivront les douleurs de la nuit la plus affreuse, et demain à trois heures la mort du Calvaire. Notre-Seigneur le sait. Les hommes seront la cause et les auteurs de ces infâmes traitements, il ne l'ignore pas ; toutefois il est préoccupé d'une seule chose, rester parmi eux, malgré eux, et pour leur faire du bien.

Mais comment rester, puisque les hommes le repoussent et vont le mettre à mort pour se délivrer de sa présence? Sa bonté imagina le mystère le plus incroyable, se cacher sous les espèces eucharistiques !

Je me figure quelles eussent été les objections de Pierre, au cœur ardent, et celles des autres apôtres, si le bon Maître, avant d'exécuter son dessein, les eût consultés en leur montrant l'avenir.

« Arrêtez, Maître, eût dit Pierre au Seigneur Jésus, au moment où, les yeux levés vers son Père, il s'apprêtait à bénir le pain mystérieux.. Si vous voulez rester parmi les hommes, faites-le d'une manière conforme à votre gloire.

« Seigneur, rappelez aux hommes les vieux souvenirs du Sinaï. Établissez votre demeure sur une montagne inaccessible. Vous en couronnerez le sommet de nuages impénétrables. Les trompettes sacrées des anges et leurs chants harmonieux, et les divins accords de leurs lyres sublimes, apprendront à la terre à célébrer vos louanges : les roulements majestueux du tonnerre annonceront au loin votre puissance; et du pied de la montagne les peuples, saisis de respect, vous adresseront leurs vœux et leurs adorations. »

Mais non! la gloire du Sinaï fait peur aux hommes. Et Jésus ne veut pas faire peur. Il aime, et il veut être aimé.

Seigneur, cependant, sous les apparences du pain beaucoup vous méconnaîtront. D'autres vous mépriseront. Vos serviteurs eux-mêmes vous traiteront sans respect. On passera mille fois devant vous avec irrévérence.

N'importe, répond Jésus-Christ; il faut surtout une apparence qui ne fasse pas peur.

« Je l'ai trouvé, eût dit un disciple! Le maître voilera, s'il le veut, sa divinité; mais il prendra les moyens d'imprimer le respect. Rome seule conservera le précieux sacrement. Le chef de l'Église, à certains jours fixés, entouré de la pompe et de la magnificence de Salomon, prononcera les paroles sacramentelles et présentera pendant quelques heures le corps du divin maître à la vénération des fidèles, ou bien chaque métropole participera à ce privilége, mais aux mêmes conditions. »

Non, répond encore Jésus-Christ. La foule des vieillards, des infirmes, des femmes, et des enfants, incapables d'entreprendre de longs pèlerinages, ne pourraient jouir de ma présence.

Au moins, Seigneur, prenez des précautions contre les infâmes qui, semblables à Judas, pourraient vous recevoir dans des cœurs sacriléges. Soyez conditionnellement dans l'Eucharistie. Vous y serez pour les bons, vous cesserez d'y être pour les mauvais.

Il est vrai, reprend le Sauveur, mais comme nulle âme n'est sûre de ses dispositions, la confiance se perdra. On aura peur de ne pas me posséder, et il en résultera un tourment pour les bons.

Eh bien, Seigneur, au moins, ne restez pas sur l'autel après le saint sacrifice ; on vous conserverait dans des tabernacles indécents ; on vous laisserait des jours entiers dans la solitude sans vous visiter.

Notre-Seigneur n'accédera pas davantage à cette proposition. Que lui importent les rebuts? Il veut être là à tout instant, à toute heure, afin que ce malheureux, dégoûté du monde, désespéré, puisse venir au moment où il en a le plus besoin, lui demander une consolation sans attendre au lendemain ; afin d'être toujours prêt à aller visiter ce vieillard, cet infirme, ce mourant, qui l'appellent dans leurs demeures pour qu'il les aide à souffrir, les console, leur donne la grâce de bien mourir.

Ah ! voulez-vous connaître la bonté de Notre-Seigneur ? venez à Jérusalem, entrez comme nous au cénacle, un Jeudi Saint, et voyez.

Plus j'examine, plus je le crois, les vices du cœur sont seuls capables d'éloigner un chrétien du mystère de l'Eucharistie ; et je me rappelle en ce moment, et je comprends bien cette parole du P. Lacordaire à une grande assemblée d'hommes du monde : « Messieurs, quiconque a touché à la doctrine catholique, a touché par cela même à l'arche sainte de la vertu. Je n'en veux pas d'autre preuve que votre expérience personnelle. Le poison du mal ne s'est-il pas glissé en vous avec le poison de l'incrédulité? L'apparition de ce double phénomène n'est-elle pas contemporaine dans l'histoire de votre âme? C'est la doctrine catholique qui vous a faits chastes; c'est son abandon qui a signalé votre chute. Et toutes les fois qu'effrayés de votre état, vous aspirez vers un jour plus pur, à qui s'adresse votre espérance? vous portez les yeux sur les tabernacles où vous avez laissé des souvenirs de paix et d'honneur. Vous retournerez à la doctrine catholique, à sa confession, à sa table sainte. Je n'en veux pas davantage, et je confie à votre cœur cette observation dernière. »

Pourquoi faut-il que la chute du jour nous arrache au cénacle. Il serait si bon de rester ici jusqu'à ce soir! Nous descendrions à Gethsémani sur les dix heures; et nous passerions la nuit à suivre le Sauveur agonisant, de station en station. Mais la loi turque s'y oppose. On va fermer les portes de la ville. Rentrons.

---

## XVIII

### GETHSÉMANI.

Le Vendredi Saint, de très-bonne heure, nous étions aux portes de la ville. A peine eurent-elles roulé sur leurs gonds, que nous les franchîmes pour descendre au fond de la vallée de Josaphat. Nous traversâmes le torrent de Cédron, et nous nous trouvâmes bientôt à l'entrée d'un petit jardin entouré de murs, qui renferme huit grands oliviers. C'était Gethsémani.

Ce jardin appartient aux Pères Franciscains. Les huit oliviers paraissent avoir été les témoins de l'agonie du Sauveur.

Cette opinion est contestée sans doute; mais la raison n'éprouve aucune difficulté à l'admettre, et nous la voyons généralement adoptée. On sait que l'olivier repousse de sa racine. Or, lorsqu'on voit l'énormité des troncs et l'extrême décrépitude de ces arbres, quand on pense que la hache a dû bien des fois les alléger des rameaux épuisés par le temps, on ne peut leur refuser une antique origine. D'ailleurs, nous trouvons dans l'*Itinéraire* de M. de Chateaubriand une observation qui pèse dans les balances de la critique :

« Les oliviers du jardin de Gethsémani, à Jérusa- « lem, dit-il, sont au moins du temps du Bas-Em- « pire ; en voici la preuve : en Turquie, tout olivier « trouvé debout par les musulmans, lorsqu'ils enva- « hirent l'Asie, ne paye qu'un médin au fisc, tandis « que l'olivier planté depuis la conquête doit au « Grand-Seigneur la moitié de ses fruits : or les huit « oliviers dont nous parlons ne sont taxés qu'à huit « médins. »

On ne peut donc leur assigner une moindre antiquité, et déjà, à l'époque que l'on est forcé d'admettre, ces arbres étaient l'objet de la dévotion des fidèles. La critique serait donc mal venue à nier ici, car, ainsi que le dit M. de Lamartine, qui n'est pas suspect de partialité pour la tradition religieuse en Palestine, leur aspect confirmerait *au besoin* la tradition qui les vénère.

Le jardin est cultivé par un vieux frère ; le saint homme y passe ses jours, vivant de pain et d'eau, auxquels il ajoute quelques légumes, et nourrissant son âme de la méditation du mystère de l'agonie du Sauveur. Chaque année on recueille avec respect les olives. De leur substance on tire de l'huile, et les noyaux sont reservés pour faire des chapelets. Le ombre en est fort petit, aussi ne se procure-t-on pas facilement ces pieux objets, qu'il ne faut pas confondre avec cette quantité de chapelets en noyaux d'olives, qu'on vend partout sous le nom de chapelets de Terre-Sainte. Ceux-là peuvent venir de Palestine; mais ils sont loin d'avoir le caractère vénérable des premiers.

A quelques pas du jardin, on nous montra la grotte de l'agonie de Notre-Seigneur. Que faut-il en croire? — L'Evangile n'en fait aucune mention; il dit seulement que le Sauveur se retira à deux jets de pierre de ses apôtres : libre à nous, par conséquent, d'admettre ou de récuser, ici, le témoignage de notre cicerone. Un peu plus loin, le fidèle gardien nous fit voir le rocher où les apôtres s'endormirent, et encore l'endroit où Judas trahit son maître par un baiser.

Pourquoi Notre-Seigneur vint-il en ce jardin après la cène? La chose n'est pas difficile à expliquer. Il avait, nous le savons, de graves motifs pour ne point passer la nuit à Jérusalem. Tous les soirs, jusqu'à ce jour, il rentrait à Béthanie vers le coucher du soleil. Cette fois il était trop tard pour faire le trajet. Or, à l'époque de la Pâque, lorsque l'affluence était trop grande pour que tous les pèlerins trouvassent un logement dans la ville, beaucoup et surtout les pauvres s'en allaient dresser leur tente en plein air dans les jardins environnants; et la montagne des Oliviers était un des campements préférés. Notre-Seigneur suivit donc l'exemple de la foule. Seulement, comme il voulait être seul, il conduisit ses apôtres dans un petit jardin spécial, destiné à pressurer les olives recueillies sur la montagne, et qu'on appelait Gethsémani, c'est-à-dire, lieu planté d'olives. Il était onze heures du soir à peu près, quand il y arriva. Les feux de la ville semblaient éteints, le bruit avait cessé, la lune éclairait la terre dans le silence.

Jésus était profondément triste ; et il manifestait clairement à ses apôtres l'approche d'un grand danger. Ceux-ci paraissant inquiets et troublés, le Seigneur leur dit, en leur montrant un berceau de feuillage : « Restez ici, tandis que je vais prier à l'endroit ordinaire. » Ensuite prenant avec lui Pierre, Jean, et Jacques le Majeur, il se dirigea vers le jardin des Oliviers.

Impossible de peindre sa douleur, à mesure que l'angoisse et la tentation fondaient sur lui. Jean lui demanda comment il pouvait être si abattu, lui qui les consolait d'ordinaire : il répondit : « Mon âme est « triste jusqu'à la mort. » Et puis, voyant arriver l'épreuve comme un gros nuage porteur de la tempête, il dit à ses trois fidèles : « Restez ici, veillez et priez, afin de ne pas succomber à la tentation. » Il continua ensuite à marcher, et bientôt, lorsqu'il se vit seul, dérobé à tous les regards, il se prosterna à terre, et il pria.

Alors le Père céleste permit que la tentation visitât l'Agneau divin qui allait donner sa vie pour les péchés du monde. Effrayée à la perspective des tortures qui la menacent, la nature humaine est remplie d'horreur, et cette prière s'échappe des lèvres de la victime :

« Père très-clément, je vous prie d'exaucer ma prière et de ne pas dédaigner mes supplications. Regardez-moi et écoutez-moi, parce que je suis contristé dans ma vie, que mon esprit est inquiet et que mon cœur est troublé en moi. Inclinez donc vers moi votre oreille, et écoutez la voix de ma prière. Il vous a plu, ô mon Père, de m'envoyer dans le monde pour satisfaire à l'injure que l'homme vous a faite. Et aussitôt que vous l'avez voulu, j'ai dit : Voici que j'y vais. Et comme, à la tête du livre, il a été écrit de moi que je ferais votre volonté, j'y ai acquiescé. J'ai été pauvre et dans les fatigues depuis ma jeunesse, accomplissant votre commandement, et j'ai fait tout ce que vous m'avez ordonné. Je suis prêt à accomplir le reste. Cependant, mon Père, si cela peut se faire, délivrez-moi de cette amertume cruelle, que quelques-uns me préparent. Voyez, mon Père, combien ils se lèvent contre moi, combien ils m'accablent de crimes, pour lesquels ils ont formé le dessein de m'arracher la vie. Père saint, si j'ai fait toutes ces choses, si cette iniquité est dans mes mains, si j'ai rendu le mal pour le mal, je consens à tomber justement entre les mains de mes ennemis. Mais j'ai toujours agi selon votre bon plaisir ; et eux, ils m'ont rendu le mal pour le bien, la haine pour l'amour. Ils ont séduit mon disciple, ils se font guider par lui pour me perdre, et ils lui ont donné en récompense trente écus d'argent, prix auquel j'ai été tarifé par eux. Oh ! je vous en prie, mon Père, écartez de moi ce calice. Si vous en jugez autrement, que votre volonté se fasse, et non la mienne; mais, mon Père, levez-vous pour m'aider, hâtez-vous de me secourir. Voyez, Père bien-aimé, ils n'ont pas su que je suis votre Fils : j'ai mené au milieu d'eux une vie innocente, et je leur ai accordé de grands bienfaits ; ils ne devraient pas, Père, être si cruels pour moi. Souvenez-vous que je me suis mis en votre présence, afin de vous demander grâce pour eux et de détourner loin d'eux votre indignation. Mais, hélas ! est-ce que le mal n'est pas rendu pour le bien ? Eux, ils ont creusé la fosse de mon âme, et ils m'ont préparé la mort la plus honteuse. Vous le voyez, Seigneur ; ne gardez pas le silence, ne vous éloignez pas de moi, parce que la tribulation est proche et qu'il n'y a personne pour me secourir. Ils sont en votre présence, ceux qui me persécutent, et ils veulent ravir mon âme. Mon cœur a attendu l'opprobre et la misère. » (Saint Bonaventure.)

Pendant que Notre-Seigneur priait ainsi, l'angoisse saisissait son âme de plus en plus. Une sueur froide se répandait sur son visage. Il tremblait comme sous l'action d'une fièvre violente.

Il se releva, et ses jambes semblèrent fléchir et près de lui manquer. Ses joues étaient pâles, et ses cheveux se dressaient sur sa tête. Il quitta le lieu où il priait, et il revint auprès de ses trois compagnons. D'abord les apôtres avaient essayé de se soutenir les uns les autres; mais, à la fin, succombant à la fatigue, à l'inquiétude, à l'angoisse, ils s'étaient endormis. Jésus vint à eux, non-seulement comme un homme que la douleur oblige à chercher les consolations de l'amitié, mais surtout comme un pasteur fidèle à qui le poids des plus vives douleurs ne fait pas oublier son troupeau en danger. Les ayant trouvés endormis, il joignit les mains avec une douloureuse contraction, et dit avec l'accent de la tendresse désolée : Simon, tu dors ! — Les trois apôtres, réveillés par le bruit, levèrent la tête, et le bon maître continua avec tristesse : « Ainsi, vous n'avez pu veiller une heure, une seule heure avec moi ! — Le voyant pâle, défiguré, tout pénétré de sueur, tremblant et parlant d'une voix faible et hésitante, ils ne savaient ce qu'ils devaient en penser ; et sans l'éclat bien connu qui jaillissait de sa face, ils auraient à peine reconnu leur maître. Il est permis de croire qu'ils hasardèrent quelques questions telles que les suggérait la circonstance : Maître, qu'y a-t-il ? Faut-il appeler les autres ? Devons-nous fuir ?

— Mais ce n'était point sans un dessein profond que le Sauveur n'avait pris avec lui que trois disciples. Les autres ne l'avaient pas vu transfiguré au Thabor. Peut-être n'eussent-ils pas été capables de le voir dans cette humiliation, sans en éprouver du scandale. Aussi Jésus se contenta de leur répondre : Veillez, et priez, afin de ne pas succomber à la tentation, car l'esprit est prompt et la chair est faible. »

Ensuite il retourna à sa solitude, l'âme encore plus oppressée par l'angoisse. Pour les Apôtres, ils restèrent, sans doute, étonnés et comme atterrés par cette conduite inexplicable de leur maître. Ils joignent les mains, se mettent à pleurer, et, se jetant dans les bras l'un de l'autre, ils se demandent : Qu'y a-t-il donc? Que lui est-il arrivé? Il semble découragé, lui si fort, si généreux, si intrépide, si au-dessus de toutes les faiblesses humaines? — Et retombant à terre dans l'excès de leur douleur, ils se couvrirent la tête de leur manteau, et commencèrent à prier. Mais, après quelque temps, ils se rendormirent, car leur défiance les avait fait succomber à la tentation.

Les huit Apôtres, restés plus loin, ne dormaient pas cependant. La tristesse qui perçait dans la dernière partie du discours de la cène, les avait vivement inquiétés, ils s'en allaient errants çà et là sur le mont des Oliviers, cherchant un abri contre le danger probable.

Revenu au lieu de son oraison, Jésus y retrouva ses douleurs. Il se jeta la face contre terre, les bras étendus, et il pria longuement son Père céleste. Alors commença une nouvelle agonie. Les douleurs de sa Passion lui apparurent plus vives, et il ressentit, dans son humanité sainte, toutes les terreurs d'un homme qui prévoit une suite de tortures indicibles auxquelles il ne peut échapper. Le saisissement fut tel, que le sang se mêla à la sueur et humecta la terre.

Indépendamment de l'appréhension des souffrances physiques, mille tortures morales tourmentaient le cœur de la sublime victime. Cette question poignante que l'on se fait avec anxiété avant un acte de dévouement : Quel bien résultera-t-il de mon sacrifice? s'offrit à lui. Et il vit des multitudes refuser de profiter des mérites de son sang et se précipiter en enfer. Et l'ange des ténèbres semblait lui dire : Est-ce pour ces ingrats que tu vas tant souffrir? — Jésus-Christ sanglotait et joignait les mains, et le sang continuait à découler de son front, et il tombait jusqu'à terre en gouttes épaisses et pressées. Le Sauveur implorait vainement du secours, et il semblait s'adresser au ciel, à la terre, à tous les astres du firmament, pour les prendre à témoin de ce qu'il endurait.

Au bout de quelque temps, il se releva pour retourner vers ses Apôtres; ses pas étaient mal assurés; on eût dit un homme courbé sous un fardeau ou un blessé épuisé de sang. Au bruit qu'il fit en s'approchant, les apôtres sortirent de leur assoupissement et virent, à la lueur de la lune, comme un homme courbé sous un poids énorme, les joues pâles et inondées de sang, les cheveux également humides de sang. Jésus leur tendit les mains, et aussitôt ils se levèrent et se pressèrent contre lui. Le Sauveur leur parla de ses appréhensions, leur fit entrevoir le terrible drame du lendemain. Mais ils ne répondirent pas, car ils ne trouvaient plus de paroles, tellement l'extérieur et le langage de leur maître les troublaient et les attristaient. Il était environ onze heures un quart de la nuit.

Seul encore et non moins accablé, le Sauveur se remit à prier. Il continuait à lutter contre la répugnance naturelle à tout homme menacé de grandes souffrances. Il tremblait et semblait épuisé. Cependant après avoir dit : Mon Père, éloignez de moi ce calice ; il ne cessait d'ajouter : toutefois je renonce à ma volonté, pour que la vôtre s'accomplisse.

Alors un ange descendit du ciel pour consoler cette divine agonie. Que dit-il ? que fit-il ? Il est permis de croire qu'il ouvrit l'abîme et qu'il montra à Jésus les premiers degrés des limbes. Et le Seigneur put voir Adam et Ève, les Patriarches, les Prophètes, les Justes, les parents de sa sainte Mère, et saint Jean-Baptiste soupirant après sa venue ; et son cœur aimant fut soulagé et fortifié, sa mort devait donc être immédiatement utile ; elle allait ouvrir le ciel à des captifs vénérables, briser les portes de leur prison et combler leurs plus ardents désirs.

Après qu'il eut considéré avec amour ces élus de l'ancienne alliance, l'ange lui montra, par anticipation, les saints du Christianisme et ces cohortes innombrables de héros, qui devraient leur sanctification aux mérites de sa Passion. La multitude des apôtres, des disciples, des vierges et des saintes femmes, des martyrs, des confesseurs, des solitaires, des docteurs, des évêques, des saints religieux et religieuses, tous les futurs bienheureux enfin passèrent successivement devant ses yeux, ornés de leurs souffrances et de leurs œuvres ! Tous portaient sur leur tête des couronnes diversifiées selon la nature de leurs souffrances ; et leur vie, leurs grandes actions, leur force dans le combat, leurs luttes héroïques, le glaive de leur triomphe, apparaissaient sanctifiés par la participation aux mérites de sa Passion.

Ainsi le Sauveur se voyait encouragé par les aspirations des Patriarches de l'ancienne loi et des héros de l'Église triomphante, réunis comme une couronne de pierres précieuses autour de son cœur aimant. Ce spectacle, dont la parole humaine ne rendra jamais le charme incomparable, fortifia son âme et la releva au moment où la douleur semblait devoir l'écraser.

Oh ! qu'elle est belle cette image de Gethsémani où l'on voit l'ange à la robe traînante, aux formes sveltes et dégagées, portant dans ses mains le calice et le présentant, de la part du Père céleste, à Jésus prosterné !

La lutte allait finir. Le sacrifice était accepté. Jésus avait courbé la tête devant la volonté paternelle. Il se leva, triste encore, mais animé d'une force surnaturelle qui lui permit de marcher d'un pas ferme. Il avait essuyé la sueur qui couvrait sa face, remis un peu d'ordre dans sa chevelure, et rendu à sa physionomie son calme et sa majesté. Réveillant ses apôtres, il ne leur demanda plus de consolation, mais il leur dit avec fermeté : « Levez-vous, marchons. L'heure approche où le Fils de l'homme sera livré entre les mains « des pécheurs. Le traître est près de nous. » Les apôtres, se levèrent avec effroi, et regardèrent de tous côtés. A peine eurent-ils repris leurs sens que Pierre dit avec chaleur : « Seigneur, je vais appeler les autres, afin que nous puissions nous défendre. » — Mais Jésus, pour toute réponse, leur fit signe de regarder de l'autre côté de la vallée.

On entendait en effet, sur la droite, une multitude de voix grossières et brutales, et on voyait, à travers les arbres, s'agiter dans l'obscurité des lanternes supportées par de longs bâtons.

Les apôtres regardèrent épouvantés.

Cependant le tumulte augmentait d'instants en

instants, et les lumières paraissaient s'approcher.

Bientôt on entendit l'eau du torrent battue par les pieds d'une multitude qui le traversait; une grande foule de valets et de soldats parut à la lueur des torches, et demanda où était Jésus de Nazareth.

Ces hommes étaient de la lie du peuple, sans éducation et sans cœur. Leurs bras, leurs jambes, leur cou, étaient nus; pour tout vêtement, ils portaient une sorte de pourpoint court, sans manches avec des bandes étroites qui retombaient sur les reins, et une ceinture de cuir. Petits et robustes, teint foncé, ils ressemblaient à des esclaves des frontières de l'Égypte.

Notre-Seigneur les aborda, et, d'un ton majestueux et doux, il leur dit: « Je suis celui que vous cher« chez. »

Au même moment, la troupe entière tomba renversée par la force de cette parole. Mais Jésus permit qu'ils se relevassent. Il les assura de nouveau qu'il était bien celui qu'ils cherchaient, et il se livra entre leurs mains.

Alors ces hommes méchants le saisirent et le lièrent avec des cordes comme un malfaiteur.

Les apôtres consternés s'enfuirent et se cachèrent dans une grotte voisine que l'on montre encore aujourd'hui.

Quant à Notre-Seigneur, les soldats, après lui avoir attaché les mains derrière le dos, lui mirent une longue corde au cou et le traînèrent au fond de la vallée.

Alors on traversa de nouveau le torrent de Cédron, on remonta le mont Sion, on pénétra dans Jérusalem par la porte setrquilinienne, et on conduisit Jésus-Christ chez l'un des princes des prêtres nommé Anne, qui était le beau-père de Caïphe.

Il devait être alors de minuit à une heure du matin.

C'est également à cette heure que nous aurions désiré venir prier et adorer le Sauveur agonisant ; mais, ici moins qu'ailleurs, on ne fait point sa volonté. Les Turcs ne le veulent pas, dernière raison des choses pour le chrétien à Jérusalem. Nous avons donc à peine le temps de stationner à Gethsémani ; car l'office commencera de très-bonne heure, afin que la foule des schismatiques, impatiente depuis avant-hier, puisse entrer librement à l'église, lorsque nous aurons fini nos prières.

## XIX

### LA VOIE DOULOUREUSE

Vis-à-vis le petit couvent de la Flagellation où nous sommes logés, nous apercevons, de l'autre côté d'une rue étroite et sale, une caserne de soldats osmanlis.

Autrefois, c'était un palais attenant à la célèbre tour Antonia, et habité par les gouverneurs romains. Devant ce palais une vaste place s'ouvrait dans la direction du levant au couchant; les Juifs l'appelaient Gabbatha, et les Grecs Lithostrotos ou Xystos, c'est-à-dire pavée de pierres, parcequ'elle était dallée.

Ici commence la voie douloureuse!

Depuis longtemps notre dévotion nous poussait à explorer ce chemin sacré; mais l'approche de la grande semaine nous avait fait commander à nos impatiences. Pour monter au Golgotha avec le Sauveur, est-il jour préférable au Vendredi saint?

Maintenant l'heure est venue, nous la saluons avec bonheur, et tous nos amis s'empressent d'arriver de *Casa-Nova* pour commencer avec nous le pieux exercice.

Les personnes qui ne connaissent point Jérusalem

s'imagineraient volontiers que le chemin de la Croix est une route soignée, sur les bords de laquelle de jolies chapelles invitent le pèlerin à se reposer dans une douce prière. Il n'en est rien. Les Turcs n'y tolèrent aucun signe de Christianisme ; ils couvrent même d'immondices les endroits désignés pour les stations. Il y a bien peu de temps encore qu'il n'eût pas été sûr d'y faire un trop long arrêt ; on eut été poursuivi à coups de pierres.

En 1855, LL. AA. RR. le duc et la duchesse de Brabant voulurent faire leurs stations à genoux. On leur donna une garde nombreuse, et cet appareil imposa à la population. Après eux, l'archiduc Maximilien put également satisfaire sa dévotion, entouré de soldats égyptiens. Depuis lors, les Chrétiens ont le droit d'être plus hardis. Vers la fin de notre séjour en Crimée, le capitaine du *Mercure*, officier de la marine française, en grand uniforme, à la tête de son équipage, a suivi l'exemple des princes allemands ; et les Turcs ont respecté les représentants d'une armée dont les canons venaient de parler si haut en leur faveur. Un mois après, ignorant la difficulté, j'entrepris la même chose, avec deux prêtres et mes deux soldats d'ordonnance. Je m'agenouillai quatorze fois sans que personne osât rien dire. On m'accusa plus tard d'imprudence ; mais si j'ai couru un danger, je n'en ai pas le mérite, car je l'ignorais. Aujourd'hui nous sommes cinquante-sept.

Nous n'hésitons pas, et les Turcs seront bien forcés de reconnaître nos droits.

PREMIÈRE STATION.

A la distance où nous sommes des événements, après les affreux bouleversements qui transformèrent la ville, il serait difficile de déterminer le lieu précis où se tenait Notre-Seigneur lorsqu'il *fut condamné à mort*. Aussi les pèlerins ont-ils coutume de stationner dans un endroit de convention. Ordinairement c'est dans la rue.

Mais comme nous sommes fort nombreux et que nous tenons à n'être point pressés ni dérangés, nous nous assemblons dans la petite cour du couvent de la Flagellation ; un franciscain fait le signe de la croix et nous fléchissons le genou, et tous ensemble nous récitons cette prière :

*Adoramus te, Christe, et benedicimus tibi, quia per sanctam crucem tuam redemisti mundum !*

Nous vous adorons, ô Jésus-Christ, et nous vous bénissons, parce que vous avez sauvé le monde *aujourd'hui* par votre sainte croix.

Point de chants, bien entendu, point de croix portée devant nous. Ce serait une imprudence grave.

L'invocation faite, nous nous assîmes à l'ombre, et l'un d'entre nous exposa ainsi le mystère.

Après la Cène, lorsque toutes les cérémonies prescrites par la loi furent accomplies, le Seigneur était sorti du cénacle avec les apôtres, et, descendant la montagne de Sion, il s'était dirigé vers la vallée de Josaphat. Il était entré dans le jardin de Gethsémani ; et là, retiré dans une grotte solitaire, il avait ressenti toutes les angoisses de l'agonie. Et puis des malfaiteurs, envoyés par les princes des prêtres, étaient venus le saisir, et ils l'avaient entraîné chez Caïphe et chez Anne pour le faire juger et condamner.

La nuit s'était écoulée sinistre et terrible ; de deux heures à six heures du matin, dans la maison d'Anne, de six à sept chez Caïphe. Enfin sur les sept heures et et demie, nous retrouvons le bon Maître debout devant le gouverneur romain ; un peuple immense est réuni sur la place du palais, et des voix s'élèvent de la foule, demandant que *Jésus de Nazareth soit condamné à mort*.

Le gouverneur actuel de la Judée s'appelait Ponce-Pilate. Il avait succédé à Valérius-Gratus. Depuis neuf ans il faisait haïr son administration à force de se montrer avare, cupide et colère. Deux ans plus tard, l'excès de ses cruautés devait le faire destituer par Vitellius, alors gouverneur général de la Syrie, et, après un procès instruit à Rome, il devait être exilé à Vienne dans les Gaules, où il se tua au milieu d'un accès de désespoir.

Pilate rendait ordinairement la justice dans une salle de son palais, nommée le *Prétoire*, qui était élevée de vingt-huit marches au-dessus de la rue. Mais les Juifs ne voulurent point monter jusque-là, parce qu'ils devaient faire la Pâque le soir, et que c'eût été pour eux une souillure que de mettre le pied chez un païen. Alors Pilate consentit à sortir lui-même, et du haut des marches il adjura le peuple et lui dit : — « De quel crime accusez-vous cet homme ? » — Or la multitude furieuse ne savait que répondre. Pendant la nuit tout entière on avait interrogé le Sauveur, et malgré les faux témoins, on n'avait pu découvrir en lui la moindre action blâmable. Alors quelqu'un imagina de s'écrier : — « S'il n'était pas un malfaiteur, nous ne « vous l'aurions pas amené ! » — Et Pilate, blessé de cette réponse mutine, répondit avec aigreur : — « Eh bien, jugez-le selon votre loi. » — Mais le parti des Juifs était pris. Ce n'était pas un jugement qu'ils réclamaient. Que leur importait la justice ? Ils voulaient une condamnation capitale ; et comme la peine de mort était réservée aux Romains, c'était à Pilate qu'ils la demandaient. Pilate ne dut conserver aucun doute, lorsqu'ils lui répliquèrent : — « Il ne nous est pas permis de tuer quelqu'un. »

Alors Pilate rentra dans le prétoire et se fit amener Jésus. L'escalier par où monta le Sauveur a été soustrait à la profanation des infidèles. La piété de Constantin l'a transporté, pierre par pierre, jusqu'à Rome, où il est exposé à la vénération publique.

Inutilement le gouverneur chercha des traces de culpabilité dans celui qui était la sainteté même, et, n'en trouvant pas, il retourna vers le peuple et lui dit : — « Je ne trouve réellement aucun crime dans cet « homme. » — Alors, ces Juifs si turbulents, qui étaient toujours en révolte contre leurs souverains et qui devaient, soixante ans plus tard, expier par leur ruine totale la dernière de leurs conspirations, osent accuser Notre-Seigneur de rébellion, et les voilà qui s'écrient : — « Nous avons trouvé cet homme perver-« tissant notre nation et empêchant de payer le tribut « à César... Il se dit le Christ-roi... Il soulève le peu-« ple, enseignant dans toute la Judée, depuis la Gali-« lée jusqu'ici. »

Pilate n'ignorait pas, sans doute, que ce même Jésus, interrogé un jour sur l'obligation de payer l'impôt, avait répondu par cette parole à jamais célèbre : — « Rendez à César ce qui appartient à César. » — Aussi ne fit-il aucun cas de la dénonciation des Juifs. Il releva seulement le mot de Galilée, et, pour se décharger de cette affaire importante, il renvoya Jésus à Hérode, son souverain naturel.

Le tétrarque habitait, au mont Sion, un palais bâti par son père, sur la place Xystos, où se tenaient les assemblées populaires et où s'élevait déjà l'antique château des Asmonéens. Si nous en croyons l'historien Josèphe, rien ne surpassait la magnificence de ce palais, qui pouvait être comparé au Bruchion d'Alexandrie. Tout ce que la Judée et les pays voisins renfermaient de pierres rares et de bois précieux avait été employé pour la construction de cet édifice, construit sur le modèle des chefs-d'œuvre de l'architecture grecque. Un mur, haut de trente coudées, flanqué de tours gracieuses, en formait l'enceinte. Des bosquets délicieux, des jets d'eau et mille autres agréments de cette sorte rappelaient, au milieu du tumulte de la ville, l'image et les charmes de la belle nature. Des colonnes innombrables formaient autour du palais de magnifiques péristyles, et des portiques majestueux conduisaient à l'intérieur. Des niches artistement travaillées renfermaient des statues sans nombre, et une longue suite d'appartements, décorés avec un luxe éblouissant, réunissait tout ce qui peut flatter les sens. Mais c'était surtout la salle des Empereurs et la salle d'Agrippa que l'on admirait dans ce palais merveilleux. L'œil y était comme ébloui par l'or, les marbres aux nuances les plus variées, et les mosaïques, qui formaient comme un pavé de pierres précieuses, pendant qu'une galerie de colonnes soutenait les plafonds de ces riches appartements. Ce château, célèbre dans tout l'univers, fut habité par les Hérodiens jusqu'à la ruine de Jérusalem ; et le dernier d'entre eux, le roi Agrippa, y avait même ajouté quelques constructions ; de sorte que, de la terrasse supérieure, on apercevait, dans un magnifique panorama, non-seulement la ville tout entière, mais encore le Temple jusque dans ses portiques intérieurs. (Doct. Sepp.)

Aujourd'hui les Anglais y ont bâti un temple protestant. Oh ! comme ils ont bien choisi leur place, ceux qui, protestant contre l'Église, la déclarent absurde et tombée dans l'enfance !

« Or Hérode se réjouissait de voir Jésus. Il le dési« rait depuis longtemps, parce qu'il avait beaucoup « entendu parler de lui, et qu'il espérait lui voir faire « quelque miracle. Il lui adressa donc plusieurs ques« tions ; mais Jésus ne répondit pas une syllabe. « Cependant les princes des prêtres et les scribes se pré« sentèrent aussi, et l'accusèrent avec violence. »

Étonné du silence de l'accusé, le monarque orgueilleux s'imagina sans doute qu'il était intimidé, confondu, ébloui par l'éclat de sa cour ; il le méprisa, et « l'ayant revêtu d'une robe blanche, il le renvoya à « Pilate. »

Les fous, à cette époque, étaient habillés de blanc. Un vêtement de fou, au lieu d'un manteau royal : tel fut l'affront d'Hérode à Notre-Seigneur.

Il y avait, au cœur du roi, plus de perfidie qu'il n'en paraît au premier abord. Ce vêtement renfermait des allusions multiples et toutes plus sacriléges les unes que les autres.

Le blanc n'était pas seulement la marque de la folie.

Un manteau blanc était un signe de royauté chez les Perses, les Égyptiens, et même les Romains. On en revêtait également les images des dieux. Les grands personnages dans les fêtes, les généraux au jour de la bataille, portaient une chlamyde blanche. Ceux qui briguaient quelque dignité s'habillaient de blanc, et de là même nous vient le nom de *candidat*. Notre-Seigneur apparaissait donc sous ce vêtement comme un ambitieux prétendant follement à la royauté.

La robe du grand prêtre était blanche aussi, de même que la tunique des prêtres ordinaires. Le tétrarque, en donnant à Jésus un manteau blanc, voulut sans doute le déguiser en grand prêtre pour se moquer de sa qualité de Fils de Dieu.

Enfin, et cela est significatif dans le procès, d'après le témoignage de Josèphe et des rabbins, c'était la coutume chez les Juifs que les accusés se présentassent devant le tribunal, vêtus de noir, jusqu'à ce qu'ils eussent prouvé leur innocence ; et, après leur acquittement, on les habillait de blanc. De sorte qu'en renvoyant à Pilate le Sauveur couvert d'un manteau blanc, Hérode semblait vouloir le présenter comme un homme d'un esprit trop faible pour qu'on pût lui imputer aucune mauvaise action.

« Mais cette indigne dérision retomba sur lui et sur ses courtisans. Dix ans plus tard, Hérode, dépouillé de son manteau royal et de toutes ses richesses, fut renvoyé honteusement à Lyon, en France, avec Hérodiade, sa femme ; et, après y avoir vécu quelque temps dans la misère, il alla mourir en Espagne. » (Doct. Sepp.)

Pilate, embarrassé d'un dénoûment sur lequel il était loin de compter, convoqua de nouveau les princes des prêtres, les sénateurs, et le peuple, et leur dit :

« Vous m'avez présenté cet homme comme soulevant le peuple. Je l'ai interrogé et ne l'ai point trouvé coupable. Or je l'ai envoyé à Hérode qui l'a jugé comme moi. Je vais donc, si vous le voulez, le faire châtier, et puis je le renverrai. »

Aussitôt, par la plus criante des injustices, il ordonna que Jésus, l'innocent, fût flagellé, pour complaire au peuple.

« D'après la coutume romaine, quiconque devait subir la mort était d'abord fouetté, à moins qu'il ne fût romain. Tite-Live fait mention de cette circonstance, à propos des exécutions nombreuses qui eurent lieu dans la guerre des Esclaves. Curtius raconte le même fait d'Alexandre le Grand : Philon et Josèphe, à propos de la guerre des Juifs, où une multitude de Juifs furent sacrifiés à Jérusalem et à Alexandrie. Mais la flagellation infligée à Notre-Seigneur eut un caractère particulier de cruauté : car, d'un côté, Pilate voulait, par l'atrocité même du traitement, exciter la compassion du peuple, pour pouvoir ensuite faire grâce de la vie ; tandis que, d'un autre côté, les soldats romains, prenant cette flagellation pour une véritable question, cherchaient à arracher au Sauveur, à force de coups, l'aveu de de son prétendu crime. Les rabbins nous font une effroyable description de la manière dont la flagellation avait lieu autrefois chez les Juifs. Le condamné était attaché par les deux mains à une colonne. On plaçait derrière lui une pierre carrée, sur laquelle montait le bourreau, afin que les coups portassent mieux, tombant d'en haut. Le valet du bourreau déchirait alors les vêtements du coupable, depuis les pieds jusqu'à la poitrine, et l'exécution sanglante commençait. Armé d'une discipline à quatre cordes, ou d'un fouet auquel étaient attachées quatre lanières de cuir, le bourreau frappait de toutes ses forces treize coups sur la poitrine nue du patient, et treize sur chaque épaule... Lorsque le délinquant mourait entre les mains du bourreau, celui-ci n'était pas responsable de sa mort, pourvu qu'il n'eût pas augmenté le nombre des lanières d'une façon excessive.

« Telle était la flagellation chez les Juifs. Mais c'était bien autre chose encore chez les Romains. C'est ici qu'on pouvait appliquer la parole du roi Roboam et dire que, si les Juifs fouettaient avec des verges, les Romains frappaient avec des scorpions. En effet, pour aggraver le supplice, ils se servaient de cordes au bout desquelles ils attachaient de petits morceaux d'os carrés ou de petites boules de métal. » Le patient était déchiré et écorché par quatre soldats, qui le frappaient en même temps sans compter les coups. « C'est ainsi que les habitants de Smyrne, racontant les tourments de leurs martyrs, parlent d'une flagellation qui leur avait mis à nu les tendons et les veines, de sorte qu'on pouvait étudier sur eux toute l'anatomie du corps humain. » La brutalité et la cruauté des soldats romains se manifestaient là tout entières. La formule seule avec laquelle on livrait au bourreau le délinquant, était terrible : « Licteur, lui disait-on, prends, dépouille, frappe, agis, et fais attention. »

Après l'odieux supplice, on ramassa dans l'ordure quelques lambeaux de pourpre, dont on revêtit Jésus en signe de dérision ; on tressa sur sa tête une couronne d'épines, on mit dans ses mains une sorte de sceptre en roseau. On le fit asseoir sur le tronçon de la colonne rougie de son sang, et les soldats venaient, les uns après les autres, mettre un genou en terre devant lui par dérision, prenaient le roseau, le frappaient sur la tête comme pour enfoncer davantage les épines de sa couronne sanglante, et lui disaient ironiquement : — « Je te salue, roi des Juifs. »

« L'Évangéliste ne nous dit point de quelle espèce d'épines on couronna le Sauveur. Il y avait au nord de Jérusalem une vallée des épines ; il y en avait une autre de l'autre côté du Jourdain, à l'endroit où les enfants d'Israël célébrèrent les funérailles du patriarche

Jacob. Ce lieu s'appelait *area Atad*. Atad est le nom hébraïque de l'épine nommée par Linnée *rhamnus paliurus*, qui, au-dessus de sa racine, pousse un grand nombre de branches semées de pointes. Elle produit des baies noires, et croît en abondance en Syrie et en Égypte, mais surtout sur le rivage du Jourdain, près du pont de Jacob, et à Jérusalem. C'est à ce genre d'épines qu'appartient l'épine des Juifs, appelée chez les Maures épine d'Abraham, l'épine de la croix, et enfin l'épine du Christ. Celle-ci atteint souvent une hauteur de quinze à vingt pieds, produit des feuilles semblables à celles de l'olivier, et sert à faire des haies. » (Doct. Sepp.) La tradition voudrait que cette dernière espèce d'épines, ou bien le *lycium spinosum*, eût servi à tresser la couronne du Sauveur.

« Le roseau... n'était point un de ces roseaux légers que le premier coup met en morceaux. Cette espèce ne croît point en Palestine. Il était de la nature de ceux qui croissent dans l'eau, dont la tige ferme et pesante sert de bâton ou de toise pour mesurer. C'était ce que nous appelons aujourd'hui un roseau espagnol, *baculus arundineus*, ou *arundo donax* qui atteint quelquefois une hauteur de huit pieds, et qui est plus gros que le pouce. Les soldats romains voulurent imiter par dérision les cérémonies avec lesquelles on couronnait les rois en Orient, telles que nous les trouvons racontées par Abulféda à propos du couronnement du kalife Motawakkel. « On lui mit, nous dit-il, le manteau royal sur les épaules et la couronne sur la tête ; puis le consécrateur, le baisant sur le front, lui dit : Salut, prince des croyants ! »

« Chez les Babyloniens et les Perses, il y avait chaque année une fête qui durait cinq jours, et dans laquelle on tirait de prison un malfaiteur condamné à mort, que l'on plaçait sur un trône, et que l'on revêtait par dérision des insignes de la royauté. Puis, après l'avoir traité pendant tout le jour comme un roi, on le traînait hors de la ville, on le fouettait, et on le brûlait... »

Philon, philosophe d'Alexandrie, nous rapporte un scandale de ce genre qui eut lieu lors du passage d'Agrippa, nouvellement nommé roi de Judée par Caligula. Il écrit ainsi à Flaccus : « Il y avait ici un certain idiot nommé Carabas, qui errait jour et nuit dans les carrefours, sans être arrêté ni par la chaleur, ni par le froid, ni par les moqueries des enfants et des jeunes gens. On prit ce misérable et on l'amena sur la place où se font les courses. Là on le plaça sur un lieu élevé, afin qu'il pût être vu de tous; puis on lui mit sur la tête une couronne de papier, et sur les épaules une nappe de paille en guise de manteau ; et on lui donna pour sceptre un roseau que l'on ramassa par terre. Après l'avoir ainsi revêtu des insignes de la royauté, des jeunes gens se rangèrent autour de lui, armés de bâtons comme ses gardes du corps. Quelques-uns s'approchaient de lui et le saluaient avec un profond respect. D'autres lui proposaient des procès à décider; d'autres le consultaient sur le bien de la république. Puis tous les assistants poussèrent des acclamations et crièrent : *Maris !* ce qui signifie seigneur en syriaque; car ils savaient qu'Agrippa était d'origine syrienne. »

Ainsi on traitait réellement Notre-Seigneur comme le rebut de la plus vile société.

Nous ferons cette première station à l'endroit même où s'opéra l'affreux mystère. J'y célèbre la messe tous les jours. Longtemps ce lieu fut un réceptacle d'immondices. Mais, en 1858, l'archiduc Maximilien y fit élever une église fort décente, que desservent les Franciscains. La colonne du Sauveur n'y est plus; elle a été transportée à l'église de la Résurrection.

Pendant que ces choses se passaient dans la cour du prétoire, les princes des prêtres, craignant de voir s'échapper leur proie, excitaient le peuple à pousser de nouveaux cris sous les fenêtres du gouverneur. Et Pilate effrayé songeait à trouver un autre moyen de refuser la sentence de mort; il imagina de prendre le peuple par la compassion.

On voit encore aujourd'hui, sur la voie douloureuse, non loin de l'emplacement du prétoire, un arceau fort élevé, qui s'ouvre des deux côtés de la rue, et d'où il serait facile d'être aperçu d'une multitude considérable, stationnée aux environs. Quelques-uns veulent en faire l'arcade de l'*Ecce homo*, mais ce n'est pas probable. Toujours est-il que là, ou près de là, le gouverneur monta sur un lieu élevé et présenta aux Juifs leur malheureuse victime, meurtrie des cinq mille coups de la flagellation, avec son manteau de pourpre, son roseau et sa couronne d'épines, en s'écriant : — « *Voilà l'homme !* » — Cette vue, cette parole auraient dû produire leur effet. Voilà, ô Juifs, aurait pu ajouter le gouverneur, voilà l'homme qui a parcouru vos villes et vos bourgades, vous comblant partout de mille bienfaits nouveaux, guérissant vos malades, ressuscitant vos morts, multipliant les pains pour vous nourrir, et laissant toujours sur son passage des marques de sa bonté toute-puissante. Pour vous satisfaire, je l'ai fait flageller, convaincu que j'étais de son innocence. Que ferais-je de plus pour un coupable?

Mais le peuple, toujours excité par les pontifes jaloux, s'écrie : — « Si vous délivrez cet homme, vous n'êtes point l'ami de César ! » — Alors Pilate essaye d'un nouveau moyen. A l'époque de la Pâque, il avait l'habitude de délivrer un prisonnier, au choix des Juifs. Il propose de relâcher Jésus ou de donner la liberté à un scélérat nommé Barabbas. Mais le peuple cria : — « Nous ne voulons pas de celui-là ; nous vou- « lons la liberté de Barabbas. » — Or, Barabbas était un meurtrier. — Que ferai-je donc de Jésus? répondit Pilate. Et la multitude de s'écrier dans ses transports frénétiques : « Qu'il soit crucifié ! »

Alors le gouverneur inique se sentit vaincu. « Il « s'assit sur son tribunal, dit l'évangéliste. Ce tribunal était construit de pierres taillées ; il était en plein air ; et c'était de là qu'on prononçait les sentences capitales. Les préteurs en avaient élevé un semblable à Cæsarée, leur résidence ordinaire. Les Juifs appelaient le leur Gabbatha ou la Haute-Place. C'était comme les rostres de Jérusalem, car la loi romaine, dit Suétone (Cæs., c. XLVI), voulait qu'en matière criminelle la sentence fût toujours prononcée d'un lieu élévé.

Lorsque Pilate fut assis, il présenta aux Juifs Notre-Seigneur, en disant : *Voilà votre roi !*

Ah ! si le Sauveur eût voulu parler en ce moment :

« O mon peuple, aurait-il pu dire avec le prophète, que t'ai-je fait? en quoi t'ai-je contristé ? ô mon peuple ! réponds-moi.

Parce que je t'ai délivré de la captivité ; parce que durant quarante ans je t'ai nourri dans le désert ;

Parce que de la stérilité je t'ai conduit dans une terre féconde ; qu'ai-je pu faire de plus pour toi ? N'as-tu pas été la vigne que j'ai plantée, que j'ai gardée sous ma protection? Et tu m'as attaché à la croix ! et quand j'ai eu soif, tu m'as donné à boire du vinaigre et du fiel !

O mon peuple ! que t'ai-je donc fait, et en quoi t'ai-je contristé ? ô mon peuple ! réponds-moi.

Pour te sauver de l'Égypte, j'ai englouti, sous les flots de la mer, le Pharaon et ses cavaliers, et tu m'as livré aux princes des prêtres !

Je t'ai ouvert un passage à travers les vagues de l'abîme, et tu m'as percé le côté d'une lance !

J'ai marché devant toi, colonne lumineuse de nuées, et tu m'as traîné au prétoire de Pilate !

Je t'ai nourri de la manne qui tombait du ciel, et tu m'as souffleté et meurtri de coups !

J'ai fait sortir l'eau du rocher pour étancher ta soif, et toi, tu ne m'as donné à boire que fiel et vinaigre !

J'ai mis dans tes mains le sceptre de la puissance, et toi, tu as mis un roseau dans ma main et une couronne d'épines sur mon front !

Mais non ! le Seigneur était décidé à boire le calice jusqu'à la lie, afin de nous sauver !

Les Juifs continuaient leurs clameurs ; et leurs voix et celles des grands prêtres devenaient toujours plus fortes, et ils criaient : Prenez-le, crucifiez-le ! — Pilate répondit : Crucifierai-je votre roi ? Les grands prêtres, réclamant, dirent : Nous n'avons d'autre roi que César. Et Pilate, voyant qu'il ne pouvait rien obtenir, et craignant une émeute, confirma le jugement, et les autorisa à faire ce qu'ils demandaient : mais il prit de l'eau, se lava les mains en présence du peuple, et dit : Je suis innocent du sang de ce juste ; c'est votre affaire. Et tout le peuple répondit en criant : Que son sang retombe sur nous et sur nos enfants !

Pilate était horriblement coupable assurément ; mais les plus coupables étaient bien ces Juifs infâmes qui criaient en tumulte et demandaient la mort de leur bienfaiteur. Aussi Dieu permit-il qu'ils se condamnassent eux-mêmes et par leur propre bouche, à l'endroit même où ils commirent l'iniquité. Un cri horrible s'échappa de la foule. C'était celui-ci : « Que « son sang retombe sur nos têtes et sur celles de nos « enfants ! » Le ciel ratifia la sentence. Jérusalem détruite, le temple renversé, le sacrifice interrompu, et ce malheureux peuple dispersé aux quatre vents du ciel, traversant toutes les nations sans jamais s'y mêler, et portant en tout lieu le signe de la réprobation, le redisent assez haut.

Pour nous, agenouillés sur les ruines du palais, ayant à notre droite le lieu de la flagellation et devant nous le portique appelé de l'*Ecce homo*, nous adorâmes les desseins impénétrables de la Providence et nous bénîmes Dieu d'avoir gravé en caractères ineffaçables, dans ces lieux sacrés, la preuve de la divinité de son fils.

Comme, en face de Jésus, le sublime bienfaiteur et sauveur de l'humanité, condamné à mort par les Juifs, on comprend bien la célèbre parole :

« Bienheureux ceux qui souffrent persécution pour la justice, car le royaume du ciel est à eux ! »

Souffrir une persécution injuste est un bien, un bien immense. Cette souffrance est une monnaie avec laquelle nous achetons le droit d'être traités favorablement au jour du jugement et de recevoir une ample compensation de nos peines, dans les joies ineffables de l'éternité.

Nous n'avons pu voir le balcon d'où Pilate prononça la sentence. Il est enclavé dans la caserne turque. Quelques voyageurs assurent l'avoir visité. Mais ne les a-t-on pas trompés ? Il y a eu tant de bouleversements en cet endroit ! Le rocher lui-même sur lequel s'élevait la tour Antonia a disparu.

### DEUXIÈME STATION.

La première station terminée, nous nous levâmes pour nous rendre à la seconde. Même incertitude que pour la précédente ; impossible de déterminer l'endroit précis *où Notre-Seigneur fut chargé de sa croix.*

Ce fut assurément dans la cour du prétoire ; mais cour était grande ; la multitude furieuse s'y pressait agitée comme les flots de la mer. Notre-Seigneur dut être poussé et chassé, tantôt d'un côté, tantôt de l'autre, sans rester dans un endroit fixe.

Nous nous agenouillâmes sous l'*arc de l'Ecce homo* appelé, au temps des croisés, *Porte Douloureuse.* C'est une grande ogive, dont la partie supérieure, avec la petite construction qui la domine, est moderne, mais dont les pieds droits et le commencement de l'archivolte sont romains. En faisant des recherches dans le couvent des dames de Sion, qui l'avoisine au sud, on on a trouvé un second arc romain, plus petit, qui continuait le premier. Probablement il en existe un semblable du côté opposé, et l'ensemble formait une porte romaine. (Cte de Vogué.)

Que se passa-t-il dans le douloureux moment qui nous occupe ? L'Évangile n'en dit rien. Seulement il est aisé de conjecturer qu'une fois la sentence de mort prononcée, les mauvais traitements contre la victime redoublèrent d'intensité. Sous les yeux des juges, les bourreaux avaient encore gardé une sorte de réserve ; en ce moment ils ne connurent plus de bornes.

C'était la coutume chez les Romains de rendre aux condamnés leurs vêtements : on apporta donc à Jésus sa robe sans couture, qu'on lui avait enlevée pour le couronner d'épines. Ses affreux bourreaux l'insultèrent d'abord, puis lui délièrent les mains pour l'habiller. Ils arrachèrent brusquement le manteau de pourpre qui couvrait ses épaules et rouvrirent ainsi la plupart de ses blessures. On lui jeta autour du cou son scapulaire de laine, et, comme la tunique travaillée par sa mère ne pouvait passer à cause de la couronne d'épine, qui était trop large, ils arrachèrent la couronne, et les blessures de la tête se rouvrirent, et le sang coula en abondance. Après sa tunique, ils lui mirent sa large robe blanche, sa ceinture et son manteau. En faisant toutes ces choses, ils ne cessèrent de brutaliser le Sauveur et de le frapper.

Alors on amena deux larrons, qu'on plaça à côté de lui, l'un à sa droite, l'autre à sa gauche. Ils avaient les mains liées et la corde au cou. Pour tout vêtement, ils portaient un scapulaire d'étoffe grossière, avec une tunique ouverte et sans manches. Le teint de ces hommes était hâlé, et leurs membres conservaient les traces d'une récente flagellation. L'un deux avait je ne sais quelle expression de calme, mêlée à celle d'une amère douleur ; l'autre, furieux et insolent, se joignait aux bourreaux pour maudire et outrager l'innocente victime, qui offrait cependant pour lui ses tortures.

Au moment où l'on conduisait Notre-Seigneur au milieu de la place, des esclaves débouchèrent de la porte Occidentale, apportant la croix, qu'ils jetèrent brutalement aux pieds de la victime. Les bras de la croix étaient liés à l'arbre principal par de grosses cordes. Les aides des bourreaux, portaient par derrière l'appui des pieds, les morceaux de bois destinés à fixer la croix en terre, des marteaux et des clous.

Devant le terrible instrument de son supplice, Notre-Seigneur se mit à genoux, et baisa par trois fois l'arbre qui allait devenir l'objet de la vénération des siècles les plus reculés. Ainsi les sacrificateurs des temps anciens avaient-ils coutume de baiser l'autel récemment élevé. Ainsi encore, au temps de la Messe, les prêtres baisent-ils la pierre sacrée sur laquelle reposera la divine hostie.

Bientôt on força le Christ à se relever, et sur ses épaules on chargea la croix « qui était longue, épaisse, « lourde, dit saint Bonaventure, et qui pouvait avoir « quinze pieds de haut. »

Les larrons ne furent pas aussi maltraités. On leur épargna la peine de traîner leur gibet, et des esclaves leur rendirent ce service. Ainsi se vérifiait la parole d'Isaïe : le Christ « n'a pas été seulement rangé parmi « les méchants, mais il a été jugé le plus méchant des « plus méchants. » (Isa., LIII.)

On entendit sonner la trompette qui annonçait le départ du triste cortége. Les pharisiens triomphaient. Encore un moment, se disaient-ils, et celui dont le désintéressement condamne notre faste, dont la sainte morale blesse notre orgueil, nous laissera dominer en paix. Combien de fois, depuis lors, n'a-t-on pas entendu les ennemis de l'Église emboucher, eux aussi, la trompette, frapper des mains, et s'écrier : Nous avons vaincu ! L'Église est morte; peuples, venez à son enterrement. Et cependant la fille immortelle du Calvaire se relevait triomphante. Et ceux qui la voyaient, cherchaient en vain ses ennemis ; ils n'étaient déjà plus!

A genoux sur la poussière du chemin, nous voyons s'ouvrir devant nous la voie célèbre qui conduit au pied du rocher, jusque-là infâme et maintenant à jamais illustre, connu sous le nom de Calvaire ; il nous semblait y trouver l'emblème du chemin de la vie, plein de ronces et d'épines, où l'homme s'avance accablé de pesants fardeaux, et nous nous rappelions cette parole du Maître : — « Si quelqu'un veut marcher après moi, qu'il se renonce lui-même, qu'il « porte sa croix et qu'il me suive. » — Et, faisant un acte de résignation à la volonté de Dieu, nous nous disions : Pourquoi nous plaindre lorsque nous souffrons ? Le Sauveur, chargé de sa croix, a suivi lui-même le chemin de la douleur, en laissant à chaque pas l'empreinte de ses pieds ensanglantés. Sur cette longue route qui conduit au Golgotha, et à laquelle il nous convie, il n'y a pas une aspérité dont la pointe déchirante n'ait agrandi ses plaies. Est-ce donc que le serviteur serait plus grand que le Maître ? Et pour conclure, nous prononcions du fond de notre âme cette prière de saint Ignace : — « O roi suprême et Maître « de l'univers, voilà que, malgré mon indignité, « confiant en votre grâce et en votre secours, je m'offre « à vous tout entier, et je me remets, moi et tout ce « que je possède, à la disposition de votre volonté ; « affirmant, en présence de votre infinie bonté, en face « de la bienheureuse Vierge Marie et de toute la cour

« céleste, que ma résolution inébranlable est de vous « suivre du plus près qu'il me sera possible et de vous « imiter dans l'acceptation des injures et des épreuves « de toute espèce, puisque tel est le bon plaisir de « votre Majesté. »

TROISIÈME STATION.

Ici la rue descend l'espace de deux cents pas environ. Nous la suivîmes jusqu'à l'endroit où elle en rencontre une autre venant de la porte de Damas; alors une colonne de marbre rouge renversée et à demi enfoncée dans la terre nous indiqua l'endroit où *Notre-Seigneur tomba pour la première fois.*

La croix une fois rétablie sur les épaules de Jésus, on se mit en mouvement, et le ciel vit avec admiration commencer la marche triomphale du Roi des rois dans ce que la terre considérait comme le dernier degré de l'ignominie.

En avant du cortége, un trompette sonnait de son instrument au détour de chaque rue, pour annoncer l'exécution sanglante. Derrière lui venaient des enfants et des gens du peuple, portant des cordes, des clous et des corbeilles avec des instruments. D'autres, plus robustes, traînaient des échelles et les croix des deux larrons.

Ensuite paraissait le divin Sauveur. Il chancelait sous le poids énorme de sa croix. Il semblait complétement épuisé. Effectivement, depuis la veille au soir il avait été privé de tout sommeil et de tout aliment; la cruauté de ses bourreaux, le sang qu'il avait perdu, la fièvre, la soif, les souffrances morales plus horribles encore que les tortures physiques, l'avaient réduit au dernier degré d'affaiblissement; ses pieds pouvaient à peine le soutenir. De la main droite il retenait le fardeau qui glissait continuellement de son épaule, et de la gauche il soutenait le manteau large et pesant qui embarrassait sa marche. Les bourreaux le tiraient et le poussaient en tout sens. Son visage, ses cheveux et sa barbe inondés de sang, lui donnaient un aspect lamentable. L'outrage et la haine le poursuivaient jusque sur cette voie douloureuse. Cependant, à travers ses larmes, on voyait percer l'expression sublime de la résignation. « Son regard était prière, pardon, amour. »

Plusieurs soldats, armés de lances, marchaient aux deux côtés de la victime. Un peu derrière, on voyait les larrons, la tête couverte d'un bonnet de paille en signe de dérision. On les avait comme enivrés avec la liqueur destinée aux condamnés à mort. Ensuite venaient les bourreaux, monstres au teint foncé, petits et massifs, cheveux noirs et crépus, presque sans barbe.

Leur physionomie ne portait pas le type juif. C'étaient, on ne l'ignore pas, des esclaves égyptiens, attachés aux travaux publics et prêts à louer indistinctement leurs services aux Juifs et aux Romains. On ne saurait se faire une idée de leur férocité brutale.

Des pharisiens à cheval suivaient le convoi. Quelquefois ils parcouraient les rangs pour faire observer l'ordre et régler la marche.

A quelque distance, un chef militaire marchait, également à cheval, entouré de quelques satellites.

Selon l'usage trop usité en de telles circonstances, des étrangers, des esclaves, des ouvriers, des gens du bas peuple, et même des femmes sans pudeur, après avoir vu passer l'auguste captif une première fois, couraient se poster un peu plus loin pour jouir encore du triste spectacle. — Une foule de curieux se dirigea directement du Prétoire au Calvaire, se réservant pour la plus affreuse partie du triste drame.

Durant cette affreuse procession, le Sauveur eut beaucoup à souffrir. Les bourreaux, le pressant de marcher plus vite, le harcelaient sans cesse. On l'insultait du haut des maisons et à travers les fenêtres ; des esclaves, qui travaillaient dans la rue, lui jetèrent de la boue et des ordures. Enfin, des enfants, excités par ses ennemis, avaient recueilli à l'avance, dans les pans de leurs petites robes, des cailloux qu'ils lui jetèrent sous les pieds au moment où il passa devant leurs maisons. Voilà comment ces enfants se montrèrent reconnaissants envers celui qui avait tant aimé leur âge, qui les avait bénis et exaltés !

« Vers son extrémité, la rue infecte se dirigeait à

gauche; en même temps elle s'élargissait et devenait montueuse. Avant d'arriver à sa partie la plus élevée, on trouvait un enfoncement, habituellement rempli d'eau de pluie et de boue, au-dessus duquel on passait au moyen d'une pierre large et élevée, comme on en voit dans un grand nombre de rues de Jérusalem. Arrivé en cet endroit, le Sauveur ne put aller plus loin. Les bourreaux l'ayant poussé et tiré avec rudesse, il tomba contre la pierre, et son fardeau roula à côté de lui. Ses ennemis l'accablèrent de malédictions, le tirèrent par les bras, lui donnèrent même des coups de pied. Le cortége s'arrêta, et le peuple fit entendre des cris de colère. En vain le Sauveur étendit les mains, pour demander qu'on lui vînt en aide ; personne ne répondit à son appel. Les pharisiens crièrent : « Relevez-le, sans cela il mourra entre nos mains. » Des deux côtés de la rue, on voyait des femmes qui pleuraient, et les petits enfants qu'elles portaient dans leurs bras paraissaient épouvantés. On força la victime à se redresser ; on remit la croix sur son épaule ; et Jésus dut pencher, avec une douleur indicible, sa tête déchirée par les épines, pour faire place à la croix.

Faut-il nous étonner de cette chute ? après les fatigues d'une horrible nuit, épuisé de sang à la suite de la flagellation, Notre-Seigneur marche traînant après lui l'arbre de son supplice. Devant lui, à ses côtés, et par-derrière encore, une multitude brutale le presse, l'injurie, et le couvre de boue. Alors il tombe ; c'était la conséquence de sa faiblesse extrême. Et puis, Dieu voulait ici nous donner une grande leçon. La vertu ne consiste pas à n'avoir point de ces moments de défaillance, où tout paraît nous manquer à la fois, où la terre elle-même semble se dérober sous nos pieds. Au contraire, c'est sous le poids de telles épreuves qu'elle grandit et se montre belle, selon cette parole de l'Écriture : *Virtus in infirmitate perficitur*. Cette réflexion fait du bien au cœur et ranime le courage.

QUATRIÈME STATION.

A quelques pas de l'endroit où nous sommes, une petite chapelle gothique, que les Arméniens relèveront bientôt de ses ruines, nous indique l'endroit où *Marie rencontra son divin fils.*

L'Évangile ne parle pas de cette rencontre, mais voici le souvenir qu'en a gardé la tradition.

Après la cène, Marie et les saintes femmes durent se retirer dans la maison de la mère de Marc, la nuit ne leur permettant pas d'être à pareille heure dans les rues. Elles étaient tristes et pleines d'inquiétude. Aucune d'elles ne songeait à se livrer au repos. Leur nuit se passa dans des alarmes continuelles.

Tout à coup, vers le matin, elles entendirent frapper à la porte. Une voix amie les conjurait d'ouvrir. C'était saint Jean. Il venait, tout en pleurs, leur raconter comment Notre-Seigneur avait été trahi par Judas, au jardin des Olives, lié, garrotté comme un malfaiteur, traîné d'abord chez le grand prêtre, insulté, souffleté, et conduit enfin chez le gouverneur romain auquel on demandait sa mort.

Mais lorsque saint Jean ajouta : Pilate est convaincu de l'innocence de Jésus ; cependant il a peur du peuple. Il a été assez lâche pour faire flageller notre maitre. J'ai laissé Jésus attaché à une colonne. Mille hommes frappent sur lui avec fureur, sa chair vole en lambeaux et son sang ruisselle de toutes parts. Alors les sanglots éclatèrent dans l'assemblée.

Marie chancela, et, s'appuyant aux lambris de l'appartement, les mains jointes et crispées par la douleur, elle s'écria : « Père très-respectable, Père très-pieux, Père très-miséricordieux, je vous recommande mon fils bien-aimé. Ne lui soyez pas cruel, vous qui êtes bon pour tout le monde. Père éternel, pourquoi mon fils Jésus mourrait-il ? Il n'a jamais fait de mal ; mais, Père juste, si vous voulez la rédemption du genre humain, je vous en conjure, accomplissez-la par un autre moyen ; car tout vous est possible. Je vous supplie donc, Père très-saint, s'il vous plaît, que mon fils Jésus ne meure pas ; délivrez-le des mains des méchants, et rendez-le-moi ! Car lui-même il ne s'aidera pas, à cause de son obéissance et de son respect pour vous. Il s'abandonne comme un être faible et méprisable au milieu d'eux. Ainsi secourez-le, vous, Seigneur ! » (Saint Bonaventure.)

Lorsqu'elle eut repris haleine, elle courut à la porte pour s'élancer vers le lieu où était Jésus-Christ. Mais ses forces la trahirent. Marthe et Madeleine la soutinrent ; et, lui donnant le bras, elles l'aidèrent à marcher jusqu'au Prétoire.

La foule était si nombreuse qu'elles ne purent approcher. Foulées et refoulées par la multitude brutale, elles cherchaient à voir par-dessus les têtes. Elles se traînaient d'un côté et puis d'un autre. D'affreux blasphèmes et des ricanements cruels frappaient continuellement leurs oreilles. De temps en temps elles voyaient Pilate se présenter au balcon pour parler à la foule. Elles ne saisissaient pas ses paroles, mais elles entendaient les odieuses clameurs de la populace qui criait : Il est coupable de mort ; qu'il soit crucifié ! qu'il soit crucifié !

Chacun de ces hourras était un coup de poignard pour le cœur de Marie.

Mais que vous a-t-il fait ? s'écriait-elle en gémissant. — Et ceux qui l'entendaient, riaient bruyamment en disant : Voilà la mère de ce misérable. Oui, il sera crucifié ton fils ! Et tu ne pourras pas le sauver.

Enfin Marie perdit tout espoir. Un crieur public circulait dans la foule et annonçait quelque chose. Il lisait une sentence ainsi conçue :

« Conduisez au lieu ordinaire du supplice Jésus de Nazareth, séducteur du peuple, qui a méprisé l'autorité de César et s'est faussement donné pour le Messie. Crucifiez-le entre deux voleurs, en mettant au-dessus de sa tête le titre dérisoire de roi des Juifs. Va, licteur, prépare la Croix. »

A cette parole, le courage de Marie s'exalta. Entraînant ses compagnes, elle prit un détour et alla se mettre à l'angle d'une rue qui conduisait au Calvaire, afin de voir Jésus au moins encore une fois. En effet, après un moment de cruelle attente, on entendit un affreux tumulte, et, au milieu de la foule et des gardes en fureur, on vit s'avancer Jésus couronné d'épines, le visage souillé de crachats et de sang, le corps couvert de plaies, et chargé de sa croix.

Le premier mouvement de Marie fut de se précipiter vers lui pour le serrer dans ses bras ; mais les bourreaux la repoussèrent violemment et la renversèrent sur le chemin. Notre-Seigneur jeta sur elle un regard plein de tristesse et d'amour, qui acheva de lui briser le cœur. Elle eût été broyée par les pieds de la foule, si ses saintes amies ne l'eussent emportée dans une avenue voisine.

Un saint Père raconte qu'au moment où il l'aperçut, Notre-Seigneur lui adressa cette parole : *Salve, Mater! Je vous salue, ma mère!* et qu'il tomba ensuite accablé par sa douleur aussi bien que par la pesanteur de sa croix.

On voit encore aujourd'hui le lieu où se passa cette scène, l'une des plus émouvantes de la Passion. Autrefois les Croisés y bâtirent une église. Je le trouvai profané par les immondices des Turcs.

Quel moment que celui de la rencontre de la mère et de son divin fils ! C'était la première fois que Marie voyait de près Jésus après sa flagellation. Elle l'avait aperçu couvert de sang et couronné d'épines, lorsque Pilate le présenta au peuple en disant : — « Voilà l'homme! » — Mais elle n'avait pu se rendre un compte suffisant de son état. Maintenant elle est près de lui ; et si les gardes la repoussent brutalement pour l'empêcher d'approcher, cependant elle en a vu assez pour mesurer la grandeur du mal. Selon l'expression d'Isaïe : « Depuis la plante des pieds jusqu'à la tête, il n'y a pas une partie saine dans le Sauveur. » — Une mère seule peut comprendre tout ce qu'il y eut dans le regard que la mère jeta sur son divin fils, et quelle émotion profonde le regard du fils produisit sur la mère! Et encore, une mère ne le comprend pas ; car Marie voyait un Dieu dans son fils, et le mal est d'autant plus grand que la personne souffrante est plus innocente et le bourreau plus méprisable. Dans cet endroit, on se sent pressé de remercier Dieu d'avoir bien voulu confier ce souvenir à la tradition, à cause de la grande leçon qu'il renferme. Souvent on serait tenté de trouver l'Évangile barbare, en lisant ce texte : « Quiconque aime son père et sa mère plus que moi ne peut être mon disciple. » Or, cet empressement de la sainte Vierge à chercher le regard de son divin fils explique tout. Il faut préférer Dieu à ses parents ; c'est l'ordre naturel des choses. Le Créateur doit passer avant la créature. Mais cela ne détruit pas le commandement qui vient après les trois premiers : « Tu honoreras ton père et ta mère, afin que tu vives longuement. » Aussi, dans cette station, on pense volontiers à ses affections de famille, et on récite avec effusion cette oraison du missel Romain : « Oh ! mon Dieu, qui nous avez ordonné d'aimer notre père et notre mère, ayez pitié d'eux, prenez soin de leur âme et faites que nous ayons le bonheur de nous réunir à eux pendant l'éternité, pour ne nous en séparer jamais. Nous vous en conjurons par les mérites de Notre-Seigneur, qui rencontra ici sa sainte mère abreuvée de tristesse. »

### CINQUIÈME STATION.

C'est à la cinquième station que la rue commence à monter au Golgotha, c'est là aussi que Notre-Seigneur eut besoin de *Simon le Cyrénéen pour l'aider à porter sa croix*. Sans doute, en essayant de gravir une pente roide et difficile, dans l'état d'un homme épuisé et chargé d'une poutre énorme, le Sauveur dut chanceler et s'arrêter à peu près sans pouvoir avancer. « Des gens en habits de fête, qui se rendaient au temple, passèrent près de là et dirent avec compassion. Hélas ! l'infortuné va mourir! — La confusion fut grande dans le cortége. Comme on ne pouvait faire avancer le Sauveur, les pharisiens qui dirigeaient la marche dirent aux soldats : « Il n'ira pas jusqu'au Calvaire ; cherchez quelqu'un qui l'aide à porter sa croix. » En ce moment un malheureux traversait la rue, accompagné de ses deux enfants ; il portait à la main un faisceau de petites branches, car il était jardinier et il avait travaillé dans les jardins situés hors de la ville du côté de l'est. C'était un homme robuste, âgé d'environ quarante ans. Il avait la tête nue et un vêtement court, serré autour du corps avec une large pièce d'étoffe. Il s'appelait Simon, et il était de Cyrène dans la Syrie africaine. « Il y avait beaucoup de Juifs dans la Cyrénaïque. Ptolémée-Lagus, lorsqu'il avait reçu la Palestine sous son commandement, avait transporté cent mille Juifs dans ce pays. Ils avaient même une synagogue à Jérusalem, et ils se propagèrent tellement dans leur nouvelle patrie, qu'ils tentèrent plus tard contre Rome une émeute assez importante, comme Dion Cassius le raconte dans la vie de Trajan. « Simon pouvait donc être juif. Cependant, remarque le docteur Sepp, peut-être devons-nous reconnaître en lui cet Africain, noir de couleur et prosélyte, que nous retrouvons dans les *Actes des apôtres* sous le nom de Simon le Noir, à côté de Lucius de Cyrène, car les trois parties du monde, les trois grandes races du genre humain devaient être représentées dans le sacrifice qui réconcilia le ciel avec la terre.

Il ne faut pas s'étonner que les soldats romains aient mis si peu de façons à requérir ce pauvre plébéien qui revenait des champs. Arrien (IV-I) nous donne une idée de l'audace de ces gens lorsqu'il écrit : « Si un « soldat t'impose une corvée, ne résiste pas ni ne « murmure; sinon tu recevras des coups et perdras « encore ton âne par-dessus le marché. »

Simon dut éprouver une profonde répugnance à accepter l'office qu'on lui imposait; cependant, en voyant Jésus qui pleurait et jetait vers lui un regard suppliant, il se sentit ému et se laissa faire.

Heureux fut-il d'avoir consenti à cet acte de générosité. Il en retira bien des grâces, et sa famille fut comblée de bénédictions; ses deux fils Alexandre et Rufus devinrent illustres dans l'histoire des Apôtres; et saint Paul, vingt-six ans après la mort de Jésus-Christ, parle avec honneur de sa femme et de Rufus qui vivaient encore (ad Rom.). Ce que les Juifs et les Romains regardaient comme un opprobre fut pour lui, dans les desseins de la Providence, un insigne honneur et le principe de sa conversion. Il devient par là le premier modèle de l'imitation de Jésus-Christ.

Le grand fait à constater ici pour nous, c'est que Notre-Seigneur, Fils de Dieu et Dieu lui-même, voulut bien se laisser accabler par la souffrance, au point d'avoir besoin du secours d'un homme, sa créature. Il n'est donc pas défendu à celui qui souffre d'accepter le secours de ses frères. Une vertu stoïque n'est pas celle de l'Évangile. Nous sommes un peuple de frères et nous devons nous aider les uns les autres. Or, comment s'exercerait la charité, si personne ne devait en accepter les soins ? La rencontre de Simon et de Jésus me rappela encore tout naturellement cette parole prononcée par Jésus-Christ en un autre temps : — Ce « que vous aurez fait au plus petit d'entre les hommes, « je le regarderai comme fait à moi-même, et je « vous en aurai la même reconnaissance. » — Alors je descendis en moi et je compris à quoi je m'exposais toutes les fois que j'avais le malheur de refuser à quelqu'un un service qui dépendait de moi. Si j'avais vécu au temps de Notre-Seigneur, si je me fusse trouvé sur la route à la place de Simon et qu'un mouvement d'humeur, une fausse honte ou la paresse m'eussent poussé à me soustraire aux instances impérieuses des Juifs qui me pressaient de soulager un malheureux, de quelle grâce ne me fussé-je pas privé ? Que le Seigneur tout-puissant nous accorde le don de la plus parfaite charité, afin que nous ne nous exposions jamais à le rebuter lui-même en refusant de soulager un de ses membres.

SIXIÈME STATION.

La sixième station paraît être un complément de la cinquième. Notre-Seigneur accepte un autre service. Il permet qu'*une femme essuie son visage avec un voile blanc.* Il y a encore là une pensée consolante à recueillir.

On suivait alors une longue et belle rue. De tous côtés des gens en habits de fête la sillonnaient pour aller au temple. Les uns se tenaient à l'écart de peur d'être souillés ; d'autres, moins pharisaïques, se montraient accessibles à la compassion. Simon avait fait à peu près deux cents pas à la suite du Sauveur, lorsqu'une femme grande et pleine de dignité, tenant une jeune fille par la main, sortit d'une belle maison située à gauche de la rue et pénétra dans le cortége, avec une intrépidité au-dessus de son sexe. Cette femme était Séraphia, l'épouse de Sirach, membre du sanhédrin. Son dévouement au Sauveur devait lui mériter le nom de Véronique, formé de *Vera*, véritable, et *icon*, mot grec latinisé, qui veut dire image.

Elle pouvait avoir quatre ou cinq ans de plus que la sainte Vierge. Elle avait une alliance avec le vieillard Siméon, dont elle avait beaucoup connu les fils dans son enfance. Celui dont le cœur bien plus que les lèvres, devait un jour chanter le célèbre *Nunc dimittis*, avait inspiré à ses enfants un ardent désir de voir les jours du Messie, et leur désir était partagé par Séraphia. Lorsque Jésus, à l'âge de douze ans, resta au temple pour discuter avec les docteurs, Séraphia qui, à cette époque, n'était pas encore mariée, envoya tous les jours en une humble hôtellerie voisine de Jérusalem des provisions pour l'enfant Jésus, qui passa dans cette maison tout le temps qu'il ne consacra pas au temple. Elle s'était mariée assez tard ; son mari, nommé Sirach, était membre du sanhédrin ; c'était un descendant de la chaste Suzanne. Dans le principe, il était très-opposé au Sauveur, et Séraphia avait eu beaucoup à souffrir, à cause de ses rapports avec les saintes femmes. Plus tard, grâce à l'influence de Joseph d'Arimathie et de Nicodème, il était revenu à de meilleurs sentiments. Dans les séances tenues chez Caïphe, le jour précédent, il s'était réuni à ses deux amis pour plaider la cause du divin accusé, et il avait fini par quitter le sanhédrin, fort irrité.

Séraphia avait préparé un vin généreux et aromatique qu'elle voulait offrir au Sauveur, afin de calmer un peu ses souffrances. Au moment où le cortége passait devant chez elle, elle se précipita. Les soldats essayèrent vainement de l'arrêter ; son amour et son désir ardent de consoler le divin Maître lui communiquant une force surnaturelle, elle pénétra dans les rangs de la populace, repoussa bourreaux et soldats, parvint auprès du Sauveur, se précipita à genoux, et, lui présentant son voile, elle lui dit : « Permettez-moi d'essuyer la face de mon Seigneur. » Jésus prit le linge de la main gauche, l'appliqua sur sa face couverte de sang, et le rendit à la pieuse femme en la remerciant du regard. Séraphia le baisa, le mit sous son manteau contre son cœur, et se releva. La jeune fille essaya timidement d'offrir le vase qu'elle portait ; les soldats la repoussèrent en même temps que son héroïque conductrice.

Les pharisiens étaient furieux de ce retard, et plus encore de l'hommage public rendu à Jésus-Christ. Pour s'en venger, ils le frappèrent rudement et le tirèrent en tous sens, en lui criant de marcher.

A peine rentrée chez elle, Véronique déposa le saint suaire sur une table et tomba en défaillance : la jeune fille se mit à genoux à côté d'elle et se laissa aller à sa douleur. Tout à coup, jetant les yeux sur le voile, l'enfant y aperçut une image du Sauveur, effrayante, mais d'une ressemblance parfaite. Elle tira Séraphia de son évanouissement et lui montra le prodige. Cette vue remplit les deux femmes de douleur et de consolation. Elles se mirent à genoux, et Séraphia s'écria : Maintenant je puis renoncer à tous les biens du monde ; car mon Seigneur m'a laissé un gage qui vaut tous les trésors !

Ce mouchoir ou suaire était de laine fine et d'une longueur trois fois égale à sa largeur. On le portait sur la tête et autour du cou, apparemment comme le font encore aujourd'hui nos Syriennes. Il était d'usage en Palestine d'en présenter un semblable aux voyageurs fatigués, aux malades, à ceux qui étaient dans l'affliction, afin d'essuyer leurs larmes ou leur sueur ; par là on témoignait de son désir de s'associer à leur douleur ou à leurs peines. Dans les pays chauds, les amis s'envoyaient quelquefois, en présent, ces sortes d'objets.

Depuis ce jour, le suaire de Véronique fut toujours suspendu au chevet de son lit ; après sa mort, les saintes femmes le donnèrent à la mère du Sauveur ; puis il passa aux apôtres et ensuite à la sainte Église. On le conserve aujourd'hui à Rome.

Oh ! quel bonheur d'assister Jésus-Christ dans les pauvres qui sont ses membres ! A mesure qu'on panse les plaies du pauvre, Notre-Seigneur grave intérieurement son visage dans le cœur du chrétien généreux. Combien aussi les personnes qui travaillent pour l'Église doivent être encouragées, en pensant que le bon Maître récompense de la sorte celles qui préparent des linges sacrés pour le moment du divin sacrifice !

### SEPTIÈME STATION.

Une colonne de pierre grise marque l'emplacement de la porte Judiciaire, sous laquelle *Notre-Seigneur tomba pour la seconde fois.*

Ici commençait le Golgotha, ou *lieu du crâne*, — *Calvariæ locus !*

Sous la porte, il y eut une sorte d'encombrement. Les gardes s'en irritèrent et redoublèrent de violence. La route devenait très-inégale. Un enfoncement assez considérable se présenta. Les bourreaux ayant eu la cruauté d'y pousser le Sauveur, Simon le Cyrénéen voulut l'éviter, la croix fut ébranlée, et Notre-Seigneur tomba dans l'impur bourbier. Simon eut beaucoup de peine à relever la croix. Jésus dit alors d'une voix distincte, bien que brisée par la douleur : « Malheur, malheur à toi, Jérusalem ! Je t'ai aimée comme une poule qui rassemble ses poussins sous ses ailes ; et voici que tu me rejettes cruellement hors de ton sein. » — Il était triste et troublé. Les pharisiens, entendant ces paroles, l'insultèrent, en lui disant que ce n'était plus le moment de faire de fausses prophéties, et ils firent signe aux bourreaux de le forcer à se relever.

Indigné de leur conduite, Simon ne put s'empêcher de leur dire : Si vous ne mettez un terme à vos cruautés, je laisserai là cette croix, dussiez-vous me tuer.

La septième station est bien la place où les victimes de l'injustice humaine trouvent leur consolation. Victime plus innocente succomba-t-elle jamais à des traitements aussi injustes ? Vous qui pleurez sous le poids des mauvais traitements, voyez Jésus renversé dans la boue par ses créatures, par les hommes pour lesquels il donne sa vie. Unissez vos douleurs aux siennes. Comprenez que le disciple n'a pas le droit d'être mieux traité que le maître, et que, d'ailleurs, celui qui est associé à la passion du Sauveur sera un jour le compagnon de sa gloire.

### HUITIÈME STATION.

La huitième station est indiquée par une grosse pierre scellée dans le mur. A un voyageur étranger qui voudrait la reconnaître sans guide, je dirais : Cherchez dans un mur grossièrement crépi une pierre de taille assez lisse, chargée de crachats et dominant un monceau d'ordures. C'est là que *Notre-Seigneur rencontra les filles de Jérusalem qui pleuraient.*

D'après une prescription du Talmud, pas une larme de compassion ne devait être versée sur le chemin du condamné se rendant au lieu du supplice. Mais les femmes courageuses, si bien appelées les Saintes Femmes, ne se laissent arrêter ni par la défense ni par les coutumes; et malgré la multitude impie et furieuse, elles ont le courage de se déclarer franchement dévouées au Sauveur.

En le voyant meurtri et couvert de sang, elles poussèrent de grands cris et firent entendre de douloureuses lamentations. En même temps, elles lui présentèrent, suivant la coutume de leur pays, des linges pour s'essuyer le visage. Jésus se tourna vers elles et leur dit : « Filles de Jérusalem, ne pleurez pas sur moi, mais pleurez sur vous-mêmes et sur vos enfants...... Car voici venir le jour où l'on dira : Bienheureuses celles qui sont stériles; heureux les seins qui n'ont pas conçu et les mamelles qui n'ont pas allaité. Alors on dira aux montagnes : Tombez sur nous ! et aux collines : Écrasez-nous ! car si l'on traite ainsi le bois vert, que fera-t-on du bois sec?...... » Puis il leur adressa quelques paroles de consolation.

« Dans cette marche douloureuse, Jésus, oubliant ses propres souffrances, ne pense qu'à la ruine de sa patrie. Jérusalem était située sur plusieurs collines, dont les enfoncements souterrains servirent de refuge aux habitants, dans les derniers temps du siége. Les montagnes sont tombées sur eux, et les collines les couvrent encore; car la ville fut rasée, et ses débris remplirent les vallées, lorsqu'il ne resta plus d'elle pierre sur pierre, et que les vainqueurs promenèrent la charrue sur ses ruines. Les paroles de Notre-Seigneur, dans son trajet au Calvaire, ont donc été accomplies à la lettre. Près de mourir, il se retourna encore pour jeter un dernier regard sur la ville et le pays. De larmes, il n'en avait plus, car il les avait toutes pleurées dans l'excès de sa douleur. Mais sa dernière parole est à la fois une prophétie et une plainte sur le sort qui attendait Jérusalem. C'est cette même malédiction que, plus tard, avant la ruine de la ville, un autre Jésus prononça sans interruption, pendant trois ans et cinq mois, sur Jérusalem, jusqu'à ce qu'enfin il en fût lui-même victime. » (Doct. Sepp.)

## NEUVIÈME STATION.

Après la huitième station, le chemin est brusquement interrompu. Autrefois il conduisait par la gauche jusqu'au Calvaire. Actuellement une maison massive barre le passage. Nous dûmes retourner sur nos pas et faire un long circuit pour arriver à l'endroit où *Notre-Seigneur tomba pour la troisième fois.*

Ces diverses chutes ne sont point consignées dans l'Évangile; mais combien la tradition est vraisemblable, lorsqu'elle nous montre le Sauveur chancelant et tombant sous le poids de la fatigue et des mauvais traitements! On est au pied du Calvaire. La route devient de plus en plus tortueuse. Le chef de l'escorte est parti au moment où l'on franchissait la porte de la ville. Plus d'autorité, par conséquent, pour commander encore un semblant de respect. Les soldats, commandés par un simple centurion, s'irritent des lenteurs de la marche, crient, disent des injures, pressent, poussent, et frappent le Sauveur sans aucun égard. Il tombe encore !

Si je devais m'étonner, ce ne serait pas de cette chute, mais de ce que Notre-Seigneur ait pu encore se relever et se traîner jusqu'au Calvaire. Il fallait qu'il nous aimât jusqu'à une sorte de passion pour accepter tant d'épreuves.

DIXIÈME STATION.

Au moment où nous finissions notre neuvième station, nouvelle contrariété. On vint nous dire que les Turcs avaient fermé l'église du Saint-Sépulcre pour une heure. Or le Calvaire est aujourd'hui enclavé dans l'église : force nous fut donc de suspendre nos saints exercices. Nous nous abritâmes comme nous pûmes dans les rez-de-chaussée qu'on voulut bien nous ouvrir pour de l'argent ; et lorsqu'il plut aux Turcs de nous admettre, nous montâmes à cet endroit du Calvaire où *Notre-Seigneur fut dépouillé de ses vêtements*.

Comment était disposée la sainte montagne? Il est difficile de le bien savoir. Voici comment nous la montre une âme pieuse, qui pensait l'avoir vue dans une lumière céleste. Si elle s'est trompée, sa description nous servira du moins à aider notre esprit dans la recomposition des lieux. Elle domine la ville entière, sauf les hauteurs de Sion et de Bezétha, mais elle est placée de telle façon qu'on l'aperçoit aisément de ces deux points saillants. Son sommet, de l'étendue d'un manége ordinaire, est une plate-forme circulaire, protégée par un terrassement peu élevé. Du côté de la ville la pente est rude et l'aspect sauvage. A l'opposé, un chemin assez doux en facilite les abords. Les cavaliers se sont arrêtés sur ce chemin. Les fantassins du centurion sont échelonnés autour du rocher ou sur la plate-forme, selon les exigences du service. Plusieurs gardent les deux larrons, qu'on n'avait pas fait monter faute d'espace, et qui, étendus sur le dos et les bras attachés aux pièces transversales de leur croix, attendaient sur le penchant de la montagne, à l'endroit où le chemin prend la direction du sud. Une foule assez considérable, des gens du commun, des étrangers, des domestiques, des esclaves, des païens, des femmes, tous gens qui ne craignaient pas les souillures légales, s'étaient placés autour de la clôture; d'autres étaient sur les collines voisines; leur nombre s'augmentait sans cesse de gens qui, des campagnes prochaines, se rendaient à Jérusalem. Au sud, sur le mont Gihon, était un camp d'étrangers venus pour la Pâque; beaucoup d'entre eux regardaient à distance, d'autres s'approchèrent du Calvaire.

Il était environ onze heures quand Jésus arriva à l'endroit où il devait être crucifié. Les bourreaux, ayant repoussé Simon, le tirèrent au moyen de leurs cordes; ils détachèrent les pièces de la croix et les rapprochèrent l'une de l'autre. Quel triste spectacle présenta alors le Sauveur, debout à l'endroit même où il devait être mis à mort, pâle, meurtri, déchiré, sanglant ! Ses ennemis le renversèrent, en l'accablant de propos outrageants. « Viens, lui dirent-ils, viens, roi puissant, nous allons prendre la mesure pour ton trône.... » Il se plaça de lui-même sur la croix ; et si l'état auquel il était réduit, lui eût permis des mouvements plus rapides, les bourreaux n'auraient pas eu besoin d'user de violence pour l'étendre comme ils le voulaient. Ils le couchèrent donc sur l'instrument du supplice et marquèrent les endroits où s'arrêtèrent ses pieds et ses mains.

Ensuite, ils le conduisirent à soixante pas de là, vers le nord, à une caverne creusée dans le rocher, et qui avait servi de cellier ou de citerne ; ils en ouvrirent la porte et l'y jetèrent si brutalement que, sans la protection de son Père, ses genoux se seraient brisés contre la pierre.

Les bourreaux commencèrent alors leurs derniers préparatifs. Au milieu de l'espace circulaire qui forme le sommet du Calvaire est une partie également circulaire et plus élevée de quelques pieds. Ce fut là qu'ils creusèrent les trous destinés à recevoir les croix. Ils placèrent à droite et à gauche celles des deux larrons ; elles étaient plus basses et plus grossièrement travaillées. Celle du Sauveur s'éleva au milieu.

Scène odieuse ! Ceux-ci préparent les clous et les

marteaux, ceux-là dressent les échelles, d'autres se distribuent le travail. On cloue à la croix le support des pieds; on y pratique des trous et des entailles. Tous crient et blasphèment.

« Cependant quatre bourreaux, s'étant rendus à la caverne où l'on avait enfermé le Sauveur, l'en tirèrent de la façon la plus brutale. Durant ce dernier emprisonnement, Jésus avait demandé à son Père le don de force, et il s'était encore une fois offert pour les péchés de ses ennemis. Les bourreaux, en le ramenant au Calvaire, lui prodiguèrent encore les coups et les outrages; le peuple les regardait faire et insultait à la victime; les soldats romains restaient froids et indifférents, uniquement occupés à maintenir l'ordre. Enfin Jésus franchit le terrassement qui séparait le sommet du reste de la colline.

Quand les saintes femmes le virent passer, elles donnèrent de l'argent aux bourreaux et les prièrent d'offrir de leur part à leur maître, une boisson généreuse et cordiale qu'elles lui avaient préparé. Cœurs magnanimes! qui célébrera dignement leurs louanges? Lorsque tout le monde abandonne Jésus, elles, dominant la faiblesse naturelle à leur sexe, bravant la foule et s'exposant à tout, sont parvenues au Calvaire où elles se déclarent franchement les servantes du condamné.

D'après les coutumes d'alors, les dames de la noblesse se réservaient le privilége de préparer elles-mêmes le breuvage destiné à assoupir les sens des patients et à leur rendre la douleur moins sensible. Mais lorsqu'il s'agissait d'un crime exceptionnellement abominable, et c'était le cas, disaient les pharisiens, les dames s'abstenaient, et la ville fournissait la boisson narcotique. Les saintes femmes eurent le courage de protester. Malheureusement, elles eurent aussi la douleur de voir les bourreaux, après avoir reçu leur argent, boire le vin, et présenter au Sauveur le fiel et le vinaigre, officiellement envoyés.

On se hâta d'arracher le manteau qui couvrait les épaules du Sauveur. On lui ôta la tunique sans couture, tissée par les mains de la sainte Vierge, et qui avait grandi avec lui. Encore une fois, on lui enleva brutalement la couronne qui rendait difficile son dépouillement, et on la replaça de manière à produire de nouvelles blessures.

Le Fils de l'homme parut alors aux yeux de ses ennemis, couvert de sang et de plaies. Durant la marche, ses vêtements de laine s'étaient collés et roidis sur sa chair meurtrie. On les arracha violemment, et les plaies de sa poitrine restèrent à découvert. Ses épaules cruellement déchirées laissaient voir ses os; des morceaux de laine étaient restés collés à ses blessures et les envenimaient.

Oh! comme nous nous irritons de la moindre

injustice! comme nous nous plaignons du moindre dommage! que d'impatiences, que de gémissements, lorsque, dans la maladie, on ne s'empresse pas autour de nous, on ne prodigue pas les soins pour calmer nos souffrances! Et Jésus, notre divin Sauveur, était là, dépouillé de ses vêtements, assis sur une pierre, saignant de toutes parts, seul, dans les tortures de la plus cruelle agonie! Enseignement sublime, qui endort toutes les douleurs quand on sait le comprendre!

## ONZIÈME STATION.

Tout près du lieu où la croix fut plantée, s'élève un autel où j'ai eu le bonheur de célébrer plusieurs fois la messe. On avait étendu l'arbre fatal au lieu où se trouve aujourd'hui l'autel, et plusieurs pensent que Notre-Seigneur y fut cloué au bois sacré. Saint Bonaventure est d'un avis contraire. Il suppose que, la croix une fois élevée de terre, on obligea le Sauveur à y monter avec une échelle, pour s'y laisser clouer. Mais la difficulté d'une telle opération donne lieu de croire qu'il en fut autrement; et nous suivons, ici, la tradition reçue à Jérusalem.

Tous les préparatifs sont achevés. Les bourreaux ordonnent à leur victime de s'étendre sur l'autel fatal, et Jésus obéit avec autant d'empressement que le lui permet sa faiblesse.

On aurait pu le peindre alors comme la représentation vivante de la douleur. Les bourreaux tirèrent son bras droit avec force, pour le faire arriver à l'endroit où le trou avait été préparé. Un autre saisit sa main pour la forcer à se tenir ouverte. Un troisième enfonça dans la paume de cette main, qui avait si souvent répandu les bénédictions, un clou gros et long, à la pointe acérée. Il frappa coup sur coup avec un maillet de fer; le sang jaillit avec abondance. Ensuite on cloua de même la main gauche. Le sang jaillit encore, et les plaintes douces et résignées de Notre-Seigneur se mêlèrent au bruit de l'affreux marteau.

L'extension violente donnée aux bras, ayant eu pour effet de ramasser le corps et de soulever les genoux, les pieds tirés avec des cordes n'arrivaient point au support préparé, alors les bourreaux éclatèrent en blasphèmes et en malédictions. Quelques-uns voulaient qu'on fît de nouveaux trous pour les mains, car il paraissait difficile de déplacer le support; mais les autres s'écrièrent avec fureur : S'il ne veut pas s'étendre, nous saurons lui venir en aide; et attachant une corde aux deux pieds, ils les tirèrent avec une violence hideuse. La poitrine alors parut se déchirer, on enfonça les clous, et le crime fut consommé. Il est impossible de dire ce que souffrit, en ce moment, le Sauveur.

La sainte Vierge gémissait. Madeleine était hors d'elle-même.

O Dieu! que les hommes sensuels, délicats, immortifiés, viennent ici, apprendre à souffrir. Il faut que la douleur soit chose bien précieuse pour qu'on la prodigue ainsi à notre Maître!

## DOUZIÈME STATION.

Lorsque le crucifiement fut ainsi accompli, les bourreaux attachèrent des cordes aux deux bras de la croix, et la soulevèrent lentement, pendant que d'autres la soutenaient à droite et à gauche. Au moment où la croix glissa dans le trou préparé pour la recevoir, la secousse fut effroyable. Abîmé par le contre-coup, le Sauveur laissa échapper un léger cri. Son corps s'affaissa sur lui-même; ses blessures se rouvrirent, le sang coula plus abondamment, et les os déjà disloqués s'entre-choquèrent. Pour fixer la croix, on enfonça dans le trou cinq morceaux de bois; l'un en avant, un second à droite, un troisième à gauche, et deux par derrière.

Moment effroyable et solennel tout à la fois. Après s'être balancée un instant dans les airs, la croix retombe, et se trouve fixée. Des cris insultants s'élèvent : ils sortent de la poitrine des bourreaux, des pharisiens et d'une multitude égarée. Mais, en même temps, des voix pieuses et plaintives se mêlent aux cris tumultueux : voix bénies, les plus saintes de la terre, voix de la Mère du Sauveur, voix de ses amis, voix de tous ceux qui ont le cœur pur. Elles saluent, avec des plaintes attendrissantes, le Verbe éternel attaché à la croix.

Le silence de la stupeur ayant succédé aux cris furieux, on entendit tout à coup les trompettes du Temple qui annonçaient le commencement de l'immolation de l'Agneau pascal figuratif. En ce moment, bien des cœurs furent émus ; et beaucoup se rappelèrent cette parole de Jean-Baptiste : « Voici l'Agneau « de Dieu, celui qui a pris sur lui les péchés du « monde ! »

Par suite de la secousse imprimée à la croix, la tête du Sauveur, chargée de sa couronne d'épines, laissa échapper des flots de sang. De ses mains et de ses pieds le sang coula également en abondance. Toutes les blessures se rouvrirent. Notre-Seigneur laissa retomber sa tête sur sa poitrine, et il resta comme anéanti. Le sang remplissait ses paupières et sa bouche auguste. Ses cheveux et sa barbe en étaient imbibés. L'arbre de la croix tout entier en était couvert. Malgré tant de blessures, le corps sacré conservait une expression de dignité et de noblesse qui allait au cœur. Le Fils de Dieu, s'immolant par amour pour les hommes, restait beau, admirable de sainteté, de pureté, jusque sous les traits de l'Agneau de Dieu baigné dans son sang et chargé des péchés des hommes.

Cependant le ciel s'était obscurci, et des ténèbres épaisses environnaient la ville et le Calvaire. Au commencement, le bruit des marteaux, les cris confus, les plaintes des deux larrons, les paroles outrageantes des Pharisiens, le mouvement des soldats, avaient comme suspendu l'impression de ce phénomène. Mais les ténèbres augmentant, les spectateurs devinrent pensifs, et s'éloignèrent pour la plupart. Quel moment!

Il vient d'avoir lieu ce grand dialogue qu'un saint Père met dans la bouche de Dieu le Père irrité et dans celle de son divin Fils, devenu malédiction pour nos péchés.

« Présentez, mon Fils, disait le Père, cette main « droite chargée de tous les larcins et de toutes les in- « justices des hommes. Pour la rendre pure, il faut « des flots de sang ! » — Or, Jésus avait présenté sa main, et un clou énorme avait percé cette main pour l'attacher à la croix, et le sang en ruisselait avec abondance.

« Donnez encore cette main gauche souillée de « toutes les immondices du genre humain, avait « ajouté le Père céleste. Pour la laver, le sang est « aussi nécessaire. » — Et Jésus avait étendu sa main gauche, et un second clou l'avait attachée à la croix, et le sang jaillissait de la blessure.

Ensuite, ces pieds, si paresseux chez le pécheur sur la voie du bien, et si agiles à se précipiter dans le mal : encore du sang pour eux.

Enfin ce cœur, dont les affections déréglées ont perdu les hommes : qu'il soit percé d'une lance !

Et Jésus avait répondu : — « Du sang, mon Père, « et de mes pieds, et de mes mains, et de mon cœur, « vous le voulez, cela est juste. Je le veux aussi. *Deus* « *meus, volui.* »

Or la croix est élevée en l'air, et voilà que la terre a tremblé, que le soleil s'est obscurci, que le voile du Temple s'est déchiré, que les tombeaux se sont ouverts. Jésus pousse un grand cri, et il expire !

En présence de cette grande scène, que ferons-nous ?

Dieu avait commandé, au Lévitique, que, si on trouvait sur un chemin un corps d'homme assassiné, toutes les personnes considérables des villes et des bourgades voisines fussent convoquées, et que, s'approchant de ce mort, elles étendissent la main sur son cadavre, et jurassent par cette formule : « *Manus nostræ non effuderunt sanguinem hunc.* Nos mains sont pures de l'effusion de ce sang. » Le corps sanglant de Jésus crucifié est devant nous. Je cherche le coupable. Judas, un peu avant sa mort tragique, a déclaré hautement qu'il ne voulait avoir aucune part à ce déicide, et il a jeté dans le Temple l'argent reçu pour sa trahison, en disant : — « J'ai péché, j'ai livré le sang du juste. » — Pilate s'est lavé les mains et proteste qu'il ne veut point les tremper dans un sang innocent. Hérode n'a prononcé aucune sentence ; il s'est contenté de revêtir Jésus d'une robe blanche. Et Pierre, qui l'a renié trois fois, a reconnu sa faute bien avant le supplice, et il s'est retiré pour pleurer amèrement. Où donc est le meurtrier? Hélas ! lequel d'entre nous peut étendre la main et jurer qu'il n'a aucune part à cette mort ?

Est-il possible de rester froid devant cette royale et divine agonie ?

Si on venait dire à un de ces heureux du monde qui vit comme si Notre-Seigneur ne fût pas mort pour lui, si on venait lui dire qu'un homme, fût-ce le dernier mendiant, a pensé à lui en mourant, qu'il a béni son nom et qu'il a conjuré tous ceux qui l'entouraient de lui dire que, jusqu'à son dernier moment, il lui a conservé le dévouement le plus parfait : cet homme ne serait-il pas touché ? Que serait-ce, si ce mendiant mourait pour son service et bénissait sa mort parce qu'elle sauve la vie de celui qui lui était cher? Or voilà ce qu'a fait pour nous Notre-Seigneur ! Nous le savons, et nous n'en sommes pas touchés. Beaucoup le savent, et ils cherchent à mépriser. Cette réflexion m'indigne contre moi-même et elle me fait prendre en pitié tant d'hommes qui s'efforcent de ne pas croire ou qui refusent de pratiquer ce qu'ils croient.

Comment! « tout reconnaît aujourd'hui la souveraineté de Jésus-Christ ; sa croix triomphe du ciel et de l'enfer ; de l'aveuglement des Juifs, et de l'incrédulité des Gentils ; de la barbarie des bourreaux, de l'endurcissement même d'un pécheur mourant. Toute la nature le confesse, toutes les créatures le reconnaissent ; et nous lui fermerions, nous seuls, notre cœur, et nous nous obstinerions, nous seuls, à dire : Nous ne voulons pas que Jésus-Christ règne sur nous ! — Les morts entendent aujourd'hui sa voix, et sortent de leurs tombeaux ; et nous demeurerions encore ensevelis dans l'abîme de nos dissolutions, quoique sa voix puissante nous crie au fond de nos cœurs, du haut de sa croix : Levez-vous, ô vous qui dormez d'un sommeil de mort ! Sortez de la profondeur de vos crimes et de vos ténèbres, et ce Jésus que vous voyez crucifié pour vous, vous rendra la vie et la lumière que vous avez perdues. Les rochers se brisent, et nos cœurs plus insensibles ne sauraient s'amollir ? Le voile du Temple se déchire ; et le voile impénétrable, qui est sur notre conscience, sur ce sanctuaire d'iniquité, et qui nous empêche depuis si longtemps d'en manifester au prêtre les souillures secrètes, ne peut s'ouvrir et se déchirer ! et nous tenons encore cachés au dedans de nous ces mystères d'abomination, qui font de notre cœur le temple des démons, l'asile des esprits immondes, et un théâtre affreux de remords, de confusion et de troubles !.....Ne sortirons-nous pas enfin de ce royaume de ténèbres ?... Et refuserons-nous de prendre Jésus-Christ, qui vient de mourir pour nous, pour notre roi et notre Seigneur véritable ? »

(Massillon.)

TREIZIÈME STATION.

Descendons du Calvaire ; allons à cette pierre, où l'on déposa *le corps de Jésus* lorsqu'il fut *détaché de la croix*.

Lorsque la sainte Vierge eut rencontré son divin Fils sur la voie douloureuse, lorsqu'elle eut été repoussée par les soldats, lorsqu'elle eut perdu de vue celui qu'elle aimait par-dessus toutes choses, elle ne put se résoudre à ne plus le revoir. Elle ordonna donc à Jean et aux saintes femmes de la traîner au Calvaire. Elle y parvint avant la foule ; elle y trouva les ouvriers occupés à creuser le trou où devait se planter la croix, et elle les entendit se moquer cruellement du prétendu roi des Juifs.

Elle vit donc arriver le triste cortége. Elle vit arracher avec barbarie, de dessus les épaules du Sauveur, la tunique qu'elle lui avait faite dans les jours de son bonheur, alors que l'enfant Jésus croissait en âge et en grâce devant Dieu et devant les hommes, et lui était soumis. Elle le vit ensuite renverser sur la croix.

Elle était là, au moment où les lourds marteaux enfoncèrent les clous dans les chairs frémissantes; elle était là, quand les bourreaux, soulevant cette croix chargée du corps de son divin Fils, la laissèrent retomber avec un bruit et des douleurs inouïes dans le trou qui lui était préparé.

Enfin, quand la Croix fut plantée en terre, Marie se tint debout avec Madeleine et Jean, le cœur transpercé du glaive que lui avait prédit Siméon, le jour de la présentation au Temple ; et les dernières gouttes du sang de Jésus-Christ tombèrent sur la tête de sa mère.

O vous tous, qui passez sur le chemin, pouvait-elle s'écrier avec Jérémie, considérez et voyez s'il y eut jamais une douleur semblable à la mienne.

L'Écriture a dit avec vérité : Votre douleur, ô Marie, est immense comme la mer aux abîmes sans rivage et sans fond.

Cependant elle n'avait pas encore bu le calice jusqu'à la lie.

Une foule de soldats armés s'approchent du Calvaire : ils commencent par briser les jambes des deux larrons qui respiraient encore et jettent leurs dépouilles mortelles dans le fossé profond de la vallée des cadavres, pour qu'ils ne restent pas exposés pendant le grand jour du sabbat.

Ce nouvel aiguillon rappelle le cœur de la divine

Mère au sentiment de la douleur. Saisie d'une grande appréhension, elle ne sait que faire, et se tournant vers son Fils expiré, elle lui dit : « Mon Fils bien-aimé, pourquoi ceux-ci reviennent-ils ? Que veulent-ils vous faire de plus ? Ne vous ont-ils pas tué ? Mon Fils, je croyais leur haine assouvie ; mais je le vois, ils vous poursuivent même après votre mort. Mon Fils, je ne sais que faire ; je n'ai pu vous défendre de la mort ; mais j'irai et je me tiendrai debout à vos pieds et au-devant de votre croix. Mon Fils, priez votre Père qu'il les rende accessibles à la commisération ; quant à moi, je ferai ce que je pourrai (saint Bonaventure). Et alors elle se lève ; et Jean et Madeleine, et les deux sœurs de Marie, c'est-à-dire, Marie, mère de Jacques, et Salomé, se lèvent avec elle, et tous les cinq vont, en pleurant, se placer devant la croix du Seigneur Jésus.

Lorsqu'elle vit les soldats s'approcher, la divine mère se jeta à genoux, et les bras en croix, le visage inondé de larmes, la voix pleine de sanglots, elle leur dit : « Hommes qui êtes mes frères, je vous en supplie au nom du Dieu très-haut, ne me torturez pas davantage dans mon fils bien-aimé ; car je suis sa lamentable mère, et vous savez, mes frères, que je ne vous ai jamais offensés et que je ne vous ai jamais fait aucune injure. Si mon fils vous a paru un ennemi, vous l'avez tué, et moi je vous pardonnerai toute offense et toute injure, et même la mort de mon fils. Mais faites-moi cette grâce de ne point le frapper, afin qu'au moins je puisse le livrer entier à la sépulture. Vous le voyez bien, il est mort. » (Saint Bonaventure.)

Jean, Madeleine et les sœurs de Marie étaient également agenouillés avec elle, et tous pleuraient amèrement.

« Or l'un des soldats, nommé Longin, orgueilleux et impie alors, mais qui depuis se convertit et fut un martyr et un saint, brandissant sa lance de loin, et méprisant leurs prières et leurs demandes, fit au côté droit du Sauveur une large blessure; et il en sortit du sang et de l'eau. »

« A cette vue, la divine Vierge tomba, à demi morte, entre les bras de Madeleine.

« Saisi d'une violente indignation et reprenant courage, Jean ne put retenir le cri de la douleur : Infâmes pervers, s'écria-t-il, pourquoi commettre cette impiété? Voulez-vous encore tuer cette malheureuse mère? Retirez-vous, que nous l'ensevelissions. »

Dieu permit que ces monstres se retirassent enfin.

Alors les amis de Jésus s'assirent au pied de la Croix, ne sachant quel parti prendre. Ils ne peuvent détacher le corps ni l'ensevelir, parce qu'ils n'ont pas les instruments nécessaires. Et d'ailleurs, pour le préserver de la sépulture des infâmes, il faut une permission du gouverneur, et qui peut espérer de l'obtenir?

Marie se mit en prière; — elle conjura Dieu le Père que le corps de son Fils ne fût pas exposé à de nouveaux outrages.

Le Père céleste entendit la supplication de sa fille désolée, il inspira une noble résolution à un sénateur, homme vertueux et juste, qui n'avait pas consenti à la mort du Sauveur.

Joseph, c'était le nom de ce sénateur, Joseph alla trouver Pilate et lui demanda si hardiment le corps de Jésus, que le gouverneur n'osa le lui refuser.

Aussitôt il acheta cent livres de myrrhe et d'aloès pour embaumer le divin corps, se fit suivre de quelques amis, et se dirigea vers le Calvaire.

« Le cœur plein des émotions de la scène précédente, les amis de Jésus se lèvent effrayés en apercevant une nouvelle troupe de personnes venir de leur côté. O Dieu ! quelle fut l'affliction de cette journée ! Mais Jean, regardant en avant, dit : Je reconnais Joseph et Nicodème. — Alors la sainte Vierge, reprenant ses forces, s'écria : Béni soit Dieu qui nous envoie du secours ! » Jean courut au-devant d'eux, et ils s'embrassèrent avec des sanglots et des gémissements, demeurant près d'une heure sans pouvoir se parler, à cause de la tendresse de leur compassion, de l'abondance de leurs pleurs et de l'immensité de leur douleurs... (Saint Bonaventure.)

Des échelles furent appliquées contre la croix, les

clous promptement enlevés, et le corps inanimé de Notre-Seigneur déposé sur la pierre autour de laquelle nous sommes agenouillés pour cette station.

Marie, assise sur la pierre, tenait sur ses genoux la tête de son divin Fils. Elle ne pouvait se lasser de baiser ce visage décoloré et de l'arroser de ses larmes. Elle comptait les trous que les épines avaient faits à son front; elle contemplait cette face divine souillée de crachats et de sang, à laquelle on avait arraché une partie des cheveux et de la barbe, et elle s'écriait: Hélas! mon fils, qu'aviez-vous fait? Pourquoi vous ont-ils mis à mort, ces misérables? Comment ont-ils osé vous réduire en cet affreux état?

Les autres femmes pleuraient avec elle et compatissaient à sa douleur.

Saint Jean, Joseph d'Arimathie et leurs compagnons, les yeux humides de larmes, contemplaient avec stupeur cette scène déchirante.

Enfin, comme le jour déclinait et que la nuit était proche, Joseph fit un effort, il s'approcha de Marie, et il offrit de déposer Notre-Seigneur dans un tombeau qu'il avait fait creuser pour lui-même et qui était près de là dans un de ses jardins. La malheureuse mère, tout entière à l'idée d'une séparation d'avec les restes de son fils, s'écria avec l'accent du désespoir :

Hélas! ne m'arrachez pas mon fils; ou bien ensevelissez-moi avec lui.

Mais saint Jean vint à son tour; il insista pour accepter la proposition du sénateur; et la sainte Vierge permit qu'on enveloppât le corps avec un linceul.

Pendant que Jean et Joseph remplissaient ce pieux devoir, Madeleine s'écria : Je vous en prie, permettez-moi d'ensevelir moi-même ces pieds sacrés devant lesquels j'ai trouvé le pardon de mes fautes. — On la laissa faire. Elle lava avec les larmes de son amour les pieds sacrés qu'un peu auparavant elle avait arrosés des larmes de sa contrition. Pour la seconde fois, elle les essuya avec ses cheveux; et puis elle les enveloppa respectueusement après les avoir baisés.

Restait la tête du Sauveur que Marie continuait à tenir étroitement serrée sur son sein. Une fois encore la sainte Vierge lava ce visage de ses larmes; elle le baisa; et arrachant son voile, elle en enveloppa la tête de son fils bien-aimé.

Alors elle voulut répandre elle-même sur le corps ainsi enveloppé les parfums apportés par Joseph d'Arimathie, la myrrhe et l'aloès qui lui rappelaient les présents des mages et le souvenir des jours de son bonheur.

C'est ainsi qu'elle termina en pleurant cette lugubre cérémonie.

Aidée ensuite par les disciples et les saintes femmes, elle souleva le corps sacré, le déposa dans le sépulcre, le baisa une dernière fois, et permit aux satellites envoyés par les Juifs de sceller la pierre du tombeau.

Alors elle s'assit auprès de cette tombe sacrée et resta longtemps absorbée dans sa douleur.

Mais, à la nuit close, Jean l'avertit qu'il fallait se retirer. Elle obéit. Elle se leva ; elle alla encore embrasser la pierre qui la séparait de son fils ; puis elle bénit le sépulcre, et elle dit avec une profonde tristesse : Père céleste, je vous remets mon fils. Je vous remets aussi mon âme, que je laisse tout entière en ces lieux.

Et puis saint Jean s'approcha pour l'aider à marcher. Les pieuses femmes lui offrirent leur secours. Tous ensemble ils reprirent le chemin de la ville et allèrent cacher leur douleur dans la petite maison située sur le mont Sion, où, la veille, les pieuses femmes s'étaient déjà réunies.

## QUATORZIÈME STATION.

*Le saint sépulcre* est la quatorzième et glorieuse station du Sauveur.

A Jérusalem, on ne pleure pas sur le tombeau divin. On y a gravé au contraire cette inscription symbolique. « *Erit sepulcrum ejus gloriosum. Son sépulcre* sera glorieux ! » Et la messe privilégiée que l'Église permet d'y célébrer est la messe de la résurrection.

Dans nos pays d'Occident, on remarque une grande

diversité dans la manière d'orner et de désigner les reposoirs du Jeudi Saint.

Dans quelques pays cette chapelle est toute tendue de velours noir à lugubres bordures rouges ; quelques lampes funéraires répandent une lumière triste sous les draperies du sépulcre ; et les vases sacrés des autels, les calices, les ciboires, les urnes d'or et d'argent, qui ont été jetés comme en désordre au pied du Christ mort, attestent que le saint sacrifice est suspendu, et que le jour du déicide on ne se servira pas de tout ce luxe bénit.

Dans d'autres villes, l'aspect de l'autel du *Jeudi Saint* est tout différent : au lieu d'être drapé de deuil, il est recouvert des tentures les plus éclatantes, et sur le fond écarlate des gradins, se dessinent et resplendissent des chandeliers et des vases d'argent sans nombre ; toutes les fleurs de la saison, les jacinthes aux clochettes bleues et blanches, les primevères jaunes qui ont percé la neige pour s'épanouir les premières, les anémones, les renoncules aux vives couleurs, émaillent le *Paradis :* car c'est ainsi que les enfants appellent ce reposoir.

Au milieu de ces pompes du temple et de la nature, au milieu de ces bouquets et de ces cierges, sous un voile de drap d'or, est déposée l'hostie.

Cette seconde manière de faire est celle de l'Église à Jérusalem.

Sur cette mort qui nous a donné la vie, sur le corps de celui qui, le troisième jour, brisera la pierre du tombeau et sortira vainqueur de la mort, on ne jette pas le drap noir semé de larmes. Car ce sépulcre est glorieux.

Et en effet, le triomphe de Jésus-Christ commence alors que tout semble perdu pour sa cause.

Jusqu'ici, dit Massillon, « le monde lui avait disputé la réalité et l'éclat de sa royauté ; il ne l'avait traité de roi que par dérision : toutes les marques de sa royauté avaient été de nouveaux opprobres ; le sceptre, un vil roseau ; la pourpre, une robe d'ignominie ; la couronne, une couronne de douleur ; le trône, un bois infâme et le lit de ses opprobres et de ses souffrances. Mais aujourd'hui, ces marques honteuses d'une royauté si humiliante, deviennent les signes glorieux de sa puissance et de son empire. Ce faible roseau, qui lui sert de sceptre, va renverser tous les autels profanes, abattre toutes les idoles, confondre toutes les sectes, anéantir tous les empires, rapper les géants de la terre, et détruire toute science qui s'élève contre la science de Dieu. Cette couronne, qui le couvre de douleur et de confusion, va orner les têtes des Césars, plus pompeusement que les lauriers et les diadèmes des plus superbes ; et un roi du premier trône du monde, et du sang le plus auguste de l'univers, ira exposer sa vie et sa liberté, pour en rapporter en triomphe les débris précieux dans sa patrie ; plus glorieux d'avoir enrichi son royaume de ce saint et précieux trésor, que s'il avait conquis un empire. Ce trône d'ignominie, où il fut attaché, sera bientôt un trône de gloire, au pied duquel les princes et les souverains viendront courber leurs têtes superbes ; un trône de puissance et d'autorité, sur lequel il jugera toutes les nations de la terre ; un trône de grâce et de miséricorde, aux pieds duquel tous les peuples trouveront la vie et le salut ; un trône de science et de doctrine, sur lequel il instruira jusqu'à la fin tous les hommes, et leur apprendra les vérités de la vie éternelle ; enfin, un trône de sagesse et de conseil, d'où ce nouveau Salomon gouvernera tous les peuples dans la justice, dans la paix et dans l'abondance. La puissance et le règne des rois de la terre finissent avec eux ; le règne de Jésus-Christ ne commence à éclater que par sa mort, et ses opprobres sont la première source de ses grandeurs et de sa gloire. »

La première chose que fit l'âme de Notre-Seigneur en se séparant de son corps, fut de descendre aux limbes. Il en ouvrit les portes fermées depuis le commencement du monde, et il apparut enveloppé d'une lumière éclatante, porté par des milliers d'anges. Adam et Ève, les patriarches, les prophètes, tous les saints et tous les justes de l'ancien Testament, vinrent au-devant de lui. Jésus leur annonça leur délivrance, après laquelle ils soupiraient depuis quatre mille ans. Il y eut une joie ineffable dans cette assemblée des élus. La condition du monde était changée. Le ciel s'ouvrait aux hommes déshérités.

Oh ! comme le récit de tant de douleurs se termine bien par la contemplation du ciel !

Vraiment, la pratique du Chemin de la Croix est magnifique. Je conçois comment les Souverains Pontifes ont voulu l'enrichir de tant de grâces et la mettre à la portée de tous les fidèles. Prenant en pitié une multitude de pauvres, d'enfants, de vieillards, de justes et de pécheurs, d'âmes tièdes ou ferventes, empêchés par divers obstacles d'aller fouler les avenues du Calvaire, ils ont appliqué à la voie figurative de la Croix, érigée dans nos églises, les priviléges et les indulgences attachés au chemin réel du Golgotha. Cette faveur paraît exorbitante ; mais on comprend le motif qui l'a fait accorder. La Croix est un grand livre où les plus ignorants peuvent découvrir des secrets sublimes. La Croix est un arbre d'où découle un baume capable de guérir toutes les douleurs.

Aussi tous les saints ont-ils eu pour le Chemin de la Croix une dévotion particulière. En le suivant, nous étions bien heureux. Il nous semblait marcher à la suite de Jésus-Christ, en union avec tout ce qu'il y a eu de saint et d'illustre dans l'église militante.

Après Notre-Seigneur, la sainte Vierge y passa la première sans aucun doute. « Pendant ses dernières années, dit saint André de Crète, elle parcourait sans cesse les lieux où son divin Fils avait été chargé de liens et cloué à la Croix. » Il nous semblait la voir s'avancer lentement, inondée de ses larmes, le long du chemin où son Fils avait porté la croix, et s'arrêter accablée sur la hauteur où il était mort. Et puis, nous la voyions s'agenouiller sur cette terre rougie d'un sang précieux, la baiser et l'inonder de ses pleurs. Alors nous unissions nos prières à la sienne, et nous nous disions : « Pouvons-nous n'être pas exaucés en priant dans un tel lieu et en union avec une telle prière ? » Or, la sainte Vierge n'était pas toujours seule à accomplir son saint pèlerinage. Saint Jean et les saintes femmes vinrent souvent l'accompagner et mêler leurs larmes avec les siennes. Et les apôtres, après la descente du Saint-Esprit, ne l'ont-ils pas suivie à leur tour, et n'ont-ils pas mille fois collé leurs lèvres à l'endroit où Jésus-Christ était mort, abandonné par eux ? n'ont-ils pas choisi ce lieu de préférence, pour pleurer leur ingratitude et s'animer à travailler et à mourir eux-mêmes, pour faire connaître et aimer leur bon Maître ?

Après eux, les premiers fidèles accourent en foule, avides de parcourir les sentiers où venait de s'opérer le grand mystère de notre rédemption, et d'interroger les témoins oculaires sur toutes les circonstances de la divine agonie. L'histoire m'apprend qu'au milieu des sanglantes persécutions des trois premiers siècles, de nombreux et illustres pèlerins ne cessèrent pas d'accourir au Saint Sépulcre. « Il serait trop long, dit saint Jérôme, écrivant au quatrième siècle, de parcourir les noms de tous les évêques, de tous les martyrs, de tous les docteurs célèbres qui se sont rendus d'année en année à Jérusalem, depuis l'Ascension du Seigneur jusqu'à ce moment... Les plus illustres personnages de la Gaule viennent ici, écrivait-il à Marcella ; ceux qui croient en Jésus-Christ au fond de la Bretagne, abandonnent l'Occident et viennent chercher ici le lieu qu'ils connaissaient déjà par les saintes Lettres et par la vénération des peuples. Que dirons-nous des Arméniens, des Persans, des Indiens, des populations de l'Éthiopie et de l'Égypte, fertile en solitaires, de celles du Pont, de la Cappadoce, de la Syrie, de la Mésopotamie et de tout l'Orient, qui viennent en si grande multitude nous édifier par leurs vertus ! Tous diffèrent de langage, mais la piété est la même en tous. Autant de peuples, autant de chœurs divers chantant les divines louanges. Origène, saint Cyprien, saint Athanase, saint Jean Chrysostome, saint François d'Assise et saint Ignace ont été successivement chercher au saint tombeau la lumière et la grâce. » Sainte Hélène et l'impératrice

Eudoxie, de riches dames romaines, les Mélanie, les Paule, les Eustochie, les Blésille abandonnèrent la magnificence des cours pour venir habiter auprès des lieux où Jésus-Christ était mort.

« Et puis, au moyen âge, quelle multitude immense se précipite vers le Calvaire ! Ce ne sont plus des pèlerinages isolés ; c'est l'Europe en armes qui se lève comme un seul homme ; ce sont les princes, ce sont les rois, ce sont les puissants et les forts ; ce sont les petits, et jusqu'à de faibles femmes ; ce sont les riches comme les pauvres qui se précipitent vers la mer et lui demandent de les transporter à Jérusalem. A leur tête est Godefroid de Bouillon. Le jour où ses troupes viennent de remporter la plus signalée victoire et se livrent à la joie, je le trouve, seul et sans casque, gravissant la sainte montagne et priant devant le tombeau de Jésus-Christ.

Je le répète, que de saints illustres ont fait avant nous le Chemin de la Croix, et avec quel bonheur nous unissions nos prières à leurs prières, nos larmes à leurs larmes ! et comme nous demandions à Dieu de nous rendre participants de tous les trésors qu'ils étaient venus y puiser !

Faut-il maintenant redescendre à une discussion froide et répondre aux doutes sacriléges que des orgueilleux modernes cherchent à élever contre l'authenticité de ces lieux vénérés ?

« Il est infiniment pénible, dit Monseigneur Mislin, au pèlerin qui visite les saints Lieux, de devoir être continuellement armé contre le doute, l'incrédulité et la discussion, au lieu de s'abandonner tout entier aux douces impressions de son âme. Comme le voyageur qui parcourt le désert, il doit porter cent fois la main à ses armes pour repousser les attaques incessantes des ennemis qui l'entourent. Les débris de vingt peuples, qui n'ont jamais quitté la Ville Sainte, se disputent depuis deux mille ans la possession d'un tombeau ; et de nouveaux venus, des hommes sans passé comme sans avenir, viennent chaque jour de l'Occident pour dire sans examen, sans étude, sans raison : « Ce tombeau, ce Calvaire sont apocryphes. » Il est si facile d'être savant de la sorte, qu'il faut peu s'étonner qu'il y en ait tant. »

Au reste, le P. de Géramb a une très-bonne réponse pour ces faits. « A Jérusalem, avant qu'elle fût ruinée, dit-il, il y avait des chrétiens, et en grand nombre. De ces nombreux chrétiens, plusieurs l'étaient devenus à la vue des miracles dont est remplie la vie de Jésus-Christ ; ils s'étaient fréquemment trouvés à sa suite, et dans Jérusalem, et jusque sur les montagnes ou dans les bourgades de la Judée. Quelques-uns avaient été l'objet particulier de ses bienfaits ; d'autres, témoins aussi des mêmes œuvres, s'étaient convertis après la Résurrection, ou plus tard, aux premières prédications des apôtres. Tous, pleins de confiance dans les paroles de leur divin Maître, et n'attendant de bonheur que celui que leur promettait sa doctrine, nourrissaient habituellement leurs espérances du récit ou du souvenir des merveilles dont avaient été accompagnées sa naissance, sa vie, ses souffrances, sa mort, sa sortie glorieuse du tombeau, etc.; tous connaissaient exactement les lieux où s'étaient accomplies de si grandes choses; ils s'en entretenaient, les visitaient, se faisaient un devoir de religion de les signaler à la piété des fidèles, dont chaque jour se grossissait l'Église naissante; et l'on peut dire que leur foi, leur reconnaissance, leur amour avaient non-seulement suivi, observé, mais en quelque sorte marqué tous les pas du Sauveur. La guerre des Romains, la désolation de la cité, la destruction de ses murailles et de son temple, en un mot, tout ce qu'oppose aujourd'hui à la vérité des traditions une incrédulité menteuse, a-t-il pu changer, dénaturer les positions, déplacer les montagnes et les torrents, faire oublier la situation respective des lieux tant de fois parcourus, visités, honorés avec tant de respect! De tout ce dont l'impiété a fait grand bruit, il n'y a que les édifices qui, pour la plupart, aient disparu; et qu'en résultait-il pour les traditions? C'est que, dans l'impossibilité de montrer à leurs enfants ces édifices debout, il arrivait aux pères de ce temps-là, en les décrivant et en en désignant la place, de leur tenir un langage, hélas ! trop semblable à celui qu'au milieu des désolations de nos jours, d'autres pères, nos contemporains, ont été réduits à adresser à leurs fils :

« Sous ces tas de pierres était le palais d'Hérode. — Sous les décombres de ces murailles se trouvait le Lithostrotos, où Jésus fut condamné à mort. — Sous ces débris de pilastres, le Sauveur rencontra sa sainte Mère. — Près de ces arcades brisées, le Fils de Dieu parla aux saintes femmes. — Cette colonne qui s'élève seule au milieu de tant de constructions, était à côté de la porte Judiciaire ; c'est celle sur laquelle fut attachée la sentence prononcée par Pilate..... »

« Et ce qu'il y a de triste et de douloureux dans la contemplation des ruines, servait à graver plus profondément les faits dans les esprits, en remuant plus fortement les cœurs.

« Mais les moyens dont je viens de parler, et qui sont ceux à l'aide desquels d'ordinaire les faits traversent les siècles et se transmettent d'une génération à une autre génération, semblent en cette occasion n'avoir pas suffi à la sagesse de la Providence. Dans l'économie divine de ses desseins, elle a voulu que ce fussent les plus grands ennemis de la Croix qui signalassent eux-mêmes aux Chrétiens les divers théâtres des ignominies, des opprobres, des douleurs du Fils de Dieu et celui de sa mort. Assurément, rien n'entrait moins dans la pensée des empereurs païens, que l'intention de remplir une pareille tâche. Cependant, quand, maîtres absolus de Jérusalem, en haine de la religion nouvelle, et dans l'unique but de l'étouffer à son berceau, ils choisissaient de préférence les lieux qu'elle recommande le plus aux hommages de ses enfants, pour y ériger des temples, des autels, des statues aux divinités de Rome, que faisaient-ils autre chose, sinon d'avertir que là même où le paganisme osait placer ses vaines idoles, son Jupiter, son Adonis, sa Vénus, là s'étaient accomplis les plus augustes mystères de la rédemption et du salut? Et depuis qu'à son tour, le Croissant domine sur la malheureuse Jérusalem, que fait autre chose l'avarice des pachas, en vendant à un haut prix l'accès de ces mêmes lieux, dont auparavant l'impureté d'un culte idolâtre ou des menaces de mort interdisaient l'approche, sans pouvoir les faire oublier? Il n'est pas jusqu'aux ordures dont la populace turque se plaît hideusement à salir certains emplacements, certains édifices, certaines ruines, qui ne servent à maintenir les traditions et ne contribuent à indiquer aux pèlerins qui, de toutes les parties du monde, accourent en Terre Sainte, les endroits vers lesquels la piété chrétienne est le plus fortement attirée, où le cœur se remplit de sentiments d'amour et de reconnaissance plus vifs, plus ardents, plus généreux, plus tendres, plus dignes de Jésus-Christ. »

A cette éloquente réponse, je n'ajouterai qu'un mot. Il y a quelques années seulement, un de nos missionnaires parcourait péniblement la longue chaîne des Montagnes Rocheuses. C'était le P. de Smet. Au nord de l'Amérique s'abritent çà et là, derrière ces montagnes, des peuplades féroces. Pour la première fois, le missionnaire à la longue robe noire apportait en ces lieux la paix de Jésus-Christ. Étonnés, les sauvages le regardent et se regardent entre eux. Chez semblable nation, être étranger et mourir, c'est tout un. Les chefs de la nation assemblés délibéraient déjà sur le sort de l'homme inconnu, livré de lui-même à leur merci, lorsque sur la poitrine du missionnaire, le soleil dardant ses rayons, fait briller l'image du crucifix. Un grand silence succède à l'agitation. Le missionnaire aussitôt profitant de l'intervalle : — « Nations infidèles, s'écrie-t-il, cet objet qui « frappe si merveilleusement vos yeux, est un objet « sacré. C'est l'image de mon Dieu ! Pour vous, il est « mort. De sa part, je viens vous le dire. En lui vous « trouverez le salut. » — Ensuite il leur traça rapidement l'histoire de la Passion, détacha le Crucifix de son cou et le remit entre les mains du grand chef. Cette image, ce récit avaient adouci la férocité sauvage. Le grand chef, dans un profond respect, baise affectueusement les pieds du Christ ; puis les yeux élevés vers le ciel, pressant avec ses deux mains la croix sur son cœur, il s'écrie : — « O grand Esprit, « aie pitié de tes pauvres enfants, et fais-leur miséri- « corde. » — A son exemple, toute la peuplade fit de même.

O hommes, à qui votre aveuglement fait trouver le moyen d'aller perdre le sens moral au berceau de la foi, je ne veux pas vous maudire, je vous plains seulement. Je vous plains de fermer ainsi vos yeux à l'évidence ; je vous plains d'avoir le cœur plus dur que de pauvres sauvages, et je m'effraye de la responsabilité que vous assumez en face de Dieu, lorsque vous lancez aux quatre vents du ciel vos récits hypocrites et menteurs ; et ce qui m'épouvante le plus pour vous, c'est que vous avez trop d'esprit pour ne pas savoir que vous en avez menti !

---

## XX

### L'ÉMEUTE ET LA PROCESSION

Tous les ans, le soir du Vendredi Saint, vers les six heures et demie, le Patriarche, les Franciscains et tous les fidèles catholiques font une procession solennelle aux différents autels de l'église de la Résurrection. On prêche à chacune des stations, et les sept discours se font en sept langues différentes.

Désireux, comme de juste, d'assister à cette belle cérémonie, nous avions fait notre collation à cinq heures et demie, afin d'avoir toute la soirée à nous.

Or, sur les six heures, nous nous mettions en devoir de sortir de *Casa-nova*, lorsqu'on vint nous avertir que tout était à feu et à sang dans l'église de la Résurrection. Les Grecs s'étaient pris de dispute avec d'autres chrétiens, et il y avait un grand vacarme sous la sainte coupole. A six heures un quart, un comte italien nous annonça que quatre-vingts hommes avaient été massacrés, il en était sûr, disait-il. Je doutais quelque peu de la gravité de la situation. J'offris inutilement à un drogman de l'argent pour qu'il me conduisît au lieu du sinistre. Le poltron n'y consentit jamais. Il fallait qu'il eût bien peur, car, dans ces pays, on résiste peu à la séduction de l'argent. Nous prîmes alors le parti d'attendre quelques instants, puisque, ne sachant pas la langue de la multitude, il n'était pas possible de nous jeter au milieu d'elle, sans un interprète. Et puis, les deux portes qui donnent accès sur la place, venaient d'être fermées ; comment nous les faire ouvrir ? Au bout d'un quart d'heure, la patience nous échappa, et nous partîmes. Les jeunes gens voulaient marcher les premiers, et leur courage leur en donnait plus que le droit ; mais je songeai aux droits de leurs familles, et je les priai de me laisser passer devant, quoiqu'à vrai dire, je doutasse de l'imminence d'un danger. Il était à peu près nuit : cette circonstance rendait la chose plus solennelle. Nous marchions sans prendre des airs de bravaches, mais aussi comme des gens qui ne craignent pas, et nous nous entretenions à voix modérée. Au bazar, nous trouvâmes du monde : mais personne ne nous disait mot ; on s'écartait même pour nous laisser le passage libre, début plus que rassurant. Un officier turc, qui se tenait là avec quelques soldats, nous apercevant de loin, vint à nous, nous salua, et nous engagea à passer en faisant mille gestes qu'il s'efforçait de rendre aimables. Où est donc la bataille ? — Derrière la petite porte qui donne sur la place, nous écoutons ; point de bruit ; quelle est cette émeute d'un caractère silencieux ! C'est bien nouveau pour des Français. Nous frappons ; la porte s'ouvre, la place était vide ! Allons chercher les émeutiers dans l'église. Nous entrons, et cette fois nous remarquons bien dans la foule, une certaine effervescence. Nous serrons les rangs, nous cherchons à pénétrer en troupe déterminée ; chacun de se garer devant nous. Pas un cri, pas une insulte. Un officieux me dit bien à l'oreille : Veillez sur vos jeunes gens, le pacha ne répond de rien. — Mais le bon Dieu prit soin de nous ; et nous parvînmes sans encombre à la chapelle des Pères de Saint-François.

Que s'était-il donc passé? Pendant la procession des schismatiques, l'Église étant surabondamment remplie, le bruit s'était répandu qu'un juif était dans la foule. Un juif, dans l'assemblée chrétienne, un vendredi saint ! C'était évidemment de trop. Mais la nouvelle sans doute était fausse, car je crois les juifs trop prudents pour s'exposer à un pareil danger. Bref, on croyait au juif, on prétendait le sentir, et voilà la foule qui s'exalte ; on menace, on crie : Mort au juif ! — La difficulté était de le trouver. Les Grecs prétendent qu'il est parmi les Arméniens ; les Arméniens, à leur tour, de protester qu'il ne peut se trouver que chez les Grecs ; de là des disputes, des clameurs. Bientôt on en vient aux coups. L'officier turc qui commande, lève son sabre ; on lui casse le bras. Le consul de France prend une attitude digne pour imposer à la foule; mais que peut un homme sans force armée, sans agents de police? Il sauve l'honneur, et ne saurait faire davantage. Le Patriarche et les Franciscains s'enferment dans le petit couvent attenant à leur chapelle. Les cris de mort au juif! se répétent. Où est le juif! qu'on nous montre le juif! qu'on le tue! — Et le juif ne paraît pas. Quelques bancs étaient çà et là dans l'église; on les brise pour faire des armes. Enfin les soldats turcs ont le dessus; et tout rentre dans l'ordre. Nous arrivâmes précisément à ce moment. Ce qui m'étonna le plus, c'est la facilité avec laquelle la tranquillité se fait après de telles agitations. Il semble voir de l'eau sur le feu. Elle se soulève, bouillonne, s'agite avec bruit, semble gronder comme en colère. Éloignez la cafetière du foyer; le calme est instantané.

La procession put donc avoir lieu comme de coutume. En voici la description sortie de la plume élégante de M. Poujoulat.

« Le père vicaire célébrant et ses officiers, suivis de tous les religieux du couvent du Saint-Sauveur, se sont d'abord réunis dans la chapelle de la Sainte-Vierge, dont on a fermé les portes. On avait éteint toutes les lumières de la chapelle, et, au milieu de l'obscurité la plus profonde, un jeune Père d'Italie a prononcé un discours sur les souffrances et la mort du Sauveur. Ce discours n'a été qu'un rapide abrégé de la Passion du Christ, accompagné de réflexions pieuses. Qu'était-il besoin de rhétorique auprès de ces pauvres religieux, que le simple récit des douleurs du Fils de l'homme faisait fondre en larmes ?

« Après ce discours, les portes de la chapelle se sont ouvertes, et nous avons entendu le vaste bruit de la foule, semblable au mugissement de la mer ; nos cénobites, ayant à leur tête un grand crucifix, se sont rangés deux à deux avec un flambeau à la main, et nous nous sommes mis en marche dans l'église, à travers une multitude qui se heurtait et s'ébranlait ; hommes, femmes, jeunes filles, enfants, vieillards, de toutes les nations de l'Orient.

« On a commencé le *Miserere* sur un ton des plus lamentables qu'on puisse entendre. Les jeunes Arabes élevés au couvent du Saint-Sauveur marchaient les premiers, avec la croix, chantant de leur côté le *Stabat Mater* avec assez de charme et d'harmonie.

« La procession ne pouvait avancer d'un pas sans une peine extrême, tant la foule nous pressait de toutes parts.

« Arrivés auprès de l'autel de la *Division des vêtements*, nous nous sommes arrêtés ; un religieux espagnol, revêtu d'une étole noire sans surplis, a prononcé un discours dans la langue de son pays, sur la triste solennité du jour. Nous étions tous debout pendant ce discours. Le célébrant était seul assis sur un siége de velours noir, brodé d'or. Deux des principaux catholiques de Jérusalem portaient ce tabouret derrière le célébrant, pendant la procession.

« Je n'ai rien vu de plus beau que les ornements en velours noir, brodé d'or, qui ont servi à la cérémonie d'aujourd'hui; ils ont été envoyés par l'Espagne en 1819. Les armes de Castille brillent en filets d'or sur ces vêtements sacrés.

« Le sermon espagnol étant achevé, nous nous sommes remis en marche jusqu'à l'autel de l'*Impropère*, sous lequel on voit un débris de colonne de pierre, où s'assit le Sauveur lorsque, durant la nuit de sa Passion, il fut rassasié d'opprobres; là, nous avons eu un second discours espagnol; puis nous nous sommes avancés vers le Calvaire. Au milieu d'un bruit immense, traversé par de longs cris, chacun voulait monter sur le Golgotha...... Avec une peine infinie, nous sommes parvenus à l'*autel du Crucifiement*.

« Le grand crucifix porté en tête de la procession par un religieux latin, a été posé au pied de l'autel, construit à la place même où le Sauveur expira. Le Père espagnol que nous avions entendu à la station de l'*Impropère*, s'est agenouillé devant le crucifix et a repris son discours avec des larmes dans les yeux; lorsqu'il en est venu à la dernière heure du Sauveur, le prêtre espagnol a éclaté en sanglots.

« Pour moi, je me suis vu saisi d'un saint effroi quand j'ai entendu le cénobite, avec son étole noire et sa robe de laine brune, nous raconter la mort ignominieuse de Jésus, à la place même où Jésus a été immolé!... Car j'étais *là*, sur le Golgotha, où la Croix fut plantée; car je foulais la montagne qui a bu le sang du Christ!!!

« Que de tristesses! que de pensées! un Dieu qui se fait homme pour mourir, et pour mourir innocent! N'y a-t-il pas dans ce mystère un touchant exemple, une consolation sublime pour l'humanité? Le monde avait besoin de voir mourir un Dieu pour que l'image du trépas fût moins horrible. L'homme pouvait entrer avec moins de douleur dans le sépulcre, après que Dieu lui-même y était entré.

« Pauvres humains qu'a frappés le glaive de l'injustice, regardez cette croix où périt le saint des saints! Vous, mortels que le génie a faits dieux, et qui, méconnus de vos contemporains, ne recueillez que l'indifférence dédaigneuse, ou les humiliations; nobles enfants de la terre, marqués au front du sceau immortel, dont les jours se consument en brûlantes pensées, levez les yeux vers le père de l'Évangile, le régénérateur et le Sauveur du monde, suspendu au bois infâme! C'est là son trône et son autel. Et sa couronne!.. Regardez-la, c'est une couronne d'épines!

« Dans la prison, dans l'exil, sur l'échafaud, que

de victimes ont pu s'écrier, comme le Christ du Golgotha : *mon Dieu! Mon Dieu! pourquoi m'avez-vous abandonné?* ELI! ELI! LAMMA SABACTHANI!

« Le crucifix de la procession a été planté à l'endroit même où fut plantée la croix du Sauveur. Après un long discours sur la Passion, un religieux a dévotement attaché une écharpe blanche au bras du Christ, lui a ôté sa couronne d'épines, et a décloué ses pieds et ses mains avec un marteau et une tenaille.

« La couronne et les clous enlevés ont été tour à tour baisés respectueusement par le prêtre, montrés à l'adoration des fidèles, puis déposés dans un bassin d'argent. A mesure qu'un bras du Christ était déployé, le bras tombait de lui-même, comme le bras d'un mort.

« Ensuite, on a descendu le Christ de la croix, de la même manière que le Sauveur après qu'il eut expiré! Ce spectacle me faisait frissonner : j'assistais à cette scène si terrible et si solennelle, qui ensanglanta le Calvaire il y a dix-huit siècles....

« L'impatiente curiosité de la multitude n'avait pu que s'accroître. Et au milieu du vaste murmure, on distinguait les cris des petits enfants, les gémissements des femmes et des jeunes filles, que la foule étouffait. Quelques jeunes filles arméniennes s'étaient jetées vers moi, en me suppliant de les défendre et de les garder à mes côtés pendant la cérémonie.

« Nous sommes descendus de la sainte montagne pour nous rendre à la *Pierre de l'Onction*, où le fils de Marie fut embaumé. Le Christ a été enveloppé dans un linceul, et quatre religieux, revêtus d'une étole noire, l'ont porté pieusement comme on porte un cadavre.

« Un voile blanc recouvrait la *Pierre de l'Onction*. On y avait placé un coussin de velours noir, sur lequel devait être posée la tête de Jésus. Aux quatre angles de la pierre étaient des vases d'argent renfermant des aromates et des eaux de senteur.

« Le Christ ayant été posé sur le marbre sacré, le célébrant s'est agenouillé pour arroser l'image du Sauveur d'essence de rose, et brûler autour d'elle de précieux parfums.

« Après quelques instants de recueillement, le Père latin, qui remplit à Jérusalem les fonctions de curé, a prononcé, en arabe, un discours qui s'adressait aux catholiques du pays ; il était monté sur un des piliers qui avoisinent la porte de l'église, et tous les assistants, même les musulmans, l'ont écouté avec une religieuse attention. Ce discours achevé, nous nous sommes avancés du côté du tombeau. Quatre religieux portaient le Christ dans un linceul blanc. L'image sainte a été déposée sur la pierre du Sépulcre. Nous avons entendu un dernier discours en langue espagnole, et c'est ainsi que s'est terminée la lugubre cérémonie.............. »

La même chose a lieu tous les ans. Seulement, depuis M. Poujoulat, le Souverain Pontife a rétabli le siége patriarcal de Jérusalem, et le Patriarche préside au lieu du Révérendissime.

Nous sommes seuls catholiques dans l'église.

Tous les prêtres, tous les religieux, tous les pèlerins tiennent un flambeau à la main pour éclairer cette nuit solennelle. Le Patriarche nous adresse une exhortation latine; et puis commence une cérémonie digne des Catacombes. Les portes extérieures étaient fermées, de peur des ennemis de la foi. L'obscurité régnait sous les grandes voûtes, dans les chapelles et dans les couloirs. Nous paraissions marcher dans les ombres d'un souterrain. A mesure que nous approchions d'un sanctuaire, la clarté de nos cierges l'illuminait tout à coup, et celui que nous quittions retombait dans les ténèbres. En descendant dans les caveaux de Sainte-Hélène et de l'Invention de la Croix, l'illusion devenait encore plus complète. Le chant grave et triste des prêtres résonnait avec solennité au milieu du silence général. Il devait en être ainsi au temps des empereurs ennemis du nom chrétien.

Cette fois, il y eut un incident heureux. Le Père Gagarin fut prié de faire un des sept discours en langue russe. Les schismatiques s'en étaient émus. Le consul de Russie et l'archevêque député par le saint synode de Moscou avaient trouvé la chose mauvaise;

mais ils n'avaient pu l'empêcher. Et la langue schismatique se prêta à rendre ce jour-là, sur le Calvaire, un hommage solennel à la Catholicité.

Il était onze heures du soir lorsque tout fut terminé. Alors, sans lanterne et sans armes, mes jeunes gens et moi, nous traversâmes la ville plongée dans les ténèbres. Nous ne rencontrâmes pas un émeutier pour nous jeter une insulte.

# XXI

## LE FEU SACRÉ

De temps immémorial, dans l'Eglise de Dieu, on fait, pendant l'office du Samedi Saint, la cérémonie de *Feu nouveau.* En mémoire de certains sacrifices anciens où le feu du ciel descendit sur les victimes et les dévora, par une pieuse allusion à Jésus-Christ, la lumière du monde, qui sortit vivant et ressuscité des ténèbres du tombeau, par d'autres motifs encore, lorsque toutes les lampes sont éteintes dans l'église, le prêtre fait jaillir la lumière d'un caillou, il bénit le *feu nouveau* en disant :

« O Dieu ! qui par votre Fils, pierre angulaire de l'Église, avez allumé le feu de votre charité dans les cœurs, daignez sanctifier ce feu nouveau que nous venons de tirer d'un caillou pour servir à nos usages, et faites que, durant ces fêtes de Pâques, nous soyons enflammés de désirs tout célestes, afin qu'étant purs, nous puissions arriver à la solennité des fêtes de votre éternelle gloire ; nous vous le demandons par Jésus-Christ Notre-Seigneur.

« Créateur de toute lumière, bénissez celle-ci !

« Seigneur, vous avez été la lumière d'Israël ; Seigneur, vous avez été la colonne de feu dans le désert ! Seigneur, bénissez ce feu nouveau ! »

Alors un acolyte met le feu dans l'encensoir, et le prêtre répand dessus quelques gouttes d'eau bénite en disant :

« *Asperges me, Domine, hyssopo, et mundabor;* Seigneur, vous répandrez sur moi l'eau sainte avec l'hysope, et je serai purifié : vous me baptiserez, et je deviendrai plus blanc que la neige. »

Ensuite le diacre, en dalmatique, s'agenouille devant le célébrant et le prie de le bénir, afin qu'il soit digne d'annoncer la Pâque, et puis il chante l'hymne magnifique de la résurrection :

« Que les anges du ciel, que la milice d'en haut se réjouissent et tressaillent d'allégresse ! que le son des trompettes annonce nos sacrifices de joie ! Que la terre soit dans le bonheur et qu'elle jouisse de la lumière glorieuse qui lui est venue !

« Et vous, notre mère, Église sainte, réjouissez-vous aussi ; vous voilà rayonnante de la lueur du flambeau divin, du flambeau qui éclaire le monde ! Que le lieu saint retentisse des transports de la joie des peuples ; que les acclamations de la terre montent vers le ciel !.....

« Car Notre-Seigneur Jésus-Christ est sorti glorieux des portes de la mort. »

Et puis on allume le cierge pascal, image de la colonne de cire que les premiers fidèles plaçaient à l'entrée du sanctuaire pour éclairer leur sainte veillée de la nuit du samedi au dimanche de Pâques, symbole de Jésus-Christ debout au milieu de son Église pour l'illuminer et la guider.

Avec le feu nouveau on allume les lampes éteintes depuis le jeudi, et le prêtre fait cette prière :

« Seigneur, que ce cierge et ces lampes, consacrés à la gloire de votre nom, brûlent pendant toute cette nuit pour en dissiper l'obscurité, et que, s'élevant comme un parfum agréable, leurs lumières se mêlent à celle des flambeaux célestes.

« Que l'astre du matin les retrouve encore allumés ! »

Ensuite on chante les merveilles des premiers jours, en choisissant les passages les plus saisissants de l'Ancien Testament.

« C'est Dieu assis dans sa puissance, et avant les temps, fécondant le chaos pour en tirer le monde ; la terre avec ses arbres, ses fleuves et ses montagnes ; la mer avec ses profondeurs et ses abîmes, le firmament avec ses étoiles, la lune et le soleil, et la lumière naissant d'un mot !

« C'est le patriarche Noé sauvé du déluge, et les grandes eaux qui montent, et l'arche qui surnage, et le corbeau qui se perd, et la colombe qui revient avec le rameau d'olivier !

« C'est Dieu demandant à Abraham un sacrifice qu'il n'eût pas exigé d'une mère; c'est l'ange arrêtant le bras du père d'Isaac; c'est Isaac sauvé.

« C'est le Dieu des armées lui-même, Jéhovah, l'Éternel, regardant du haut de la nuée lumineuse, et répandant la terreur et la mort parmi les Égyptiens, et engloutissant dans les flots les cavaliers, les chevaux, les chars, le roi, et l'armée tout entière ! »

Et ces magnifiques tableaux déroulés, et les prophéties relatives au Messie rappelées, on invoque tous les saints du ciel, et on célèbre la messe en l'honneur de Jésus-Christ ressuscité.

Tel est l'office catholique, auquel il nous a été donné d'assister ce matin de bonne heure. Mais voici la contrefaçon.

Comme chaque pèlerin schismatique paye tribut à son patriarche, on a grand intérêt à en attirer le plus possible dans la ville sainte. Pour y parvenir, rien ne coûte, pas même l'imposture. On répand donc le bruit au loin, parmi les peuples ignorants, que, si l'Église latine est obligée de tirer son feu nouveau d'un caillou vulgaire, c'est une marque de la réprobation dont elle est l'objet, mais que pour les schismatiques spécialement aimés de Dieu, le ciel prendra soin de leur envoyer le feu pascal. Alors les multitudes en masse affluent dans la ville sainte pour voir le miracle, et les patriarches schismatiques remplissent leur bourse.

Midi était l'heure officiellement annoncée pour le prodige d'aujourd'hui ; aussi, fidèles au rendez-vous, nous étions-nous empressés de monter vers les hautes tribunes qui courent sous la grande coupole. Nous y étions merveilleusement pour tout voir sans être foulés.

Une multitude immense jonchait l'église. On était si pressé qu'un individu ne pouvait se remuer sans agiter la masse entière. Un homme venait-il à éternuer ou à faire un mouvement quelconque, c'était comme une ondulation des flots de la mer. D'en haut nous ne voyions que des têtes; et, comme toutes étaient couvertes de l'inévitable tarbouch, nous suivions les agitations de ces flots rouges qui ne ressemblaient à rien de connu. Au milieu de la foule, deux lignes de soldats turcs protégeaient un chemin circulaire, réservé autour du Saint-Sépulcre, pour la procession des Évêques. A tout moment, je m'imaginais que la foule compacte allait crever les haies et envahir l'espace sacré. Rien de semblable n'eut lieu. Il est vrai que les officiers assemblés avaient pris le bon moyen pour calmer les ardeurs inconsidérées. Armés d'un fort nerf de bœuf appelé courbach, ils surveillaient de près, et lorsque le mouvement ou les cris devenaient trop forts, ils frappaient impitoyablement sur les têtes. Chacun alors de chercher à s'abriter sous l'épaule de son voisin ; il y avait éclipse de bonnets rouges, on faisait les morts, et l'ordre se rétablissait. Les premières leçons vigoureusement données firent effet, en sorte que, vers la fin, il suffisait qu'un officier promenât son courbach sur les têtes pour rappeler à l'ordre.

Cependant l'archevêque grec de Pétra, qui est en possession du droit de faire le miracle et que l'on appelle pour cela l'évêque du Feu, le patriarche arménien, le patriarche syrien, sortirent de la basilique des Grecs et commencèrent une procession préparatoire le long de la ligne circulaire protégée par les soldats. Ensuite ils s'enfermèrent mystérieusement dans le Saint-Sépulcre. Dire tout ce qu'il y eut alors de frénésie dans la multitude immense, serait impossible. C'étaient des cris et des trépignements sans fin. Des hommes montaient les uns sur les autres et formaient des pyramides humaines. Au haut de la pyramide, un exalté battait le briquet, allumait une petite bougie, et criait par dérision : Voilà le feu des catholiques ! — Il faisait allusion au prétendu miracle dont les schismatiques sont en possession. On chantait des paroles qui respiraient la haine contre les Juifs déicides et exaltaient les Chrétiens. Chacun tenait en sa main une petite bougie. Tous la levaient en l'air ; car c'est un grand privilége parmi eux d'être des premiers à recevoir le feu ; on le croit sans doute plus pur.

Tout à coup, la petite porte du Saint-Sépulcre s'ouvrit. Couvert d'une simple chemise blanche, comme un homme qui ne peut supporter les ardeurs célestes, l'archevêque de Pétra s'élance un cierge allumé dans la main. En même temps, par deux lucarnes pratiquées dans le tombeau, deux cierges présentent leurs flammes. Des hourras frénétiques se font entendre. On se presse, on se pousse ; tout le monde veut allumer sa bougie. Bientôt l'église, vue d'en haut, ressemble à une mer de feu. Chacun promène sa bougie autour de ses cheveux, de sa barbe, de toutes les parties de son corps. Les femmes la font passer jusque sous leurs vêtements. C'est une manière de se purifier. Pendant ce temps-là, l'évêque de Pétra et les autres, revêtus de magnifiques ornements sacerdotaux, recommencent leur procession circulaire. Enfin, un officier turc donne le signal. On éteint les cierges. Les portes s'ouvrent ; la multitude s'écoule. Le silence se fait.

Le Père de Géramb ajoute au récit de la cérémonie dont il fut témoin avant nous, une circonstance piquante, dont nous n'eûmes pas l'avantage de jouir.

« Ce jour-là, dit-il, le gouverneur de Jérusalem, accompagné de ses principaux officiers, assistait à l'office : c'est un droit qui lui est réservé ; il s'y montre même, quand il lui plaît, avec les femmes de son harem. Il était venu pour voir les différentes cérémonies, — celle entre autres de la distribution du feu des Grecs. — Chose remarquable ! l'opération merveilleuse ne commence jamais, lorsqu'il est présent, qu'il n'en ait donné le signal. Dès qu'il eut parlé, le Ciel obéit, et il fut visible que, pour envoyer le feu pascal aux objets *de sa dilection* (les Grecs), Dieu avait eu la bonté d'attendre qu'un Turc en eût donné la permission. » Sur quoi le même Père ajoute : « Témoin de ces ridicules supercheries, des vociférations et du vacarme au milieu desquels elles réussissent, je suis forcé d'avouer que quelque chose me parut véritablement *prodigieux*, ce fut l'inconcevable stupidité de ceux qui en furent les dupes. »

Lorsqu'un Grec a eu le bonheur d'assister à cette cérémonie, ses fêtes de Pâques sont terminées. Le dimanche lui-même, ce grand jour que le Seigneur a fait, ne l'arrête pas. Aussi ne trouvons-nous en sortant dans les rues que chameaux couchés, bagages amoncelés. On fait des ballots ; on charge ; et on part. Sur le minuit, la ville, tout à l'heure si vivante, si agitée, sera presque veuve de ses habitants d'un jour.

## XXII

### LA RÉSURRECTION

Voici le jour du Seigneur, la fête des fêtes, le jour de la délivrance. Réjouissons-nous, et tressaillons d'allégresse en ce jour que le Seigneur a fait.

Un des spectacles les plus émouvants de ma vie a été sans contredit celui de la fête de la Résurrection à Munich, parmi ces races allemandes si pleines de foi. Le soir du Samedi Saint, l'église était parée comme aux plus beaux jours; le deuil des journées précédentes avait fait place aux splendeurs des fêtes pascales. Cependant, au milieu du sanctuaire, un tombeau restait, et dans ce tombeau on voyait l'image du corps sanglant du Sauveur. La foule remplissait les parvis sacrés. Les prêtres en surplis se tenaient debout dans le chœur. Tout à coup, les trompettes se font entendre, et au bruit des trompettes une procession s'organise. Le peuple entonne des cantiques de réjouissance. On traverse les rues en jetant aux échos les chants du triomphe, et lorsqu'on rentre dans l'église au-dessus du tombeau couvert d'un voile d'or, on voit l'image de Jésus-Christ glorieux, qui s'élance, un étendard rouge à la main. C'est quelque chose de féerique. La nuit tombe ; toute l'église est étincelante de lumières ; et les voix fraîches et pures de l'Allemagne, animées par une foi vive, inspirent l'allégresse aux cœurs les moins sensibles.

Les joies de Jérusalem, toujours mélangées de tristesse, sont moins belles ; mais la présence des lieux témoins des sacrés mystères leur donne un caractère auquel rien ne ressemble.

« Je ne suis plus jeune, écrit le Père de Géramb ; j'ai beaucoup voyagé, j'ai vu de belles choses dans ma vie ; mais je ne me souviens pas d'avoir été témoin d'un spectacle plus magnifique, plus imposant que celui que m'offrit l'église du Saint-Sépulcre dans cette nuit du samedi au dimanche de Pâque. Imaginez-vous un vaisseau d'une grandeur immense, illuminé dans toutes ses parties avec un goût et une richesse extraordinaires, dix mille pèlerins parés de leurs plus beaux habits, un flambeau à la main ; les femmes et les enfants remplissant la vaste étendue des galeries, tenant également un flambeau, tous faisant à l'envi retentir les voûtes sacrées du glorieux *alleluia* ; tandis que des évêques, couverts d'or et de pierreries, précédés de thuriféraires qui parfument d'encens leur passage, et suivis d'un nombre considérable de prêtres en chapes blanches richement brodées d'or, font processionnellement le tour du tombeau avec ordre, et selon le rang assigné à chaque nation, en chantant des hymnes et des cantiques en l'honneur de celui qui, par sa résurrection, a triomphé de la mort; imaginez, dis-je, un tel spectacle, et calculez, si vous le pouvez, l'impression qu'il doit produire dans l'âme de quiconque l'a sous les yeux : il effaçait en moi jusqu'au souvenir des scènes douloureuses qui m'avaient récemment attristé. Alleluia ! alleluia ! m'écriais-je dans les transports d'une joie dont je ne pouvais modérer les élans; alleluia ! alleluia ! et je bénissais le Dieu des miséricordes d'avoir conduit mes pas à Jérusalem, et de m'avoir accordé la faveur de mêler mes cris d'allégresse aux cris des pieux chrétiens qui avaient le bonheur de célébrer la victoire de son divin Fils, au lieu même où ce Fils avait triomphé. »

A cette belle nuit succéda la lumière du plus grand des jours. Une procession précéda la messe. On faisait le tour du saint sépulcre; et de distance en distance, on s'arrêtait pour lire un évangile, et puis on reprenait sa marche en chantant des hymnes de triomphe.

Les tapisseries dont l'église était décorée, les croix, les chandeliers, les lampes, les ornements pontificaux, ceux des simples prêtres, tout rappelait l'antique piété et les bienfaits des rois. L'encens fumait à gros nuages ; les diacres et les sous-diacres, et les religieux et les acolytes, et les chantres et les enfants de chœur, chantaient ces paroles à travers les flots pressés de la foule :

« Un ange du Seigneur est descendu du ciel, et, renversant la pierre, il s'est assis dessus ; puis, s'adressant aux femmes, il leur a dit : Ne craignez point, car je sais que vous cherchez Jésus. Il est ressuscité ; venez, et voyez le lieu où le Seigneur avait été couché. Alleluia, alleluia.

« Et lorsqu'elles furent entrées dans le sépulcre, elles virent assis, au côté droit, un jeune homme vêtu de blanc ; et ce jeune homme, les voyant effrayées, leur dit : Ne craignez point, car je sais qui vous cherchez ; Il est ressuscité.

« Jésus-Christ étant ressuscité d'entre les morts, ne mourra plus désormais ; et la mort n'aura plus d'empire sur lui. Il était mort pour le péché ; maintenant, c'est pour Dieu qu'il vit !

« Il est mort une fois pour nos péchés ; et il est ressuscité pour notre justification.

« Ne fallait-il pas que le Christ souffrît, et qu'il entrât ainsi dans la gloire ?

« Le Seigneur est sorti glorieux du tombeau.

« Pour l'amour de vous il avait été attaché à la croix, et le voilà ressuscité. Alleluia, alleluia. »

Comme ce mot d'alleluia, c'est-à-dire, louange à Dieu, est bien placé sur les lèvres du pontife et des prêtres qui parcourent la foule pour lui annoncer la bonne nouvelle de la Résurrection! Avec quel bonheur on entend monter vers les vieilles voûtes du temple chrétien et résonner autour du Saint-Sépulcre « ce cri dont les Hébreux firent retentir les profondeurs de la mer, quand le Tout-Puissant leur ouvrit un passage au milieu des flots suspendus! »

Or que s'est-il passé le jour de Pâques? Et pourquoi cette joie et cette allégresse de l'Église?

Après avoir rendu les derniers devoirs à son divin Fils, la sainte Vierge avait repris le chemin de la ville, dans la direction du mont Sion, où était sa demeure. Ses deux sœurs lui avaient couvert la tête, comme à une veuve, d'un voile qui cachait presque entièrement son visage, et elles s'étaient mises à marcher devant elle, tandis que Jean et Madeleine la soutenaient. A la porte de la ville, des vierges et des femmes respectables qui les avaient vues arriver, s'étaient précipitées vers la Mère de douleur pour lui témoigner leur sympathie; elles l'avaient accompagnée jusque chez elle, et puis la porte de l'humble demeure s'était refermée sur Jean, Madeleine, Marie et ses sœurs.

La journée du lendemain s'était passée dans la tristesse. Dans la solitude qui s'était faite tout à coup autour d'elle, Marie cherchait celui qu'elle avait perdu : « Où êtes-vous, mon fils bien-aimé? s'écriait-elle de temps en temps, où êtes-vous, que je ne vous vois pas? Jean, où est mon fils? Madeleine, où est votre Sauveur? Mes sœurs, où est celui que nous aimions tous? Il s'est éloigné de nous, lui notre joie, notre douceur, la lumière de nos yeux. Il s'est éloigné dans de cruelles angoisses, vous le savez! Et ce qui augmente encore ma douleur, c'est qu'il est parti tout déchiré, tout torturé, ayant soif, étouffé, opprimé, livré à la violence, et que nous n'avons pu le secourir. Tous l'ont abandonné!... Et comme cela s'est fait rapidement!... O mon Fils, que cette séparation est amère, et qu'il est cruel le souvenir de votre mort ignominieuse! »

Dans la matinée, Pierre avait frappé à la porte, et il était entré, en pleurant et en sanglotant, versant des larmes amères sur son péché de la veille, en demandant pardon à la Mère de Jésus, et se frappant la poitrine avec les signes de la plus amère douleur; et les autres disciples étaient arrivés successivement tout en pleurs. Les heures avaient passé, tandis qu'on récapitulait les événements principaux du drame lamentable. Le soir, Marie-Madeleine et l'autre Marie et Salomé étaient allées, après le coucher du soleil, acheter des parfums pour embaumer le corps du divin Maître. Et la nuit s'était faite, et l'aube du troisième jour commençait à paraître.

Or le Seigneur Jésus étant venu avec un nombreux et illustre cortége d'anges vers son sépulcre, avait repris son très-saint corps, et il était sorti glorieux du tombeau. Et la terre avait tremblé fortement; et un ange était venu du ciel renverser la pierre scellée à l'ouverture du monument; et les gardes étaient tombés à terre, saisis d'une grande frayeur.

D'après la version allemande, la sainte Vierge était sortie avant le jour; elle avait parcouru la voie douloureuse à travers les rues désertes, s'arrêtant aux endroits où le Sauveur avait éprouvé les douleurs les plus vives, essuyé les plus mauvais traitements. Pleine d'un amour ineffable, elle avait collé ses lèvres à chacune des stations, et toutes les places sanctifiées lui avaient paru lumineuses. Elle s'était enfin arrêtée au pied de la croix, et semblait attendre quelque chose de grand. D'après saint Bonaventure, elle était restée solitaire dans sa demeure.

Sa prière était celle-ci : « Père très-clément, Père très-pieux, vous le savez, mon Fils est mort, il a été cloué à la croix entre deux voleurs, et moi je l'ai enseveli de mes propres mains; mais vous êtes puissant, Seigneur ; rendez-le-moi sain et sauf, j'en supplie votre Majesté, rendez-le moi! Pourquoi tarde-t-il tant à venir vers moi? Renvoyez-le-moi, je vous en conjure, parce que mon âme n'est pas en repos jusqu'à ce que je le voie. O mon bien-aimé Fils, que vous est-il arrivé? que faites-vous? Pourquoi tardez-vous? Je vous en prie, ne différez pas de venir vers moi ; car vous avez dit : *Je ressusciterai au troisième jour*. O mon Fils, n'y sommes-nous pas à ce troisième jour ? Ce n'est pas hier, mais le jour d'avant, qui a été ce jour terrible et amer, ce jour de calamité et de mort, d'ombres et de ténèbres, où ont eu lieu notre séparation et votre mort. Levez-vous donc, ô ma gloire et tout mon bien, et venez ! Je désire vous voir par-dessus tout ; que votre retour me console, moi que votre départ a tellement contristée. Revenez donc, mon bien-aimé ; revenez, Seigneur Jésus ; revenez, mon unique espérance ; revenez vers moi, ô mon Fils ! »

Et tout à coup, le Sauveur ressuscité lui apparut. Il était merveilleusement beau et radieux ; son vêtement flottait.

Derrière lui, semblable à une vapeur légère illuminée par le soleil, ses blessures se montraient resplendissantes. Une troupe nombreuse d'âmes des Patriarches l'environnait. Jésus, se tournant vers eux, et montrant la sainte Vierge, prononça ces paroles : Marie, ma Mère ! — Les âmes des Patriarches semblèrent s'incliner devant la Mère de Jésus. Le Seigneur lui montra ses blessures, et comme elle se prosternait pour baiser ses pieds, il la prit par la main et la releva. En ce moment, les flambeaux nocturnes brillaient encore près du tombeau, et l'horizon blanchissait à l'orient au-dessus de Jérusalem.

« Salut, ma sainte Mère, dit Jésus. Mère bien-aimée, c'est moi ; je suis ressuscité, et me voilà encore avec vous. »

Alors la sainte Vierge, « l'embrassant avec des larmes de joie, le pressait étroitement, s'abandonnant tout entière sur lui ; et il la soutenait avec bonheur. Puis ils s'assirent à côté l'un de l'autre, et elle le regardait curieusement, et considérait son visage, et les cicatrices de ses mains, recherchant si toute douleur s'était retirée de lui.

« Et le Seigneur :

« Ma vénérable Mère, toute douleur s'est éloignée de moi ; j'ai vaincu l'affliction, les angoisses et la mort, et dorénavant je ne souffrirai plus aucun mal.

« Et la Vierge :

« Béni soit votre Père, qui vous a rendu à moi ! loué et exalté soit son nom ; glorifié soit-il dans tous les siècles !

« Ils restèrent ainsi à parler ensemble en toute allégresse, et ils firent délicieusement la Pâque. Et le Seigneur Jésus raconta à sa Mère comment il avait délivré son peuple des enfers, et tout ce qu'il avait fait pendant ces trois jours.

« Ainsi commença le grand jour de Pâques, dit saint Bonaventure. »

L'Évangile, en cet endroit, ne parle pas de la sainte Vierge. Mais une tradition, d'accord avec le bon sens, nous fait connaître que la divine Mère du Verbe fut la première à voir Notre-Seigneur après la résurrection. Et, de quelque manière que la chose se soit passée, personne, dans son bon sens, ne saurait douter de cette apparition, ajoute saint Ignace.

Or, pendant ce temps-là, Madeleine et les deux Marie allaient vers le Sépulcre avec leurs parfums. Et, comme elles approchaient, un doute leur vint, et elles se dirent l'une à l'autre : Qui nous ôtera la pierre scellée du tombeau? »

Et aussitôt la terre se mit à trembler. C'était le moment où l'ange du Seigneur renversait la pierre.

Cet ange avait le visage plus éclatant qu'un éclair, et sa robe avait plus de blancheur que la neige... Les soldats qui avaient été apostés à la garde du Sépulcre virent cet ange et devinrent comme morts, tant ils avaient été saisis de frayeur.

Les femmes ne furent pas témoins du prodige; mais, en arrivant, elles virent la pierre ôtée; et l'ange de Dieu, assis sur cette pierre, leur dit : *Ne craignez point. Celui que vous cherchez est ressuscité.*

Mais elles, « trompées dans leurs espérances, parce qu'elles croyaient trouver le corps du Seigneur, et ne faisant pas attention aux paroles de l'ange, » se mirent à courir, et redescendirent à Jérusalem, pour avertir Pierre et Jean, et les autres apôtres, que le corps du Seigneur avait été enlevé.

Pierre et Jean sortirent aussitôt de la ville et prirent en grande hâte le chemin du Sépulcre; ils couraient tous les deux; mais Jean, qui courait le plus vite, arriva le premier; et, s'étant baissé à l'entrée du tombeau, il aperçut les linceuls par terre..., mais il attendit que Pierre fût arrivé pour entrer avec lui.

Lorsqu'ils y eurent pénétré, ils virent bien les linceuls dont on avait enveloppé le corps, et le suaire qu'on avait mis sur la face du Sauveur. Ils crurent tous les deux, ainsi que les femmes, qu'on avait enlevé le corps; car ils ne savaient pas alors ce que l'Écriture enseigne : qu'il fallait qu'il ressuscitât d'entre les morts.

Saisis d'étonnement, ils retournèrent à Jérusalem pour dire aux autres apôtres ce qu'ils venaient de voir. Mais les femmes restèrent, et, regardant de nouveau dans le Sépulcre, elles y virent deux anges vêtus de blanc, qui leur dirent :

« Que cherchez-vous? un vivant parmi les morts? »

Elles ne firent pas encore attention à ces paroles, et elles n'éprouvèrent pas de consolation à la vue des deux anges, « parce qu'elles ne cherchaient pas des anges, mais le Seigneur des anges. » Alors les deux Marie, épouvantées et comme absorbées par la douleur, s'éloignèrent un peu, et s'assirent désolées.

« Et Madeleine, ne sachant que faire et ne pouvant vivre sans son maître, ne le trouvant pas, et ignorant où le chercher, demeura près du Sépulcre, en dehors, et tout en larmes. Enfin, regardant une troisième fois à l'intérieur, parce qu'elle espérait toujours revoir le Seigneur où elle l'avait enseveli, elle aperçut les anges qui lui dirent :

« Femme, pourquoi pleurez-vous ? »

Elle répondit :

« Ils ont enlevé mon Seigneur, et je ne sais où « ils l'ont mis. »

« Or, pendant qu'elle pleurait ainsi... le Seigneur Jésus dit à sa Mère qu'il veut aller consoler Madeleine. Et Marie lui répond : « Mon Fils béni, allez en paix, et consolez-la, parce qu'elle vous chérit tendrement, et qu'elle a été profondément affligée de votre mort. Mais n'oubliez pas de revenir à moi. » Et, l'embrassant, elle le laissa partir. (Saint Bonaventure.)

Et Jésus vint au Sépulcre, dans le jardin où était Madeleine, et, se tenant debout devant elle, il lui dit :

« Femme, que cherchez-vous ? Pourquoi pleurez-vous ? »

Et comme le Sépulcre était dans un jardin, Marie-Madeleine crut d'abord que cet homme qui lui parlait était le jardinier, et elle dit : « Si c'est vous qui avez enlevé le corps de mon Seigneur, dites-moi où vous l'avez mis, et je l'emporterai. »

Jésus n'avait prononcé que ce mot : *Marie !* que déjà elle l'avait reconnu ; et, tendant les bras vers lui, elle lui cria : « Rabboni ! » c'est-à-dire mon maître!

« Ne me touchez pas, ajouta le Sauveur ; je ne suis pas encore remonté vers mon Père. Allez vers les disciples, et dites-leur ce que vous avez vu ; dites-leur que je monte vers mon Père, qui est votre Père, vers mon Dieu, qui est votre Dieu. »

Alors, ayant reçu sa bénédiction et l'ayant vu partir, elle revint auprès de ses compagnes leur faire le récit de ce qui s'était passé. Et les deux Marie descendirent avec elle vers la ville.

Or, comme les sœurs de la sainte Vierge étaient tristes de n'avoir pas vu le Sauveur, tout à coup il voulut bien se présenter à elles sur le chemin, et il leur dit :

« Je vous salue. »

Le Seigneur ajouta :

« Allez vers mes disciples ; dites-leur ce que vous avez-vu. Qu'ils aillent en Galilée, où ils me verront, ainsi que je le leur ai prédit. »

Le Seigneur Jésus, s'éloignant d'elles, apparut à Joseph d'Arimathie, ajoute saint Bonaventure. Les Juifs, pour le punir d'avoir enseveli son Maître, l'avaient enfermé dans une chambre soigneusement scellée. Leur dessein était même de le tuer après le sabbat. Mais le Seigneur alla le consoler, essuya son visage, lui donna un baiser et le reporta dans sa propre maison, en laissant intacts les sceaux de sa prison.

D'après saint Jérôme, le Seigneur apparut aussi à Jacques le Mineur, qui avait fait vœu de ne rien manger avant d'avoir vu le Seigneur ressuscité. Il lui dit : « Mettez-vous à table. » Puis, prenant du pain, il le bénit, et le lui donna en disant : « Mangez, mon frère chéri, parce que le Fils de l'homme est ressuscité d'entre les morts... » Saint Jacques devint bientôt après le premier évêque de Jérusalem.

« Or, comme Madeleine et ses compagnes, de retour au Cénacle, racontaient aux disciples la résurrection du Seigneur, Pierre, désolé de n'avoir pas vu son Maître et ne pouvant demeurer en repos à cause de la violence de son amour, sortit et s'en alla seul vers le Sépulcre; car il ne savait où le chercher ailleurs. Pendant qu'il marchait, le Seigneur Jésus lui apparut en disant :

« Paix à toi, Simon !

« Alors Pierre, frappant sa poitrine et tombant la face contre terre, dit en pleurant :

« Seigneur, je vous avoue ma faute, je vous ai abandonné, je vous ai renié plusieurs fois.

« Et il embrassait ses pieds.

« Or le Seigneur, le relevant, le baisa et lui dit :

« Paix à toi, ne crains rien; tous tes péchés te sont remis. Je savais bien que tu les commettrais;

je te l'avais prédit. Maintenant, va et confirme tes frères ; aie confiance, parce que j'ai vaincu la mort, et tous vos adversaires, et tous vos ennemis. » (Saint Bonaventure.)

Ainsi la Pâque est encore célébrée ici. Le Seigneur et son disciple demeurent ensemble et conversent quelques instants. Pierre regarde tendrement Jésus et note toutes choses. Puis, ayant reçu la bénédiction du Seigneur, il retourna près de la sainte Vierge et des disciples ; et tous se réjouirent en disant : Le Seigneur est vraiment ressuscité et il a paru à Simon-Pierre !

Cependant le Seigneur, depuis sa résurrection, n'avait pas encore visité les saints patriarches, qu'il avait laissés dans le Paradis de délices, après sa visite aux limbes. Il voulût retourner vers eux, et leur apparut, vêtu d'une robe blanche plus éclatante que la lumière, et environné d'une légion de séraphins.

L'apercevant de loin dans sa gloire, les patriarches furent transportés d'une indicible jubilation, et ils se mirent à chanter avec allégresse :

« Voilà notre Roi ; venez, allons au-devant de notre Sauveur. C'est un grand commencement, et son règne n'aura pas de fin. Un jour de sanctification a lui pour nous ; venez tous, et adorons le Seigneur ! »

« Et, se prosternant, ils l'adorent. Puis, se levant et se tenant respectueusement autour de lui, ils achèvent leur cantique en disant :

« Le lion de la tribu de Juda a vaincu ; ma chair a refleuri, Seigneur ; vous nous remplissez de joie par votre présence ; les délices sont en votre main jusqu'à la fin. Vous êtes ressuscité, vous, notre gloire ; nous vous exalterons, et nous nous réjouirons en vous. Votre règne est de tous les siècles, et votre domination s'étendra de génération en génération. Et nous ne nous éloignerons plus de vous ; vous nous avez ressuscités, et nous exalterons votre nom. Vous nous avez précédés comme notre Précurseur, et vous êtes devenu notre Pontife pour l'éternité. Voici le jour que le Seigneur a fait : réjouissons-nous, et félicitons-nous. Aujourd'hui a lui pour nous le jour de la rédemption, de l'antique réparation, de l'éternelle félicité. Aujourd'hui les cieux ont répandu sur le monde entier une rosée de miel, parce que le Seigneur a régné du haut de la Croix. Le Seigneur règne ; il a revêtu la force, et il a ceint ses reins. Chantez-lui un cantique nouveau, parce qu'il a opéré des merveilles. Sa droite a fait des œuvres de salut, et son bras est saint.

« Et nous, son peuple et les brebis de son pâturage, venons et adorons-le. » (Saint Bonaventure.)

Cependant le mystère de joie n'était point encore parfait.

Deux hommes allaient, sur le soir, au bourg d'Emmaüs. C'étaient des disciples du Sauveur. Profondément affligés et désespérant de revoir celui qu'ils avaient perdu, ils s'entretenaient de leur chagrin. Alors le bon Maître daigna s'approcher d'eux sous la forme d'un voyageur, et il conversa avec eux; et il entra dans la maison où ils allaient prendre leur repas. Et enfin il se manifesta, plein de gloire et de mansuétude, en leur rompant le pain, et il les laissa fortifiés et consolés.

Le cœur des deux disciples était trop plein pour ne pas déborder, aussi reprirent-ils immédiatement la route de Jérusalem, pour aller annoncer aux apôtres la bonne nouvelle. Mais ils les trouvèrent déjà instruits de la résurrection de leur Maître, et on leur dit qu'il avait apparu à Simon dans la matinée.

Le jour s'écoulera-t-il sans que tous aient vu de leurs yeux celui dont leur âme est si occupée? Ils ont peine à le croire, et il espèrent toujours. Le jour a disparu. Le soleil s'est penché du côté de la grande mer, et ses feux sont éteints. L'assemblée continue à attendre, et Marie semble encourager les espérances.

Enfin, les portes restant fermées, Jésus se présente, se tient debout au milieu des disciples, les regarde avec bonté et leur dit:

« La paix soit avec vous ! »

Alors, tombant la face contre terre, tous confessent leur lâcheté des jours précédents, et conjurent leur bon Maître de leur en accorder le pardon.

Et le Seigneur leur répond :

« Levez-vous, mes frères, vos péchés vous sont remis. »

Puis il converse familièrement avec eux, leur montre ses mains et son côté, et leur ouvre l'intelligence pour les aider à comprendre les Écritures et le mystère de sa résurrection. Ensuite il veut bien condescendre jusqu'à manger avec eux et participer à leur modeste souper, où l'on sert quelques poissons rôtis et un rayon de miel.

Oh! comme la sainte Vierge dut être heureuse pendant cette soirée où son divin Fils apparaissait revêtu de gloire et de majesté, où les disciples, jusque-là si incrédules, éclataient en transports d'allégresse, entouraient celui qu'ils avaient cru mort sans retour, le louaient, le bénissaient, le remerciaient.

On resta quelque temps au milieu de ces joies ineffables, et quand la nuit fut tout à fait sombre, « Jésus, dit saint Bonaventure, ayant salué respectueusement sa mère et ayant reçu congé d'elle, les bénit tous et se retira. »

Ainsi se passa le jour de la Résurrection, ce jour que le Seigneur a fait!

Quelle gloire, même humainement parlant, est comparable à celle de Jésus-Christ ressuscité! Y a-t-il, dans l'histoire du monde, un fait plus glorieux, plus universellement connu, et plus avéré que cette résurrection merveilleuse?

Du sommet des sept collines, Rome ancienne contemplait l'univers soumis à ses lois. Et son cœur tressaillait. Et sa tête se relevait avec une noble fierté. Et elle disait avec le sourire du triomphe : « Qui donc est semblable à moi ? Voilà que le monde entier est sous mes pieds ; et les fondements de mon trône sont les débris des trônes de la terre. » Or, supposons qu'à ce moment, le fils d'un obscur charpentier fût monté au Capitole, eût étendu la main vers les quatre vents du ciel et eût dit : Rome tombera et je posséderai son empire. — On eût pris cet homme pour un fou, et on ne se fût pas même donné la peine de le châtier.

Eh bien ! ce que nul homme n'a osé faire, Jésus de Nazareth venait de l'accomplir au moment de sa Passion. L'an quatre mille trente-sept du monde, debout au milieu de quelques pêcheurs du lac de Tibériade, à la porte de cette Jérusalem qui allait le condamner à mort et le crucifier, il étendit la main et prononça ces paroles remarquables : — « En vérité, « en vérité, je vous le dis ; aujourd'hui cesse l'em- « pire du prince de ce monde. Et lorsque celui qui « vous parle aura été élevé de terre et cloué sur la « Croix, il attirera tout à lui du haut de ce trône san- « glant. »

Quelques années après, Rome perdait sa puissance, et ses aigles tombaient, laissant au monde, comme souvenirs et monuments de leur gloire, des ruines, quelques tronçons de colonnes brisées, de viles pièces de monnaie, et des bustes de pierre souvent mutilés. Jésus-Christ, au contraire, mis à mort par les Juifs, sortait du tombeau et agitait aux yeux des nations étonnées son étendard glorieux. Bientôt les rois et les reines, les empereurs et les princes l'adoraient, le visage prosterné contre terre, et baisaient dans la poussière la trace de ses pieds. Et l'immortalité était donnée à son empire.

Mais il y a plus! Où est le fait historique plus avéré et plus universellement connu que celui de la Résurrection et de l'Ascension glorieuse du Sauveur?

Que le monde le veuille ou ne le veuille pas, le grand fait de la Passion, de la mort, de la Résurrection et de l'Ascension de Jésus-Christ reste dans tous les temps, au milieu des bouleversements de la terre, l'événement historique le plus capable de frapper tout esprit porté aux méditations sérieuses, l'événement prodigieux, immortel, qui domine tous les temps et toutes les époques, de toute la hauteur de la Croix plantée au milieu des siècles pour les unir et les expliquer. »

En face de la ville déicide, j'interroge les siècles. Je me figure un moment voir réunis dans son enceinte tous les peuples qui y ont passé depuis dix-huit cents ans, je les interpelle les uns et les autres, et je les somme de rendre un solennel témoignage à la Résurrection de Jésus-Christ. J'évoque d'abord les nombreux étrangers rassemblés, pour la fête de Pâques, et qui furent témoins du crucifiement. Je prends à témoin les Juifs ; je recueille les dépositions des païens, et puis j'écoute les affirmations multipliées des nombreux pèlerins de la Terre Sainte. De tous côtés, un concert magnifique s'élève en faveur du triomphe de Jésus-Christ.

Et quand j'évoque tous les étrangers témoins du crucifiement, je leur dis : — « Hommes de toutes « les nations, venus à Jérusalem pour la fête de Pâ- « ques, je vous adjure, Parthes, Mèdes, Élamites, ha- « bitants de la Mésopotamie, de la Judée et de la Cap- « padoce, du Pont et de l'Asie, de la Phrygie et de la « Pamphylie, de l'Égypte et des pays de la Libye qui « confinent à Cyrène, voyageurs venus de Rome, Juifs « et prosélytes, Crétois et Arabes, qui vous réunîtes à « la porte du cénacle le jour de la descente du Saint- « Esprit, et, en entendant un seul apôtre parler, vous « étonniez de le comprendre chacun dans votre « idiome, comme s'il les eût parlés tous à la fois, dites- « le-nous ! N'avez-vous pas vu, la veille de Pâques, « tout Jérusalem en émoi au sujet de Jésus le Nazaréen « traduit au tribunal de Pilate, gouverneur romain? — « Nous l'avons vu, répondent-ils, et nous l'avons pris « pour un malfaiteur. » — « N'étiez-vous pas au Cal- « vaire, lorsque la multitude des bourreaux de cet

« homme extraordinaire insultait lâchement à sa « cruelle agonie? » — « Nous y étions ! » — « Vous « avez donc bien vu ses pieds et ses mains percés. « Vous avez vu son cœur ouvert d'un coup de lance. « N'est-il pas vrai qu'il avait perdu tout son sang ; « qu'il était bien mort ; que les Juifs eux-mêmes l'a- « vaient constaté ; qu'on l'avait déposé dans un sé- « pulcre taillé dans le roc et fermé d'une pierre « énorme que plusieurs hommes avaient peine à mou- « voir ; et, de plus, que des soldats avaient été appostés « pour garder le Sépulcre, car il avait promis de res- « susciter le troisième jour, et ses ennemis crai- « gnaient une supercherie? » — « C'est vrai ! nous « avons vu tout cela ! » — Eh bien, voilà que le matin « du troisième jour, la pierre du tombeau s'est trouvée « renversée, et le tombeau était vide, et plusieurs per- « sonnes dans Jérusalem ont assuré avoir vu l'illustre « mort ressuscité. » — « Il n'y a pas de doute, cela « s'est dit, » — répondent unanimement tous ces hommes. Les nations étrangères ont donc rendu témoignage.

Eh bien, Juifs, à votre tour ! Jésus-Christ est ressuscité ; rendez-en témoignage. Prouvez-le aux nations par les absurdités que vous entassez les unes sur les autres pour chercher à expliquer le fait. « Le corps, « dites-vous, a été enlevé par fraude? » Or, de qui vient la fraude ? Ce n'est pas de vous assurément. La précaution avec laquelle vous faisiez garder le tombeau par des hommes armés le prouve surabondamment. — « Nos gardes se sont endormis, dites-vous, « et pendant ce temps-là, on est venu et on a dérobé « le corps. » — Mais cette réponse fait sourire. Comment ! au milieu du bruit produit par les efforts de ceux qui enlevaient la lourde pierre du tombeau, pas un soldat ne se serait réveillé pour donner l'alarme ! Vous dites — « qu'un souterrain a pu être pratiqué dans le tombeau même pour faciliter l'évasion. » — Mais le tombeau est ouvert. Chacun peut aller s'en assurer, et, depuis dix-huit siècles, la nature du roc et son état prouvent que nulle ouverture nouvelle ou ancienne ne communiquait avec un souterrain qui n'existe pas. Si Jésus-Christ n'est plus dans le tombeau scellé où vous l'aviez mis sous la garde de vos cohortes, c'est donc qu'il est ressuscité !

Apôtres et disciples de Jésus, venez, vous aussi, rendre témoignage à la Résurrection. Votre témoignage est d'un grand poids, à cause des circonstances qui l'accompagnent.

En effet, remarque saint Chrysostome, le caractère de presque tous les amis, quelque fidèles qu'ils aient été durant notre vie, est de nous oublier peu à peu après notre mort et de chercher ailleurs les objets de leur attachement et de leur fidélité. Mais voici une conduite toute contraire à la marche naturelle des affections humaines. Pendant que Jésus-Christ vivait, pendant qu'il était un maître et un docteur respecté en Israël, ses amis n'osèrent jamais se déclarer tels. Joseph d'Arimathie, qui lui donna la sépulture, était, dit l'histoire, un riche seigneur, disciple de Jésus, *mais en secret,* de peur des Juifs. Les autres l'ont abandonné lâchement à l'heure de sa Passion, et Pierre, leur chef, l'a renié par trois fois. Or, maintenant qu'il est mort, les voilà pleins de courage, ne songeant qu'à mourir pour lui, ne désirant que cela, et s'exposant aux plus rudes fatigues dans cette seule espérance. — « Où donc, leur demande saint Chryso- « stome, avez-vous puisé pour un homme mort le « dévouement que vous lui refusâtes avant son tré- « pas ? » — « Ah ! répond l'un d'eux, saint Jean, c'est « que nous vous annonçons ce que nous avons entendu « de nos oreilles, vu de nos yeux et touché de nos « mains : *Quod audivimus, quod vidimus oculis nos- « tris, quod manus nostræ contrectaverunt.* Et les « témoins ne manquent pas autour de nous. Plus de « cinq cents fidèles réunis en un même lieu ont vu, « comme nous, Jésus-Christ ressuscité. » — Et cela est si vrai, que Paul, écrivant aux Corinthiens encore idolâtres, appelle en témoignage beaucoup de ces témoins qui vivaient encore ; et nul ne réclama. Et Corinthe païenne crut en vertu de cette affirmation.

Et vainement le Juif et le Romain demandèrent à la

torture, aux fouets, aux chaînes et aux prisons de changer le témoignage de ces hommes. Sous les grêles de pierres, dans les ténèbres et les horreurs des cachots, sous le tranchant d'un fer homicide, les apôtres et les disciples se montrèrent joyeux de sceller de leur sang la vérité de la Résurrection de Jésus-Christ.

Jésus-Christ est donc vraiment ressuscité !

Passions humaines et païens voluptueux, rendez aussi témoignage. Quelques années se sont à peine écoulées depuis la mort de Jésus-Christ, et sa morale austère a renversé les autels de la volupté et triomphé des cœurs les plus sensuels, les plus orgueilleux, les plus cupides et les plus barbares. Tacite raconte que les conversions au Christianisme étaient innombrables. Tibère, informé par Pilate des circonstances merveilleuses de la Passion, propose au sénat de mettre Jésus-Christ au rang des dieux. Tertullien ne craint pas de jeter ce défi aux empereurs : « Si vous « mettiez à mort tous les chrétiens, comme vous le « voudriez, vous décimeriez vos légions, et vous dé- « peupleriez votre empire. »

Mais à défaut d'autres preuves, d'ailleurs nombreuses, les pierres parlent et les rochers de la Judée racontent ce qu'ils ont vu. J'entends les échos des montagnes de la Palestine répéter le bruit des pas nombreux des pèlerins qui courent s'agenouiller sur la montagne où fut versé le sang de Jésus-Christ ressuscité. Je regarde les flots pressés d'adorateurs qui viennent, non point en secret ou dans l'ombre, vénérer le sépulcre glorieux. Quels sont ces hommes? Parmi la foule, je distingue tout ce que Rome possède de plus grand. La noblesse, le génie, la science, la vertu, y envoient leurs députés. Voici d'abord Jérôme, compagnon des princes impériaux, élevé dans les délices de la cour romaine, qui vient, étonnant le monde par le prodige d'une pénitence relevée par un incroyable savoir. D'illustres dames romaines accourent sur ses pas. C'est Paule, c'est Eustochium, qui sentent couler dans leur veines le sang des Scipions. Et puis la majesté de l'empire veut, à son tour, s'humilier devant le Calvaire : Hélène, mère de Constantin, vient de se voir décerner par le sénat le titre d'*Auguste*, et les victoires de son fils mettent à ses pieds les dépouilles des nations. Ah! ne la cherchez pas dans Rome. Elle est accourue au Calvaire pour tâcher de retrouver le bois sacré de la Croix de Jésus ressuscité. Elle l'a trouvé, et elle médite en présence de ce trésor, assise sur la pierre du sépulcre.

Oh! le magnifique triomphe de mon Dieu! Il est ressuscité, et il a prévalu avec sa morale austère contre la corruption générale des mœurs, contre l'intérêt des passions, la force de l'exemple et de toutes les préventions du cœur des païens. Certes, si, au milieu des pays catholiques, instruits par une expérience de dix-huit siècles, les chrétiens de nos jours ont tant de peine à soumettre leurs passions aux règles d'une religion dans le sein de laquelle ils furent nourris, quelles bien plus grandes difficultés ont dû se trouver dans les cœurs des païens ! Cependant le dogme de la Résurrection de Jésus-Christ a triomphé. Oh ! c'est qu'il est irréfragable ; c'est qu'il est divin. Et je comprends aujourd'hui l'argument de saint Augustin, lorsqu'il dit : « Quiconque ne reconnaît pas le miracle de la Résurrection de Jésus-Christ, doit en reconnaître un plus éclatant, plus incroyable encore, celui du monde païen tout entier converti sans miracle à la morale austère de Jésus-Christ. »

Jésus-Christ est donc ressuscité ! Je le crois. Il n'y a pas de doute possible. Ses ennemis comme ses amis l'ont prouvé. La défaite et la soumission du cœur humain en sont une des preuves les plus authentiques. Je voudrais cependant un témoignage encore, celui de la vertu guerrière.

Eh bien, le voici. Aux époques de gloire ont succédé, pour la Palestine, des jours mauvais. De nouvelles ténèbres ont envahi le tombeau sacré. Le farouche musulman foule d'un pied sacrilége la terre sainte par excellence, et l'étoile de Jésus ressuscité semble pâlir. Ah ! ne craignez pas la défaite. Un nouveau triomphe se prépare au contraire. Attendez un peu. — C'est fait! prêtez l'oreille. Quel est ce bruit que j'entends dans le lointain? Il ressemble à celui de la mer, quand elle pousse vers le rivage ses flots impétueux. Je ne me trompe pas. C'est un peuple en marche; mais c'est un peuple immense, qui fait chanceler la terre sous ses pas. Ce sont nos pères! c'est l'Occident tout entier, arraché à ses fondements, qui se précipite sur l'Asie au cri de: *Dieu le veut!* Je les vois ces princes, ces guerriers, ces hommes au cœur intrépide, à l'âme pleine de foi; ils viennent reconquérir le libre accès du tombeau de Jésus-Christ ressuscité. Tours crénelées, murailles épaisses, portes de fer, tombez devant eux! Leur valeur mérite la victoire! Oh! le beau spectacle! Je vois tous nos pères à genoux, le front prosterné contre terre. Ces lions, tout à l'heure frémissants, sont maintenant dans l'attitude de la prière. Fiers barons, chefs puissants, chevaliers à l'armure d'or, tous se confondent avec le modeste soldat dans une prière commune en face du Sépulcre glorieux. » Jésus-Christ ressuscité a triomphé de la valeur. Il domine les invincibles. Lui seul le pouvait.

Tels sont les admirables triomphes de Jésus-Christ ressuscité.

Pendant tout l'office, et pendant la durée entière de ce saint jour, je me nourris de la considération de ces ineffables merveilles.

Le soir, nous retournâmes tous ensemble à l'église; nous priâmes, nous baisâmes le saint tombeau, gage de notre immortalité future. Chacun fit toucher à la pierre sacrée les objets de dévotion qu'il voulait emporter pour lui et pour sa famille, et nous nous retirâmes pleins de grandes et consolantes pensées, de ces émotions puissantes que la Semaine Sainte, passée à Jérusalem, peut seule soulever; l'âme inondée de joie, heureux et fiers de l'amour de notre Dieu; transformés et comme transfigurés en lui et par lui. Nous pouvions partir maintenant; l'avenir est impuissant à affaiblir de pareils sentiments. De tels jours laissent des souvenirs impérissables.

---

## XXIII

### LA VALLÉE DE JOSAPHAT

Les jours s'écoulent rapides, et bientôt va sonner l'heure du départ. Notre itinéraire porte qu'avant la fin de la semaine, nous devrons prendre congé de Monseigneur le patriarche, de M. le consul de France, des Pères si hospitaliers de Saint-Sauveur, remonter à cheval et nous en aller, à travers la Samarie, voir Nazareth, et le mont Carmel, et Tyr, et Sidon, et ces belles montagnes du Liban dont la seule pensée inspirait les prophètes. Hâtons-nous donc si nous voulons tout voir.

De bonne heure, ce matin, j'avais dit la messe; mes compagnons avaient préparé leurs armes; nous nous étions promis de faire le tour de Jérusalem en dehors des murs.

A sept heures donc, avant la forte chaleur, le fusil sous le bras, notre troupe légère et joyeuse descend les pentes de la ville, dans la direction du levant.

Voici, tout d'abord, un grand nom et un grand souvenir. Qui n'a rêvé dans sa vie à la vallée de Josaphat?

A ce nom seul l'âme s'exalte, et l'imagination se

trouve saisie des plus grandes pensées. Mais lorsqu'on descend dans cette vallée des larmes et de la mort, combien plus grande est l'émotion ! Une solitude profonde commande le recueillement. On foule à ses pieds les ruines d'une des plus belles villes du monde, on marche le long d'un torrent sans eau, on chemine au milieu des tombeaux ; la poussière du sol se confond avec celle des ossements humains, la végétation se refuse à embellir ces montagnes arides ; et, par-dessus tout cela, planent les grands souvenirs de l'agonie du Sauveur, et on songe avec effroi au jugement universel.

La vallée descend du nord au sud. Elle est bornée d'un côté par la ville, de l'autre par le mont des Oliviers. Qui nous révélera sa profondeur? Personne, à cause de l'immense quantité de débris qui y furent précipités. Le torrent de Cédron la sillonne dans toute sa longueur. Ordinairement à sec, il roule, en hiver, ses eaux abondantes à travers des pays horribles jusqu'à la mer Morte ; aussi l'a-t-on appelé Cédron, c'est-à-dire obscurité.

Cette vallée fut de tout temps célèbre. Son nom signifie *jugement de Dieu.* L'Écriture la nomme aussi quelque fois *la vallée de Sara*, *la vallée Royale, la vallée de Melchisédech.* Abraham y fut complimenté par le roi de Salem, après sa victoire sur cinq rois réunis.

Toujours aussi elle paraît avoir été destinée aux sépultures. Partout les trophées de la mort, sur ses pentes comme dans ses plus basses régions. Les vieux monuments s'y dressent à côté des tombes creusées d'hier. Vers elle, encore aujourd'hui, tous les juifs de l'univers tournent leurs regards. Dans leurs derniers jours, un grand nombre d'entre eux s'expatrient pour lui demander un tombeau.

Assis sur le rocher qu'on désigne improprement pour le lieu du martyre de saint Étienne, nous considérons la vallée.

Un aigle passe au-dessus de nos têtes. Un de nos jeunes amis braque son fusil, tire, et fait tomber à nos pieds le roi des airs : applaudissements et joie. Nous félicitons l'heureux chasseur. L'aigle mérite les honneurs d'un musée. Il sera préparé ce soir ; on retournera sa peau sur son beau plumage. On l'embaumera, et on l'enverra en France pour la collection du château de famille.

Pensez-vous, nous dit alors un ami, que les hommes seront bien positivement jugés ici ?

Il serait curieux, reprit un autre, d'avoir à nous donner rendez-vous en ce lieu, après y avoir marqué notre place aujourd'hui.

Quel changement ! ajouta un troisième: Aujourd'hui, pèlerins et voyageurs, à vingt ans, avec toutes les illusions de la vie et les espérances de cette terre ;

et alors presque comme des rois de théâtre, dépouillés de tout bien, de notre nom, de notre position, sentant la terre manquer sous nos pieds, n'ayant plus rien, rien que nos bonnes et nos mauvaises actions !

Alors quelqu'un lut tout haut cette vision du prophète Ézéchiel :

« La main du Seigneur m'a saisi ; elle m'a conduit au milieu d'un champ tout rempli d'ossements secs et arides. Là, j'ai vu des monceaux effroyables de crânes décharnés et de squelettes hideux. J'ai vu des mains qui tenaient autrefois des sceptres, et des têtes qui portaient des couronnes, mêlées et confondues avec les têtes et les mains des derniers des hommes. Comme je demeurais frappé d'étonnement à la vue de ce spectacle, j'ai entendu la voix de Dieu qui m'appelait et me disait : « Fils de l'homme, penses-tu que ces ossements secs puissent revivre ? — J'ai répondu avec respect : Seigneur, vous le savez, et c'est de vous que je dois l'apprendre. — Eh bien, prophète, je veux que tu prophétises à ces os leur avenir. — Que leur dirai-je, Seigneur ? — Dis-leur : Os arides, écoutez la parole du Seigneur. Voici qu'une seconde fois, je soufflerai mon esprit en vous. Je vous réunirai de nouveau dans votre ancien ordre ; et vous vivrez encore ; et vous saurez que je suis le Seigneur. » A peine, obéissant à la voix de Dieu, eus-je commencé ces paroles, — ajoute le prophète, — que j'entendis un grand bruit et que je vis une grande commotion se produire dans cette plaine. Et voilà que les os se réunirent aux os chacun à leur place. Alors Dieu me dit : « Invoque maintenant mon esprit pour qu'il « anime ces os. » Et aussitôt ma prière achevée, je vis cette multitude de morts ressuscités se tenir debout et donner tous les signes de la vie. Et Dieu ajouta : « As-tu compris ? Voilà la maison d'Israël que je « viens de te montrer. J'entends tous les jours ces « infidèles se plaindre. J'écoute leurs injustes mur- « mures. Ils disent : Nous mourons aussi bien que les « idolâtres. Nos pères ont passé : et voilà leurs osse- « ments secs et arides. Nous les suivrons bientôt. « Notre espérance sèche et se flétrit avec eux.... Eh « bien, va, Ézéchiel, dis-leur ta vision ; et ajoute de « ma part : Voici ce que dit le Seigneur : C'est moi « qui parle, moi qui ai entr'ouvert autrefois les abî- « mes du néant, pour en faire sortir le monde, moi « qui sais créer quand il me plaît, et qui peux ressus- « citer quand je le veux. C'est moi qui engage la parole « d'un Dieu que j'ouvrirai le tombeau de mon peuple, « et que je les arracherai du fond de leur sépulcre. »

Au fond de la vallée de Josaphat ce récit, d'ailleurs si émouvant, impressionne davantage encore.

Voyez, reprit quelqu'un ; considérez cette vallée étroite et longue, les collines nues qui la bordent, ces mille tombeaux renversés, brisés et à demi ouverts, pressés comme les grains de sable au bord de la mer : ne dirait-on pas que la trompette de l'ange a déjà retenti en ce lieu, et que la vallée de Josaphat va rendre les morts qu'elle renferme en son sein?

Précisément elle a commencé à le faire, s'écria l'un de nous, jusque-là silencieux; car à la mort de Notre-Seigneur, « les tombeaux se sont ouverts, les « corps de beaucoup de saints qui étaient endormis « se levèrent, sortirent de leurs sépulcres, et vinrent « dans la ville où ils apparurent à plusieurs. » Or le fait de cette résurrection est tellement avéré, qu'il devint la base d'une doctrine hérétique. Hyménée et Philète niaient le jugement dernier, sous prétexte que les prophéties relatives à la Résurrection s'étaient accomplies récemment, à la connaissance de tous, le jour de la mort de Notre-Seigneur. Et la discussion devint assez grave pour que saint Paul intervînt par sa lettre à Timothée. (II chap., II, 18.)

Peut-on nier le jugement dernier? dit un jeune homme avec une sorte d'indignation. Est-ce que le bon sens ne suffirait pas à en démontrer l'absolue nécessité? Lorsque je promène mon regard sur le monde, je vois le soleil de Dieu se lever chaque matin, sur les méchants comme sur les bons, leur prêter également sa lumière et sa chaleur, et féconder leurs campagnes je vois le crime exalté et la vertu souvent opprimée ; je vois se succéder sur la tête du juste l'adversité comme la prospérité. Alors mon esprit se trouble et se représente Dieu comme caché derrière la voûte des cieux, enveloppé dans sa lumière comme dans un manteau et livré à l'indolence. Ma foi chancelle, et je suis tenté de dire : Dieu n'est pas juste ! Mais, pour peu que je songe au jugement dernier, tout s'explique. Je vois Dieu assis sur les nuages comme sur un trône, laissant aux hommes la liberté de bien ou de mal faire pendant quelques jours, mais comptant chacun de leurs pas, suivant de l'œil leurs actions, et les écrivant bonnes ou mauvaises sur le grand livre de l'Éternité, pour les révéler ici à la fin des temps, les juger, les récompenser ou les punir. Alors je comprends l'apparente contradiction, et je dis avec le Sage : « J'ai vu l'impiété assise sur le trône de la vertu, et l'iniquité siégeant à la place de la justice. Je ne m'en étonne pas, car Dieu jugera les justes et les impies. »

La discussion devenait intéressante. Le jeune orateur s'animait. Or, pendant qu'il parlait, il remarqua un de ses voisins assis sur une tombe, qui remuait la terre avec son bâton. « Tiens, lui dit-il ; prends un peu de cette terre dans tes deux mains. — Et son compagnon le fit en s'amusant. Alors il ajouta : Au milieu de ces tombes entassées, les grands, les sages, les puissants de la terre sont mêlés avec les derniers des hommes ; par conséquent, peut-être dans ta main droite sont les cendres d'un roi, et dans la gauche celles d'un pâtre. Dis-nous lesquelles pèsent davantage? — Et puis, riant le premier de sa réminiscence de rhétorique, le jeune homme tira cette conclusion parfaitement légitime : Eh bien, si la mort de tant d'hommes est déjà une si belle manifestation de la toute-puissance de Dieu et du néant des choses humaines, si aujourd'hui, en considérant cette vallée où furent enterrés les rois, les guerriers, les législateurs, les sages, et les pauvres par milliers, en présence de cet anéantissement total de ce qui fut grand sur la terre, nous tirons cette conclusion : « Dieu seul est « grand ! la terre est au Seigneur avec tout ce qu'elle « renferme, la terre et tous les êtres qui s'y meuvent « et y vivent; » que sera-ce, lorsque les dépouilles de l'univers entier seront ici réunies sous la loi de la mort?

Bon pour le jugement dernier, interrompit un amateur de géologie; personne n'en doute; mais la question est de savoir s'il se fera ici.

On se mit à chercher dans l'Évangile et on n'y trouva rien de concluant. Nous discutâmes. Les uns voulaient prendre à la lettre les textes de la Bible qui indiquent la célèbre vallée; d'autres y trouvaient une simple allégorie.

Voyez, disait celui-ci, quelle harmonie de toutes choses! A notre gauche, Jérusalem et le Calvaire! A droite, Gethsémani où Notre-Seigneur pleura ; et plus haut le rocher d'où il est monté au ciel. Devant nous la vallée s'ouvre en un amphithéâtre oblong, au bout duquel le tribunal semble dressé : écoutez Joël : « J'assemblerai toutes les nations, et je les mènerai « dans la vallée de Josaphat ; et j'entrerai en jugement « avec elles. » — N'est-ce pas cela ? — Écoutez encore l'Ange parlant aux apôtres sur cette montagne des Oliviers, aussitôt après l'Ascension : « Hommes de « Galilée, pourquoi restez-vous là, regardant les cieux ? « Ce Jésus qui du milieu de vous vient de monter au « ciel, reviendra un jour, comme vous l'avez vu par- « tir. » — Il reviendra donc ici !

Nous n'étions pas absolument convaincus ; mais nous ne pouvions nier l'a-propos. Le Calvaire et la montagne de l'Ascension ne sont-ils pas comme deux témoins nécessaires, dans le grand procès de l'humanité ?

Quant à la question de possibilité, nous ne la discutâmes pas. Quelle est la capacité réelle de la vallée ? on l'ignore, puisqu'elle a été si souvent comblée par les débris d'une ville de onze cent mille âmes. Quelle place occuperont les corps ressuscités ? on ne le sait pas davantage ! Leibnitz concevait la création tout entière réduite au volume d'un grain de sable. La science n'a donc pas le droit de dire : C'est impossible.

Sans nous prononcer absolument, nous répétâmes

avec le P. Nau et M. de Chateaubriand : Il est au moins raisonnable que l'honneur de Jésus-Christ soit publiquement réparé au lieu même où il lui fut ravi par tant d'opprobres ; il est raisonnable que Notre-Seigneur juge justement les hommes sur le théâtre même où ils l'ont jugé injustement.

Cependant, pour remplir le programme de la journée, descendre la vallée jusqu'au bout, remonter vers Bethzéta par Hinnon et Gihon, le temps presse ; il faut nous remettre en route.

En regardant la carte, sans doute notre promenade ressemble à un jeu ; mais lorsqu'il faut calculer avec un soleil implacable, dont les rayons vous frappent au milieu d'une gorge fermée, sans air et sans verdure, avec un terrain pierreux et abrupt, sans chemin, sans même un sentier quelconque, on trouve la course pénible et quelque peu méritoire.

Sur le versant de l'est, quatre monuments attirent nos regards. Le premier, nous dit le drogman, est celui d'Absalon ; le second porte le nom du roi Josaphat ; saint Jacques et saint Zacharie furent enterrés dans les deux autres.

A travers les ronces, nous grimpons jusqu'à celui d'Absalon, et, blotti derrière un rocher qui fait parasol, nous trouvons le comte de Rosambo occupé à dessiner. L'aspect du monument est effectivement curieux. C'est un monolithe cubique dont chaque côté mesure $6^m,80$. Sculptées dans la pierre, sur chacune des faces, des colonnes coniques soutiennent une frise dorique, ornée de triglyphes et de patères. Au-dessus de la frise règne une corniche égyptienne ; et sur la corniche un dé carré en maçonnerie supporte un cylindre qui se termine par un tore figurant un cable ; enfin sur le cylindre on voit s'élever une sorte de pyramide, évidée en gorge et couronnée d'une touffe de palmes.

Sommes-nous bien au tombeau d'Absalon ? D'après le livre des Rois, ce prince avait effectivement préparé pour lui un cippe dans la vallée du Roi, car il avait dit : « Je n'ai point de fils ; ce sera le moyen de perpétuer le souvenir de mon nom. » Mais y fut-il jamais déposé ? — Tué au delà du Jourdin, il fut enterré dans la forêt, voilà qui est certain. Le transféra-t-on plus tard, à cause de son père David ? ce serait possible. Cependant l'architecture a son langage, et rien dans celle-ci ne rappelle l'époque de Salomon. Le mélange des styles grec et égyptien nous rapproche des Hérodes et semble accuser la main de ceux qui embellirent Pétra ; dès lors, que fait ici le nom d'Absalon ? Mais le peuple le croit ; et, comme Absalon se révolta contre son père, tous les enfants qui passent, ramassent une pierre et la jettent contre le tombeau d'Absalon le maudit. Aussi les abords sont-ils couverts de cailloux roulants.

Nos jeunes gens tournent, retournent, et cherchent à entrer dans le monument. Enfin après mille essais, atteignant une ouverture élevée, ils se glissent dans une chambre de 2$^{m}$,50, carrés, entourée de niches sépulcrales. Ils croient même constater le commencement d'un escalier qui mènerait dans les profondeurs de la montagne. Mais tout est obstrué par les décombres ; ils reviennent sans avoir rien vu d'important.

Le tombeau attribué à Josaphat, avec son riche fronton orné d'acrotères et de rinceaux, est encore moins bien nommé que le précédent, car, d'après le livre des Rois, Josaphat fut positivement enterré ailleurs.

Plus authentique paraissent être les monuments de saint Jacques et de Zacharie. Le dernier, taillé dans le genre de celui d'Absalon, est de meilleur goût. On veut y voir la dernière demeure de ce Zacharie, fils de Barachias, que les Juifs ont tué entre le temple et l'autel.

Cependant, rien n'est absolument certain sur la destination de ces tombeaux. Passons donc notre chemin.

Du point où nous sommes, nous apercevons, suspendues au flanc de la montagne, un assemblage assez bizarre de cahutes jetées pêle-mêle comme le serait un jeu de dés pour le trictrac. Le rocher lui-même est percé de larges trous semblables à des gueules béantes, sur le bord desquels des enfants nus se roulent comme des vers et des femmes en haillons font le ménage. C'est le village de Siloé, où le voyageur fera bien de ne pas entrer, s'il tient à éviter un essaim de gueux à demi sauvages, presque brutaux dans leur manière de demander l'aumône. Heureusement nous échapperons à leurs importunités, car nous avons vu de la vallée de Josaphat tout ce que notre itinéraire nous permet d'en visiter aujourd'hui ; nous gagnerons maintenant les pentes d'Ophel pour aller à la fontaine de la Vierge, au puits de Job, et au tombeau des Rois.

---

## XXIV

### HENNON, GIHON ET BETHZÉTA

Qu'est-ce que cette *fontaine de la Vierge*, dont les eaux, après s'être épanchées dans un bassin, disparaissent tout à coup ? Les savants se le sont demandé inutilement, jusqu'au jour où Robinson, après avoir eu le courage de se glisser dans le canal où s'engouffraient les eaux, est parvenu à la piscine de Siloé, par un zigzag de cinq cent soixante-trois mètres. Aujourd'hui elle n'est plus un mystère. Nous la regardons en passant, et, sans être tentés de suivre la voie dangereuse du docteur anglais, nous descendons par un escalier vulgaire jusqu'à la piscine, dans la vallée de Tyropœon ou des fromages. Longtemps on attribua à la fontaine de la Vierge une vertu curative ; mais le seul miracle avéré est celui de l'aveugle que Notre-Seigneur guérit en lui ordonnant de s'y baigner les yeux. Par un effet tout naturel, ces eaux, en se déversant dans le vallon, y répandent la fécondité, et lui font produire de la verdure, des fleurs et des fruits.

Cependant, pour tout voir, il faut revenir sur nos

pas, et nous diriger au sud-est vers le *Puits de Job*, mieux appelé, je crois, puits de Néhémie.

Une montagne est devant nous. Hélas! son nom seul révèle une triste histoire ; elle s'appelle la montagne du Scandale.

Parmi les bosquets et les bois plantés jadis à son sommet, Salomon, devenu impudique, avait élevé des autels aux divinités de ses femmes, à Astaroth, idole des Sidoniens, à Chamos, dieu de Moab, et à Melchom, dieu des enfants d'Ammon!

Et le scandale paraît s'être perpétué après le roi impie. Au temps de Manassès, la partie inférieure du mont du Scandale, celle que nous foulons actuellement, appelée Topheth, était, peut-être, de tous les environs de Jérusalem le lieu le plus abominable. On y avait élevé la fameuse statue de bronze qu'on faisait rougir sous l'action d'un feu ardent et dans les bras de laquelle les pères et les mères déposaient leurs jeunes enfants. C'était là que des parents dénaturés dansaient autour de l'idole, pendant que les prêtres impies battaient du tambour pour les empêcher d'entendre les cris des innocentes victimes.

Mais c'est là aussi que Dieu exerça un châtiment terrible sur les malfaiteurs. Il avait menacé par Jérémie, et il avait dit :

« Les enfants de Juda ont fait ce qui était mal à
« mes yeux ; ils ont construit des autels sur les hau-

« teurs de Topheth, qui est dans la vallée des fils de « Hennon, pour y brûler leurs fils et leurs filles ; je « n'ai jamais ordonné cela, et tel n'a pu être le vœu « de mon cœur. C'est pourquoi, voici que les jours « viennent, où l'on ne dira plus Topheth, ni la vallée « des fils de Hennon, mais la vallée du carnage ; et « l'on ensevelira les morts dans Topheth, parce qu'il « n'y aura plus d'autre lieu. »

Et, en effet, les massacres prédits s'accomplirent avec une telle violence, que le nom de la vallée adjacente devint pour les Juifs synonyme de l'enfer ; de là le mot de géhenne employé pour désigner l'empire de Satan.

Rien n'est à visiter heureusement sur cette montagne ; nous la laisserons inexplorée, et nous irons nous mettre quelque instants à l'ombre, sous cette bâtisse quadrangulaire au-dessous de laquelle on voit le *Bir-Eyoub*, où puits de Job.

Ce point est désigné sous le nom d'En-Rogel, dans l'Ancien Testament, comme limite des tribus de Juda et de Benjamin. L'un des fils de David, Adonijah, y donna rendez-vous à ses partisans, lorsqu'il essaya d'une révolte pour supplanter son frère Salomon. On l'appelle assez souvent Puits de Néhémie, en mémoire du feu sacré, caché et retrouvée miraculeusement dans ses profondeurs.

Le feu sacré était un brasier qui brûlait, jour et

nuit, sur l'autel des holocaustes, en vertu de cet ordre du Seigneur : « Le feu brûlera toujours sur l'autel, et « un prêtre aura soin de l'entretenir en y mettant du « bois chaque jour vers le matin. »

Or, quand Jérusalem fut prise par Nabuchodonosor, le prophète Jérémie, craignant une profanation, cacha ce feu dans un puits. — Et soixante-dix ans passèrent. — Et, après ce temps, Néhémie, ayant obtenu du roi Artaxerxès Longue-main, dont il était l'échanson, la permission de revenir à Jérusalem pour en relever les murs, son premier soin fut de restaurer l'autel du Seigneur et de rechercher le feu sacré. Il vint au puits de Job, et n'y trouva qu'une eau épaisse et bourbeuse. Mais, inspiré par sa foi, il compta sur le Seigneur, fit puiser cette eau, et ordonna de la répandre sur les victimes et sur le bois destiné aux sacrifices ; ensuite il attendit en paix. Or voilà qu'au moment où le soleil, caché derrière l'horizon, commençait à briller derrière les nuages, le feu s'alluma tout à coup et consuma l'holocauste. Cet événement, rendu public, arriva à la connaissance du roi de Perse ; et Artaxerxès, s'en étant assuré, fit bâtir en ce lieu un temple dont il dota richement les prêtres. Néhémie appela le puits *Nephtar*, c'est-à-dire *purification*.

Lorsque nous y arrivâmes, des hommes y puisaient de l'eau. Il était près de midi ; l'ombre, la fraîcheur, nous furent infiniment sensibles, et nous nous promîmes de passer là assez de temps pour éviter la grosse chaleur. Les travailleurs étaient des hommes vigoureux, dépouillés jusqu'à la ceinture. Leurs membres nerveux, baignés de sueur, indiquaient assez par quels violents efforts ils essayaient de dérober à la terre son trésor humide. Le puits était donc bien profond ! Nous nous penchâmes sur ses bords, et nous mesurâmes effectivement quarante et un mètres.

Évidemment ce puits est fort ancien. Ses larges assises de pierre ne sont plus de notre temps.

L'eau s'y maintient ordinairement à une profondeur de quatre-vingts coudées ; mais lorsque l'hiver a été pluvieux, elle jaillit vers les premiers jours de janvier, et c'est l'indice certain d'une bonne récolte. Alors il se passe à Jérusalem quelque chose d'un peu semblable aux réjouissances du Caire, lorsque le nilomètre marque vingt-deux coudées. Pendant plusieurs jours la population vient chanter, s'amuser, s'ébaudir, au tambourin, auprès de Bir-Éyoub.

En Europe, nous eussions rencontré ici un ou plusieurs cafés. Mais en Terre Sainte, auprès de Jérusalem surtout, rien de semblable ; pas même de mauvais appentis formés avec une natte où les montagnards du Liban font du café en plein vent, vendent des pastèques et du rack, louent des pipes et des narguillèhs. Nous tirons de nos poches, qui des œufs durs, qui du pain, qui un morceau de saucisson ; les provisions se mettent en commun, et j'essaye littéralement de faire la soupe. Le cuisinier de Maxence de Vibraye a mis dans la malle de son maître des tablettes de bouillon, qu'il dit avoir été préparées par son ami le cuisinier des Tuileries. Nous avons apporté, avec les précieuses tablettes, des allumettes et un réchaud à l'esprit-de-vin. L'eau est à notre portée. L'opération commence. Les jeunes gens fument des cigarres pour prendre patience; chacun détache le petit gobelet suspendu à sa gourde, le met devant lui et attend. A mesure qu'un bouillon est fait, je le verse chaud selon l'ordonnance. On y trempe son pain, et voilà, en vérité, une soupe parfaitement acceptable. Je conseillerais volontiers à tous les voyageurs d'Orient de prendre notre recette. Plusieurs fois elle m'a été utile, pour réconforter au désert nos estomacs en déroute. Un bouillon fait ainsi, avec un demi-verre de vin, a relevé plus d'une nature abattue par la fatigue.

Si nous devions poursuivre notre route, droit devant nous, nous pénétrerions dans cette gorge étroite dont nous avons parlé en un livre précédent, en racontant notre course à la mer Morte. Mais qui sait à quelles aventures nous nous exposerions?

Serions-nous même sûrs d'en revenir? Le Cédron y précipite ses eaux le long d'une pente de trois mille huit cent-quarante pieds, entre deux immenses murailles de pierre basaltique. On l'appelle, en arabe,

*Wadé-en-Nar*, la vallée du feu ; et nul voyageur n'a osé jusqu'ici l'explorer. Laissons-le derrière nous, et tournons dans le sens de la piscine de Siloé, pour remonter la vallée d'Hinnon ou de la Géhenne. A notre gauche la fatale montagne du Mauvais-Conseil, avec son champ d'Haceldama, et ses sépultures. Un solitaire se retira, dit-on, dans ces tombeaux, pendant les Croisades, et s'y créa un ermitage. On y rencontre en effet des croix et des souvenirs chrétiens. Quelques-uns veulent que les apôtres s'y soient cachés pendant la Passion ; mais je ne comprends guère l'idée de les placer précisément au-dessous d'Haceldama, et je préfère, avec le grand nombre, la tradition qui les rapproche de Gethsémani et les fait se réfugier dans le tombeau de saint Jacques.

Nous marchons au midi de Jérusalem, réellement dans la Géhenne, tant il fait chaud ; nous atteignons le pied de la montagne de Sion, nous en faisons le tour, et vers le sud-ouest nous entrons dans la vallée de Gihon.

Partout et toujours la désolation et l'abandon. Voilà un immense réservoir appelé Birket-Mamillah, qui devait, sans doute, fournir à la ville des eaux abondantes ; il est aujourd'hui comblé, et tandis que les Jérosolymitains sont réduits à économiser l'eau de leurs petites citernes, personne ne songe à rétablir les piscines des rois de Juda.

A mesure que nous gagnons les hauteurs de Bethzéta, nous arrivons au célèbre *Champ du Foulon*, ainsi nommé sans doute parce que les foulons avaient coutume d'y laver et d'y étendre leurs draps. Donnons, en passant, un souvenir au blasphème de Rabsacès, et à la pieuse mémoire du saint roi Ézéchias, comme à celle du prophète Isaïe.

« La quatorzième année du roi Ézéchias, Sénachérib, roi des Assyriens, vint attaquer toutes les villes fortes de Juda, et il s'en empara. Ensuite il envoya Rabsacès, de Lachis à Jérusalem, vers le roi Ézéchias, avec une forte armée; et quand ils furent venus à Jérusalem, ils s'arrêtèrent près de l'aqueduc de l'étang supérieur, qui est sur la voie du champ du Foulon. Et comme le peuple était réuni sur les murs, Rabsacès s'approcha pour l'engager à abandonner la cause d'Ézéchias et surtout celle de Dieu. Et il proféra d'horribles blasphèmes. Alors Ézéchias recourut au Seigneur. Il envoya consulter Isaïe, et telle fut la réponse du prophète: « Voici ce que le Seigneur a dit du roi des Assyriens. Il n'entrera pas dans la ville; il ne tirera point de flèches contre elle; ses boucliers ne l'occuperont point, ses retranchements ne l'entoureront pas. Il retournera par le chemin par lequel il est venu. » Il arriva en effet que, pendant cette nuit, l'ange du Seigneur vint dans le camp des Assyriens, et y tua cent quatre-vingt mille hommes. Sénnachérib, roi des Assyriens, s'étant levé dès l'aube du jour, vit tous ces corps morts et il s'enfuit. Il retourna dans son royaume, et il demeura à Ninive. Et lorsqu'il adorait Nisroch, son dieu, ses deux fils le frappèrent du glaive et se sauvèrent en Arménie. »

C'est en ce même endroit, à l'extrémité de la piscine supérieure, sur le chemin du champ du Foulon, qu'Isaïe annonça clairement la naissance du Sauveur par ces paroles prophétiques : « Voilà qu'une vierge concevra ; et elle enfantera un fils ; et il sera appelé Emmanuel. »

Là aussi, dans cet amphithéâtre dressé par la main de la nature, le jeune Salomon parut un jour, revêtu de toute sa gloire, et se fit sacrer roi d'Israël, au milieu des réjouissances et au bruit des acclamations de tout un peuple. Quel contraste entre ces brillants souvenirs et la désolation actuelle de cette nature maudite, qui semble entourer Jérusalem d'un crêpe lugubre !...

Ce n'est pas sans une certaine satisfaction que nous trouvons ici les chevaux auxquels nous avions donné rendez-vous. Plus d'une fois, dans la vallée de Hennon, nous nous sommes reprochés de ne les avoir point commandés pour le puits de Néhémie ; nous nous fussions épargnés une perte de temps considérable et l'ennui d'une marche insipide à travers une vallée sans intérêt. Aussi, comme mes jeunes compagnons sont promptement en selle ! comme ils pressent les flancs de leurs chevaux ! comme ils courent sous la tour de David, comme ils dévorent la plaine ! Presque en un temps de galop, nous atteignons les sépultures des rois.

Autrefois ces tombeaux étaient compris dans la grande enceinte d'Agrippa ; mais aujourd'hui de vastes champs d'oliviers les séparent des murailles.

Il y a deux réunions de chambres sépulcrales de ce côté, à une distance assez rapprochée. On appelle la première le tombeau des rois, et la seconde celui des juges. On ignore au juste quels juges et quels rois y furent ensevelis : mais ces monuments sont remarquables par leur structure ; et celui des rois porte un cachet des temps anciens bien digne d'observation.

On descend d'abord dans une sorte de grande cour creusée à pic en pleine campagne ; et on arrive en face d'une large ouverture, pratiquée dans le roc vif. Le tour de cette excavation est orné de sculptures doriques et présente la forme d'un vaste théâtre ouvert.

Sur la gauche on pénètre, en se baissant, à travers une petite porte taillée dans le vif. Alors on se trouve dans une vaste salle carrée. Autour, semblables à des portes de four, des ouvertures conduisent aux tombeaux. Je recommande à mes compagnons de tenir soigneusement leurs bougies allumées. Quel événement, si nous nous trouvions tout à coup dans ce dédale sans lumière. De tombe en tombe, nous arrivons jusqu'à des sarcophages d'un assez bon travail. Je ne sais en quel endroit, nous apercevons un trou. Le comte de Rosambo veut absolument savoir ce qu'il y a dedans. Il ôte son paletot, et le voilà se glissant perpendiculairement les pieds en bas, cherchant le fond qu'il ne trouve pas. C'était hardi, et je ne blâmerai jamais un jeune homme qui montre du courage ; mais j'avoue que je me pressai de lui donner la main pour l'aider à se hisser vers l'orifice. Le danger qu'il courut fait frémir.

Tout près de là est une hauteur appelée Sapha. Elle est célèbre par la rencontre d'Alexandre le Grand et de Jaddus. Le roi conquérant marchait contre Jérusalem. Le grand prêtre s'avança au-devant de lui pour conjurer l'effet de sa colère. Il portait sur sa tiare le nom de Dieu, gravé en lettres d'or. Alexandre, frappé d'une illumination soudaine, tomba d'abord à genoux ; et puis, se relevant, embrassant le grand prêtre, il le suivit au temple, pour y offrir des sacrifices au vrai Dieu.

Ici encore est le camp des croisés. Tout près de nous s'ouvre la grotte de Jérémie.

Pour terminer dignement notre journée, il faudrait explorer le camp, entrer dans la grotte, et redescendre par le haut de la vallée de Josaphat jusqu'au tombeau de la sainte Vierge ; ainsi nous aurions fait le tour de la ville dans son entier. Mais nous avons évidemment mal calculé notre temps ; nos chevaux sont venus trop tard. Voici déjà l'un des battants de la porte de Damas qui se ferme. Profitons de ce que l'autre nous laisse encore un accès. Après tout, nous avons fait une bonne journée, il ne faut pas nous plaindre ; allons nous reposer.

Demain nous reprendrons notre course avec plus de vigueur.

---

## XXV

### LE CAMP DES CROISÉS

De tous les souvenirs de Jérusalem, après ceux de Notre-Seigneur, le plus intéressant pour nous est celui de la fin de la journée d'hier, le souvenir des Croisés.

Ainsi nous avons vu l'endroit, nous avons foulé le sol d'où Godefroid de Bouillon, s'élançant le premier du haut d'une tour mouvante sur les remparts, renversa les musulmans, et pénétra dans la ville !

N'y passons pas si vite, et rappelons-nous quelque chose de cette grande épopée.

« Dès le lendemain de leur arrivée, dit M. Michaud, les Croisés s'occupèrent de former le siége de la place. Une esplanade couverte d'oliviers s'étend du côté septentrional ; là, le terrain présente une surface unie, et c'est l'endroit autour de la ville qui peut le mieux se prêter au campement d'une armée. Godefroid de Bouillon, Robert, comte de Normandie, Robert, comte de Flandre, dressèrent leurs tentes au milieu de cette esplanade ; leur camp s'étendait entre la grotte de Jérémie et le sépulcre des Rois. Ils avaient devant eux la porte appelée maintenant porte de Damas, et la petite porte d'Hérode, aujourd'hui murée. Tancrède planta ses pavillons à la droite de Godefroid et des deux Robert, sur le terrain qui fait face au nord-ouest des murailles. Après le camp de Tancrède venait celui de Raymond, comte de Toulouse, en face de la porte du couchant. Ses tentes couvraient les hauteurs appelées maintenant collines de Saint-Georges, séparées des remparts par l'étroite vallée de Réphaïm et par une vaste piscine. Cette position ne lui permettait pas de concourir utilement au siége ; c'est ce qui le détermina à transporter une partie de son camp vers le côté méridional de la ville sur le mont Sion, au lieu même où Jésus-Christ avait célébré la Pâque avec ses disciples. Alors, comme aujourd'hui, la partie du mont Sion, qui ne se trouvait pas enfermée dans la ville, présentait peu d'étendue. Les Croisés qui s'y étaient établis pouvaient être atteints par les flèches lancées du haut des tours et des remparts. Les dispositions militaires des chrétiens laissaient libres les côtés de la ville, défendue au midi par la vallée de Gihon ou de Siloé, à l'orient par la vallée de Josaphat. La cité sainte ne fut donc qu'à moitié investie par les pèlerins. Seulement on avait établi sur le mont des Olives un camp de surveillance. »

Par une incroyable présomption, les Croisés résolurent de tenter un assaut, sans avoir préparé ni échelles ni machines de guerre. L'opération manqua : il fallut s'y préparer de nouveau avec des peines inouïes.

« Les plus grandes chaleurs de l'été avaient commencé au moment où les pèlerins étaient arrivés devant Jérusalem. Le torrent de Cédron était desséché ; toutes les citernes du voisinage avaient été comblées ou empoisonnées. La fontaine de Siloé, qui coulait par intervalles, ne pouvait suffire à la multitude des pèlerins. Sous un ciel de feu, au milieu d'une contrée aride, l'armée chrétienne se trouva bientôt en proie à toutes les horreurs de la soif..... La foule des pèlerins, au risque de tomber entre les mains des musulmans, errait nuit et jour dans les montagnes et les vallées ; lorsqu'ils avaient découvert une source ou une citerne, ils y accouraient, ils s'y pressaient en foule, et souvent on se disputait, les armes à la main, quelques gouttes d'une eau fangeuse. Les habitants du pays apportaient au camp des outres remplies d'une eau qu'ils avaient puisée dans de vieilles citernes ou dans des marais ; la foule haletante se pressait autour d'eux, et les plus pauvres des pèlerins donnaient deux pièces de monnaie pour obtenir une boisson fétide où se trouvaient mêlés des vers malfaisants, des sangsues qui leur causaient des maladies mortelles. Quand on présentait cette eau aux chevaux, ils la flairaient et manifestaient aussitôt leur dégoût en la repoussant par un fort soufflement des naseaux. Loin des verts pâturages, tristement étendus sur le sol poudreux du camp, ils ne s'animaient plus au bruit des clairons et n'avaient plus la force de porter leurs cavaliers dans les combats. Les bêtes de somme, abandonnées à elles-mêmes, périssaient misérablement, et leurs cadavres, frappés d'une putréfaction soudaine, répandaient dans l'air des exhalaisons empoisonnées.

« Chaque jour ajoutait aux maux que souffraient les Croisés; chaque jour les feux du midi devenaient plus ardents; l'aurore n'avait plus de rosée, la nuit plus de fraîcheur. Les plus robustes des guerriers languissaient immobiles dans leurs tentes, implorant la pluie des orages, ou les miracles par lesquels le Dieu d'Israël avait fait jaillir une eau rafraîchissante des rochers du désert. Tous maudissaient ce ciel étranger, dont le premier aspect les avait remplis de joie et qui, depuis le commencement du siége, semblait verser sur eux toutes les flammes de l'enfer..... »

Personne cependant ne perdait courage!

Le bois manquait aussi bien que l'eau. Et les travaux du siége étaient paralysés par ce déficit. Tancrède conduisit une partie des croisés vers l'ancien pays de Samarie et le territoire de Gabaon, où il savait devoir trouver une forêt peuplée de sapins, de pins et de cyprès. De toutes parts on se mit généreusement à l'œuvre. Personne ne resta dans l'inaction ; les chevaliers et les barons se mirent eux-mêmes au travail ; tous les bras furent employés, tout fut en mouvement dans l'armée chrétienne.

Tandis que les uns construisent des béliers, des catapultes, des galeries couvertes, les autres, portant des outres, vont demander un peu d'eau à la fontaine d'Elpire, sur la route de Damas, à celle des Apôtres au delà du village de Béthanie, à la fontaine située dans le vallon qu'on appelle le désert de Saint-Jean, à une autre source à l'ouest de Bethléem, où le diacre saint Philippe baptisa, dit-on, l'esclave de Candace, reine d'Éthiopie. Quelques-uns préparent les peaux enlevées aux bêtes de somme qui avaient péri par la sécheresse, pour en couvrir les machines et prévenir les effets du feu ; d'autres parcourent les plaines et les montagnes voisines, et ramassent, pour en former des claies et des fascines, les branches des figuiers, des oliviers et des arbustes de la contrée.

Mais au milieu de tant de soins matériels, on n'oubliait pas celui qui donne aux oiseaux leur pâture, qui fait pousser le grain de sénevé, et sans la permission duquel un cheveu ne tombe pas de la tête du juste ou de celle du méchant.

Le cœur du chrétien aussi bien que celui du poëte se réjouit, en suivant à travers la vallée de Raphaïm et celle de Josaphat, une procession religieuse et guerrière qui se dirige vers la montagne des Oliviers. Au signal donné, après trois jours d'un jeûne rigoureux, les Croisés se mettent en marche, le casque en tête, la cuirasse sur la poitrine, les pieds nus et la foi dans le cœur. Les enseignes et les oriflammes guerriers se mêlent dans les airs aux bannières des saints. Les lances, les croix, les épées sont saintement réunies. Le lévite vêtu de blanc marche avec le chevalier bardé de fer. Le bruit des timbales et des trompettes se mêle aux chants sacrés. On arrive au lieu d'où le Sauveur est monté au ciel. On contemple la ville sainte qui se déroule en magnifique panorama, on prie, on écoute Arnould de Rhodes, chapelain du duc de Normandie, qui parle au nom de Dieu et au nom de l'humanité : on se pardonne ses injures mutuelles et on jure de mourir pour la plus sainte des causes. — « Encore quelques moments, — s'écrie « Pierre l'Ermite, — et ces murailles, trop longtemps « l'abri du peuple infidèle, deviendront la demeure « des Chrétiens ; ces mosquées, qui s'élèvent sur des « ruines chrétiennes, serviront de temples au vrai « Dieu, et Jérusalem n'entendra plus que les louan- « ges du Seigneur. » Enfin on rentre au camp où la plupart de pèlerins passent la nuit en prières ; les chefs et les soldats confessent leurs péchés aux pieds de leurs prêtres, et reçoivent dans la communion le Dieu dont les promesses les remplissaient de confiance et d'espoir.

Enfin le signal fut donné.

Avec une promptitude sans exemple, Godefroid avait déplacé son camp. En une seule nuit, les béliers, les tours roulantes avaient été démontés et transportés pièce à pièce vers l'angle oriental de la ville et dans le voisinage de la porte Saint-Étienne. La muraille y était plus basse et la surface plane du sol permettait mieux le mouvement des machines.

Tancrède était resté non loin de la porte de Bethléem. Le duc de Normandie et le comte de Flandre s'étaient un peu rapprochés du camp de Godefroid, ayant devant eux le côté septentrional de la ville, derrière eux la grotte de Jérémie. Le comte de Saint-Gilles était chargé de l'attaque méridionale; un ravin qui le séparait du rempart aurait pu le gêner dans son attaque; mais le zèle était si grand, que ni les flèches ni la grêle de traits lancés des murs n'empêchèrent les soldats de la croix de combler le vide en trois jours.

Le jeudi 14 juillet 1099, dès que le jour parut, les clairons retentirent dans le camp des Chrétiens; tous les Croisés volèrent aux armes, toutes les machines s'ébranlèrent à la fois; des pierriers et des mangonneaux lançaient contre l'ennemi une grêle de cailloux, tandis qu'à l'aide des tortues et des galeries couvertes, les béliers s'approchaient du pied des murailles. Les archers et les arbalétriers dirigeaient leurs traits contre les Égyptiens qui gardaient les murs et les tours ; des guerriers intrépides, couverts de leurs boucliers, plantaient des échelles dans les lieux où la place paraissait offrir moins de résistance. Au midi, à l'orient et au nord de la ville, les tours roulantes s'avançaient vers le rempart, au milieu du tumulte et parmi les cris des ouvriers et des soldats. Godefroid paraissait sur la plus haute plate-forme de sa forteresse de bois, accompagné de son frère Eustache et de Baudouin du Bourg. Raymond, Tancrède, le duc de Normandie, le comte de Flandre, combattaient au milieu de leurs soldats ; les chevaliers et les hommes d'armes, animés de la même ardeur, se pressaient dans la mêlée et couraient de toutes parts au-devant du péril. Le choc fut terrible.

Mais, d'autre part, les flèches et les javelots, l'huile bouillante, le feu grégeois, quatorze machines puissantes, et une sortie habilement ménagée paralysèrent les efforts de l'armée chrétienne. Après douze heures d'un affreux combat, les croisés rentrèrent dans leur camp frémissant de rage et de douleur, et ne pouvant se consoler « de ce que Dieu ne les avait point encore jugés dignes d'entrer dans la ville sainte et d'adorer le tombeau de son Fils. »

Dès le lendemain, nouvelle attaque et même impétuosité des deux côtés. On entendait de toutes parts siffler les javelots; les pierres, les poutres lancées par les chrétiens et les infidèles, s'entre-choquaient dans l'air avec un bruit épouvantable et retombaient sur les assaillants. Du haut des tours les musulmans ne cessaient de lancer des torches et des pots à feu. Les forteresses de bois des chrétiens s'approchaient des murailles au milieu d'un incendie qui s'allumait de toutes parts. Les infidèles s'acharnaient surtout à la tour de Godefroid, sur laquelle brillait une croix d'or, dont l'aspect provoquait leur fureur et leurs outrages.

Cependant le combat restait incertain, et les musulmans reprochaient aux chrétiens de servir un Dieu qui ne pouvait les défendre. Tout à coup les Croisés voient paraître sur le mont des Oliviers un cavalier agitant un bouclier et donnant à l'armée chrétienne le signal d'entrer dans la ville. Godefroid et Raymond, qui l'aperçoivent les premiers et en même temps, s'écrient que saint Georges vient au secours des chrétiens. Le tumulte du combat n'admet ni réflexion ni examen, et la vue du cavalier céleste embrase les assiégeants d'une nouvelle ardeur; ils reviennent à la charge. Les femmes même, les enfants, les malades, accourent dans la mêlée, apportent de l'eau, des vivres, des armes, réunissent leurs efforts à ceux des soldats pour approcher des remparts les tours roulantes, effroi des ennemis. Celle de Godefroid s'avance au milieu d'une terrible décharge de pierres, de traits, de feu grégeois, et laisse tomber son pont-levis sur la muraille. Des dards enflammés volent en même temps contre les machines des assiégés, contre les sacs de paille et de foin et les ballots de laine qui recouvraient les derniers murs de la ville. Le vent allume l'incendie et pousse la flamme sur les musulmans. Ceux-ci, enveloppés de tourbillons de feu et de fumée, reculent à l'aspect des lances et des épées des chrétiens. Godefroid, précédé des deux frères Léthalde et Engelbert de Tournai, suivi de Beaudouin du Bourg, d'Eustache, de Raimbaud Croton, de Guicher, de Bernard de Saint-Vallier, d'Amenjeu d'Albert, enfonce les ennemis, les poursuit et s'élance sur leurs traces dans Jérusalem. Tous les braves qui combattaient sur la plate-forme de la tour suivent leur intrépide chef, pénètrent avec lui dans les rues, et massacrent tout ce qu'ils rencontrent sur leur passage.

De leur côté, Tancrède et les deux Robert font de nouveaux efforts et se jettent enfin dans la place, accompagnés de Hugues de Saint-Paul, de Gérard de Roussillon, de Louis de Mouson, de Conon et Lambert de Montaigu, de Gaston de Béarn. Une foule de braves les suivent de près. Les musulmans fuient de toutes parts. En même temps, Godefroid et Tancrède vont enfoncer à coups de hache la porte Saint-Étienne, et la ville est ouverte à la foule des Croisés qui s'y précipitent au cri de *Dieu le veut !*

Restait le côté du sud. Impatients de rejoindre leurs compagnons, les soldats de Raymond abandonnent leurs tours et leurs machines qu'ils ne pouvaient plus faire mouvoir. Se pressant sur des échelles et s'aidant les uns les autres, ils parviennent au sommet du rempart : ils sont précédés du comte de Toulouse, de Raymond Palet, de l'évêque de Bira, du comte de Die, de Guillaume de Sabran. Rien ne peut arrêter leur attaque impétueuse : ils dispersent les musulmans, et bientôt tous les Croisés, réunis dans Jérusalem, s'embrassent, pleurent de joie, et se félicitent de leur triomphe.

C'était un vendredi, à trois heures du soir, le jour et l'heure où Jésus-Christ expira pour le salut des hommes.

Cependant le pieux Godefroid, s'abstenant du carnage après la victoire, quitte ses compagnons, et, suivi de trois serviteurs, se rend sans armes et les pieds nus dans l'église du Saint-Sépulcre. Bientôt la nouvelle en est répandue parmi l'armée chrétienne ; aussitôt toutes les vengeances cessent, toutes les fureurs s'apaisent ; les Croisés se dépouillent de leurs habits ensanglantés, font retentir Jérusalem de leurs sanglots, et, conduits par le clergé, marchent ensemble, les pieds nus, la tête découverte, vers l'église de la Résurrection.

Lorsque l'armée chrétienne fut ainsi réunie autour du Saint Sépulcre, la uit commençait à tomber ; le silence régnait sur les places publiques et sur les remparts ; on n'entendait plus dans la ville sainte que les cantiques de la pénitence et ces paroles d'Isaïe : « *Vous qui aimez Jérusalem, réjouissez-vous avec elle.* » Les Croisés montrèrent alors une dévotion si vive et si tendre, qu'on eût dit, selon la remarque d'un historien moderne, que ces hommes, qui venaient de prendre une ville d'assaut et de faire un horrible carnage, sortaient d'une longue retraite et d'une profonde méditation de nos mystères.

Quel temps que ce douzième siècle, et combien l'état de Jérusalem et celui de la Syrie tout entière seraient autres s'il avait duré !

A cette époque, « les États chrétiens s'étendirent depuis le Taurus et les rivages de l'Euphrate jusqu'aux terres égyptiennes de Thanis et de Péluse ; ils se composaient de trois principautés indépendantes et du royaume de Jérusalem. La principauté d'Édesse, maintenant Orfa, comprenait une partie de la Cilicie et de la Mésopotamie, des régions fécondes, des forêts, des pâturages, de nombreuses rivières, les deux rives de l'Euphrate, qui est pour la Mésopotamie ce que le Nil est pour l'Égypte, et dont la possession représente à elle seule une immense richesse. Cette principauté avait trois archevêques qui relevaient du patriarche d'Antioche ; ceux d'Édesse, d'Hiérapolis et de Corycus. La principauté d'Antioche avait pour limite septentrionale la ville de Tarse, et pour limite méridionale la petite rivière qui coule entre Valéria et Héraclée. La juridiction du patriarche d'Antioche s'étendait sur vingt cantons, dont quatorze avaient chacun un métropolitain avec des évêques suffragants ; les six autres cantons étaient placés sous l'autorité des primats de Bagdad et de Pavie, appelés *catholiques*, quoique ces deux principautés fussent indépendantes de Jérusalem. Les rois latins allèrent souvent y rétablir l'ordre ou leur porter secours aux jours du péril ; c'est en combattant pour les États d'Antioche et d'Édesse que Beaudouin II rencontra la captivité. Le comté de Tripoli, que Jacques de Vitry appelle une principauté, commençait à la limite de celle d'Antioche et s'arrêtait à la rivière entre Byblos (Gibelet) et Béryte ; une portion du Liban lui appartenait. Le comte ou prince de Tripoli était homme-lige du roi. L'ancienne Émesse, appelée au temps des croisades *Caméla* ou *Chamelé*, aujourd'hui Homs, l'ancienne Épiphania, qui maintenant porte le nom de Hama, et Balbek, ne furent point soumises aux Croisés, mais leur payaient tribut.

« Enfin le royaume de Jérusalem formait la première colonie latine, par sa priorité religieuse et politique, par son étendue et le nombre des places qui lui étaient soumises. Il commençait à l'antique frontière des Hébreux, à Dan, appelée tour à tour Cesarée de

Philippe, Panéade et Bélinas. Sans aller du côté du midi jusqu'à El-Arich, Pharamia, Péluse, où les possessions latines n'étaient point fixes, nous verrons flotter le vieux drapeau de notre patrie à Bersabée, appelée alors Gibelin, à dix milles d'Ascalon, et sur les murs de Daroum, à quatre stades au delà de Gaza. La forteresse de Daroum, de forme circulaire et flanquée de quatre tours, était ainsi nommée d'un monastère grec dont elle avait pris la place (Da-Roum, couvent des Grecs). Sidon, Tyr, Saint-Jean d'Acre, Césarée, Jaffa, les cinq villes des Philistins, toutes les cités de la Judée et de la Galilée, changées en baronnies ou en seigneuries, et, au delà du Jourdain et de la mer Morte, les pays de Carac et de Montréal, obéissaient aux successeurs de Godefroid. Une France féodale s'était établie dans ces contrées, où avaient passé les dominations israélite, macédonienne, romaine, grecque et musulmane ; les fortes traces de notre génie, de notre bravoure et de nos vertus, s'imprimaient sur le sol le plus vénérable et le plus historique de l'univers. Les Latins avaient semé des citadelles à travers la Palestine : Thoron, à dix milles de Tyr, entre la mer et le Liban ; Scandalion, aujourd'hui Scandroun, à cinq milles au midi de Tyr ; Néphin, du côté de Tripoli ; Belvoir, près de Thabor ; Ibelin, bâti avec des ruines de l'ancienne Geth ; Blanche-Vue ou Blanche-Garde, destinée à réprimer les Ascalonites ; Saint-Abraham, dans le voisinage d'Engaddi ; les châteaux des Plans, de Maé, de Mirabel, aux abords de Jérusalem. Toutes ces forteresses et une foule d'autres étaient comme une vaste organisation de défense, au milieu de cette terre où nos aïeux ne subsistaient que par la victoire.

« Le patriarche de Jérusalem, de qui relevaient immédiatement les évêques de Bethléem, d'Hébron et de Lydda, avait de plus sous son autorité quatre métropolitains : ceux de Tyr, de Césarée, de Nazareth, de Carac. Le métropolitain de Tyr avait pour suffrageants les évêques d'Acre, de Sidon, de Beyrite et de Panéade. L'église de Césarée qui, avant les croisades, était l'égale de Jérusalem, et quelquefois la première de Palestine, n'avait qu'un seul suffragant, l'évêque de Sébaste ou Samarie. Le suffragant de Nazareth était le pasteur de Tibériade. L'évêque grec du mont Sinaï, gardien de l'église de Sainte-Catherine, dépendait du métropolitain de Carac. L'église de Jaffa était soumise au prieur et aux chanoines du Saint-Sépulcre. Des abbés et des prieurs assistaient à l'autel le patriarche de Jérusalem ; ils portaient les insignes de l'Épiscopat ; la crosse, la mitre, l'anneau et les sandales.

« Jacques de Vitry, évêque de Ptolémaïs, qui a tracé une curieuse peinture de l'état religieux de la Palestine sous la domination des Francs, nous montre l'église d'Orient *commençant à reverdir et à fleu-*

*rir*, et la vigne du Seigneur *poussant des bourgeons nouveaux*. De tous côtés, les plus beaux sites étaient choisis pour la construction de sanctuaires et de couvents; les libéralités des princes et les aumônes des fidèles multipliaient les maisons de Dieu. Le mont de la Quarantaine, à peu de distance de Jéricho, et le Carmel, avaient leurs hôtes austères, qui, retirés dans de petites cellules, « *composaient, abeilles du Seigneur, un miel d'une douceur toute spirituelle.* » Un grand nombre d'autres, dit le chroniqueur, morts au monde afin de vivre en Dieu, se choisirent des sépulcres tranquilles dans le désert du Jourdain, où le bienheureux Jean-Baptiste, fuyant les hommes pour s'occuper de Dieu avec plus de liberté, se cacha dès les années de son enfance. »

« Les chanoines réguliers du Saint-Sépulcre, institués par Godefroi, suivaient la règle des Augustins. Les églises des chevaliers du Temple, du mont Sion et du mont des Olives, avaient des abbés et des chanoines de l'ordre de Saint-Benoît. Les religieuses de Saint-Lazare, à Béthanie, celles de Sainte-Anne et celles de Sainte-Marie de Jérusalem, appartenaient à la même règle. Il y avait sur le Thabor une abbaye de moines noirs qui dépendait du métropolitain de Nazareth. Il s'était élevé aussi des monastères de l'ordre de Cîteaux et de l'ordre des Prémontrés. La Palestine offrait une image de la France religieuse.

« Les trois ordres militaires, nés de la charité à l'ombre du saint tombeau, avaient à l'Orient une sorte de sacerdoce armé du glaive. Les Hospitaliers, les Templiers, les Teutons, mâles figures, hommes de fer, caractères ardents et généreux, formaient comme des murailles vivantes, toujours debout pour arrêter l'ennemi. Ils avaient passé du service des pauvres au service des colonies chrétiennes. Dans leurs continuelles courses du Jourdain à la mer, du Liban au désert méridional de Syrie, ils étaient l'effroi du musulman et la sécurité des pèlerins. Quand de pauvres chrétiens d'Europe, débarqués à Jaffa, se rendaient à Jérusalem, n'ayant d'autres armes que le signe de la croix, ils n'avançaient pas sans frayeur dans le chemin solitaire de Ramla, et surtout dans les montagnes de la Judée, où chaque détour du sentier, chaque revers de rocher, pouvaient cacher des Arabes cruels. Alors, si des manteaux blancs marqués de la croix blanche, de la croix rouge ou de la croix noire, leur apparaissaient tout à coup à travers les vergers de la plaine, au penchant de la colline ou dans les tortueuses profondeurs d'un étroit vallon, cette vue rassurait et charmait les pieux voyageurs; au moindre soupçon de danger, les chevaliers de l'Hôpital, du Temple ou de Sainte-Marie des Teutons, les accompagnaient jusqu'à la ville sainte. »

(POUJOULAT.)

O bienheureux temps que celui-là ! Et comme il condamne les lâchetés de notre époque !

Malheureusement l'œuvre des Croisés n'était pas née viable. Il ne suffit pas de conquérir, il faut coloniser pour conserver; et l'Europe d'alors n'entendait pas la colonisation. Au bout d'un temps, on se fatigua d'envoyer en Palestine des guerriers qui mouraient sans rien laisser de solide après eux ; et Jérusalem, après cent ans, redevint la possession des ennemis de la Croix.

# XXVI

## LE TOMBEAU DE MARIE

Il nous reste encore deux montagnes à explorer, et certes, ce ne sont pas les moins célèbrées, la montagne des Oliviers et le mont Sion.

Lorsque nous les aurons vues en détail, nous connaîtrons bien Jérusalem, et il faudra partir !

Partir, ce mot est dur au pèlerin de Terre Sainte; partir peut-être pour toujours! s'éloigner de Jérusalem et ne plus la revoir jamais !

Profitons au moins des courts instants qui nous restent. Voyons tout ; et surtout allons chercher la grâce, en vénérant les traces du Sauveur et de sa divine Mère.

Fatigués de notre excursion d'hier, nos jeunes gens dorment de tout leur cœur. Je vais dire la messe dans la petite chapelle où Notre-Seigneur a été flagellé et couronné d'épines; et puis je donne mes instructions à notre drogman, pour que tout soit prêt à neuf heures. Après cela, je lis quelques bons ouvrages aux chapitres qui traitent de ce que nous devons visiter aujourd'hui.

Lorsque tout le monde est sur pied, nous reprenons le chemin d'hier matin, c'est-à-dire que nous tournons sur notre gauche, nous descendons le chemin qui longe l'église Sainte-Anne, nous laissons à notre droite la Piscine probatique, et, franchissant la porte appelée par les Turcs Sitti-Marjam, en l'honneur de la sainte Vierge, nous descendons les pentes de la vallée de Josaphat, pour remonter ensuite la montagne des Oliviers.

Mais, à ce soir seulement, l'exploration du mont célèbre. Une station se présente à faire, au fond de la vallée. Près de Géthsémani, nous rencontrons le tombeau de la sainte Vierge. Aurons-nous séjourné aussi longtemps dans la cité de Jésus-Christ, sans consacrer quelques heures à sa divine Mère ?

C'est bien ici que j'aurais voulu pouvoir dire la messe ce matin ; mais les Latins sont exclus de ce sanctuaire. Il appartient exclusivement aux Grecs et aux Arméniens schismatiques.

Au dehors, rien qui frappe la vue. « Le porche extérieur, dit M. de Vogüé, la seule partie visible du monument, a la forme d'un gros tube de maçonnerie de huit mètres environ en tout sens. La façade principale, flanquée de deux contre-forts romans, est vers le sud. Elle est percée, au centre, d'une porte dont l'archivolte est en ogive, fortement ébrasée et sillonnée de nombreuses moulures ; une seconde archivolte, également à nervures multiples, l'encadre à une certaine distance; un tailloir commu reçoit la retombée de ces différents arcs ; quatre colonettes de marbre blanc à chapiteaux foliés sont engagées dans l'angle rentrant des jambages. Un petit mur, percé d'une porte basse, a été élevé en avant de la grande porte. Une corniche couronnait tout l'édifice; elle a disparu, et il n'en est resté qu'une série de modillons d'une forme purement romane. »

Puisque cette porte se trouve heureusement ouverte, nous entrerons pour faire nos dévotions. Un escalier de quarante à cinquante marches nous introduit dans un souterrain de trente mètres sur huit, terminé par deux absides circulaires, sans aucune ornementation architecturale. Du côté de l'est, par une étroite ouverture, nous apercevons, à la lueur d'un grand nombre de lampes, le tombeau de la sainte Vierge Marie.

Le long de l'escalier, on nous a montré des sépultures qu'on nous a dit être celles de saint Joseph, de sainte Élisabeth, de saint Joachim et de sainte Anne. Il serait agréable et touchant de reconnaître ici un sépulcre de famille, et de quelle famille ! Mais la tradition est complétement erronée. Ces tombes paraissent avoir reçu des princes de la dynastie latine.

Quelques auteurs, je le sais, contestent l'authenticité même du tombeau principal. Ils veulent que la sainte Vierge soit morte à Éphèse. Leur opinion s'appuie spécialement sur une lettre des Pères du concile d'Éphèse, dont le mot sacramentel est précisément effacé, et qu'on peut aussi également interpréter d'un séjour momentané de la mère de Dieu à Éphèse que de sa mort.

Cependant une tradition, fortement soutenue par des témoignages anciens, milite en faveur du tombeau de Gethsémani. Au cinquième siècle, Juvénal, évêque de Jérusalem, n'ignorait pas ce qui s'était passé au concile d'Éphèse, puisqu'il y assistait. Or, il répondit à l'empereur Marcien, et à l'impératrice Pulchérie, qui lui demandaient des reliques de la sainte Vierge, que l'on montrait son tombeau à Gethsémani, mais qu'il était vide.

Polycrate, dans sa lettre au pape Victor, faisant l'énumération des priviléges de l'Église d'Éphèse, ne dit pas que la sainte Vierge y soit morte ; et peut-on supposer un oubli dans une affaire aussi importante ?

Enfin, grand nombre de voyageurs attestent qu'à dater du septième siècle, on vénérait sur le mont Sion le lieu où mourut la sainte Vierge, et dans la vallée de Josaphat son tombeau.

D'ailleurs on se persuade aisément qu'une mère, et une mère comme Marie, n'aurait jamais consenti à passer ses dernières années loin de tout ce qui lui rappelait ses plus chers souvenirs.

Que fit la sainte Vierge (1) depuis l'ascension de Notre-Seigneur et la descente du Saint-Esprit, jusqu'à sa mort? L'Écriture ne nous le dit pas, et les anciens Pères de l'Église gardent à cet égard un silence absolu. Au cinquième siècle seulement, dit une savante dissertation de la Bible de Vence, on vit paraître certains ouvrages à cet égard. Des récits douteux, fabuleux même quelquefois, mêlés à un fond de vérité, ne les empêchèrent pas de faire impression sur les peuples. Des hommes très-graves, comme saint Grégoire de Tours, Bède, saint Bernard, Albert le Grand, saint Épiphane, André de Crète, saint Jean de Damas et d'autres ont cru devoir les prendre en considération. A leur exemple, nous en rapporterons ce qui nous paraît devoir intéresser la piété et l'amour filial d'un serviteur de la mère de Dieu.

(1) « Quelques-uns ont prétendu que la sainte Vierge n'était pas morte ; mais qu'elle avait été ravie au ciel en corps et en âme. »

Au quatrième siècle, saint Épiphane déclara ne pouvoir affirmer si la sainte Vierge est morte, si elle est sortie de ce monde par la voie naturelle, ou si elle a couronné sa vie par le martyre, selon cette parole du vieillard Siméon : *Votre âme sera percée d'un glaive...* Il en conclut que, l'Écriture ayant laissé la chose indécise, nous devons demeurer sur cela dans le silence.

Saint Ambroise, sur cette parole du vieillard Siméon : *Votre âme sera percée d'un glaive*, propose, comme un doute, l'idée que la sainte Vierge a pu mourir par le martyre.

Mais le sentiment le plus commun dans l'Église latine, dit la Bible de Vence, est que la sainte Vierge est morte de sa mort naturelle, et qu'elle a été ensevelie.

Quinze ans se passèrent entre l'ascension de Notre-Seigneur et la mort de sa divine mère.

Sauf les voyages à Éphèse, en compagnie de saint Jean, et diverses excursions dans la Palestine, la sainte Vierge continua à habiter sa petite maison du mont Sion.

Catherine Emmerich veut que cette habitation fut un carré long surmonté d'une plate-forme. Elle prétend avoir vu l'intérieur divisé par des cloisons mobiles, qui pouvaient s'enlever à volonté pour laisser l'espace libre à une assemblée nombreuse. Ainsi pourrait s'expliquer la présence des apôtres et des disciples dans l'humble demeure de leur souveraine.

Toujours, d'après le même témoignage, la couche de Marie se composait de quelques planches élevées de terre à la hauteur d'un pied et demi, de la longueur et de la largeur d'une couchette de petite dimension. Des tapis bordés de franges grossières en cachaient les côtés. Un coussin rond formait l'oreiller, et un tapis brun à carreaux servait de couverture. Vers le haut de l'appartement, un grand rideau dérobait aux regards un oratoire secret. Là se voyait, entre deux vases de fleurs naturelles, l'image de Notre-Seigneur crucifié. Près de cette croix était un linge, plié comme le purificatoire avec lequel les prêtres essuient le calice à la fin de la messe. C'était celui avec lequel Marie avait essuyé le sang de la face du Sauveur après la descente de la Croix.

Il importait de tenir ces objets soigneusement cachés, à cause du fanatisme des Juifs. Aussi le rideau demeurait-il exactement fermé. Marie s'y adossait ordinairement, lorsqu'elle voulait s'occuper de son travail manuel ou de la lecture.

Pendant ses dernières années, dit saint André de Crète, elle parcourait sans cesse les lieux où son divin Fils avait été chargé de liens et cloué à la croix.

On la voyait alors s'avancer lentement, inondée de ses larmes, le long du chemin qu'avait suivi Jésus-Christ, du prétoire au Calvaire, s'arrêter accablée sur la hauteur où il était mort, s'agenouiller sur ce rocher rougi d'un sang si précieux, le baiser et le laver en quelque sorte de ses pleurs.

Souvent le disciple bien-aimé et les saintes femmes s'associaient à son pèlerinage. Alors le temps se passait dans des entretiens ineffables. On échangeait ses souvenirs ; on se redisait ses saintes affections ; on versait de pieuses larmes.

Marie avait mesuré pas à pas tous les intervalles des stations ; son amour ne pouvait se passer de la contemplation incessante de ce chemin de douleurs.

Toutefois sa plus grande consolation était dans la sainte communion.

Chaque matin, dit-on, elle la recevait, et, par une

exception dont tout le monde reconnaît volontiers le motif, les saintes espèces restaient dans son cœur jusqu'au lendemain, en sorte que la mère de Dieu n'était jamais privée de la présence de son divin Fils.

On doit croire que saint Jean, auquel Notre-Seigneur mourant avait confié sa mère, comptait parmi ses priviléges, celui de rompre à Marie le pain eucharistique.

La vision allemande nous aide ainsi à refaire une composition de lieu pour assister à cet acte sublime.

L'Apôtre bien-aimé portait une robe à longs plis, d'une étoffe légère, d'un blanc grisâtre; svelte et élancé, il avait une belle figure, allongée et maigre. Sur sa tête, une chevelure blonde se partageait et retombait avec une grâce majestueuse. Son regard limpide et profond avait quelque chose de virginal.

En entrant, il laissa retomber sa robe en longs plis flottants qui traînaient jusqu'à terre.

La sainte Vierge était faible et vieillie, mais rien en elle n'annonçait la caducité. A mesure qu'elle avançait en âge, les années ajoutaient à la majesté de ses traits. On voyait que la mort ne serait pas en elle l'effet de la décrépitude, mais celui d'un transport d'amour pour son Créateur. Son visage était illuminé et comme diaphane. Elle paraissait soulevée de terre comme par un ardent désir.

Jean se mit à genoux devant l'image du Sauveur

crucifié. Marie s'agenouilla également. Ils prièrent ensemble. Et puis l'Apôtre se leva. Il bénit le pain et le vin; il les changea au corps et au sang de Notre-Seigneur par les paroles de la consécration ; il se communia lui-même et communia ensuite la très-sainte mère de Dieu.

A cette époque, il n'y avait ni églises ni tabernacles, de peur des Juifs. Il eût été imprudent de s'y réunir et surtout d'y conserver les saintes espèces. Aussi pense-t-on que les apôtres conservaient le saint sacrement sur leur poitrine, en le cachant sous leurs vêtements.

Nous l'avons dit, la sainte Vierge paraît n'être pas toujours restée enfermée dans Jérusalem.

Plusieurs fois, les chrétiens demandèrent et obtinrent qu'elle vînt bénir leurs assemblées. Elle se prêtait volontiers à leurs désirs. C'était pour elle une occasion de revoir les pays sanctifiés par la présence de son Fils. Elle se plaisait à redemander le souvenir de Jésus-Christ aux rivages qu'il avait parcourus, aux flots qui l'avaient porté, aux collines où il s'asseyait, aux pierres où il reposait son front. De ses yeux mortels, il avait vu cette mer, ces flots, ces collines, ces rochers; il avait foulé cent fois ce chemin pendant les trois années de sa mission divine. Il s'était promené dans les barques des pêcheurs sur la mer de Galilée; il y avait calmé les tempêtes; il y avait marché sur les flots en donnant la main à son Apôtre. Là était Tibériade où il apparaissait à Saint-Pierre et fondait son Église ; ici, Capharnaüm ; plus loin, la montagne où il proclamait les nouvelles béatitudes, celle où il s'écria : *Misereor super turbam*, et multiplia les pains et les poissons en faveur d'un peuple affamé ; ailleurs le golfe de la pêche miraculeuse, la montagne de la transfiguration, toutes les scènes de l'Évangile, enfin ses paraboles touchantes, ses images tendres et délicieuses apparaissaient aux yeux de Marie.

La présence de cette vierge bénie produisait partout une impression ineffaçable.

Dans les jours où nous vivons, on voudrait pouvoir se représenter cette mère admirable sous les traits de son humanité, telle que l'avaient faite les mains du Créateur, avec cette expression ineffable de sainteté que lui avait donnée la grâce du Saint-Esprit, lorsqu'il la couvrit de son ombre et vint en elle, selon que le lui avait prédit l'Archange. Mais au ciel seulement, il nous sera donné de contempler cette splendeur ineffable, où la pureté concourt avec la majesté pour embellir le visage de la mère du plus beau des enfants des hommes.

En voici un portrait attribué à saint Épiphane.

« La gravité et la plus grande décence régnaient dans toutes ses actions. Elle parlait peu, mais toujours à propos. Elle était d'un accès facile et écoutait patiemment ce qu'on avait à lui dire. Toujours affable, elle était honorée et respectée.

« Dans ses conversations avec tous, elle conservait une liberté décente ; mais jamais de plaisanteries ni de propos qui pussent causer le moindre trouble et encore moins ressentir l'emportement.

« Sa taille était ordinaire ; quelques-uns pensent qu'elle était au-dessus de la moyenne.

« Elle avait le teint couleur de froment, légèrement basané comme tous les Orientaux qui habitent une zone plus chaude que la nôtre.

« Ses cheveux étaient d'un blond clair, couleur de blé mûr ; ses yeux étaient noirs, vifs et brillants ; ses sourcils également noirs et doucement arqués ; ses paupières un peu rouges, sans doute à cause des larmes abondantes qu'elle ne cessait de répandre.

« Elle avait le nez assez long, les lèvres vermeilles et d'une inexprimable douceur lorsqu'elle parlait. Sa figure n'était ni ronde ni allongée, mais un peu ovale. Elle avait les mains bien faites et les doigts longs et effilés.

« Son maintien était modeste, son regard grave et sans affectation ; mais ce qui reluisait le plus en elle, c'était une humilité profonde.

« Elle était ennemie de tout faste, simple dans ses manières, ne s'occupant nullement de faire ressortir les grâces de son visage.

« Les vêtements qu'elle portait étaient de la couleur de la laine naturelle.

« Une grâce merveilleuse répandait un éclat divin sur toutes ses actions.

« Aussi tous les premiers chrétiens avaient-ils le plus grand désir de voir Marie.

« Tant qu'elle vécut, le suprême bonheur d'un nouveau converti était de contempler, au moins une fois dans sa vie, les traits de cette auguste reine. »

On a faussement attribué à saint Ignace la lettre suivante.

On disait que le saint patriarche, transporté du désir de voir Marie à Antioche, avait écrit ces paroles à saint Jean :

« La conversation de nos néophytes est toute pour Jésus et Marie. Ils s'entretiennent des grâces sans nombre dont l'auguste Vierge a été comblée. Ils redisent sa patience dans les épreuves et les persécutions, sa résignation dans la misère et la pauvreté, sa douceur envers ceux qui l'injuriaient. Ils racontent avec des transports de joie son zèle contre l'erreur, l'activité de sa miséricorde pour soulager toutes les misères.

« Ces récits merveilleux ont excité dans nos cœurs les désirs les plus violents de voir de nos propres yeux ce céleste prodige et ce spectacle le plus auguste. »

Et comme saint Jean paraissait trouver des difficultés à ce voyage, on faisait dire à saint Ignace, par une pieuse insistance :

« Qui pourrait se dire fidèle chrétien, l'ami de notre sainte foi et de notre divine religion, et ne pas en même temps désirer voir Marie, s'entretenir avec elle, la Mère du vrai Dieu ? Tout retard me pèse ; permettez-moi donc, hâtez-vous de me l'accorder, permettez-moi, bon maître, permettez-moi d'aller à Jérusalem, pour y contempler Marie de Jésus, *Mariam Jesu*, que tous proclament incomparable et infiniment digne d'admiration. »

A tort, également, on supposait cette autre lettre de saint Denis à saint Paul, au sujet de la sainte Vierge.

L'ancien membre de l'Aréopage, converti par l'Apôtre des nations, était représenté écrivant, du fond de son cachot, le résultat de ses impressions, lors d'un voyage à Jérusalem où il avait vu Marie.

« Denis, chargé de fers pour Jésus-Christ, à Paul, son cher maître dans la foi, salut.

« J'ai entrepris le voyage de Jérusalem pour voir Marie.

« Ce fut saint Jean, cet aigle des Évangélistes et des Prophètes, brillant dans un corps mortel comme un astre au firmament, qui m'introduisit en présence de la mère de Dieu.

« A son aspect tout divin, je me sentis environné

d'une splendeur éblouissante, et mon âme se trouva pénétrée d'une clarté si pure, inondée d'un si suave parfum de vertus, que ni mon corps ni mon esprit stupéfait ne purent contenir une si vive émotion.

« L'usage de mes sens m'abandonna, et les puissances de mon être succombèrent, écrasées par cette incomparable majesté.

« Je prends à témoin Dieu, qui résidait dans la Vierge bénie, que, si je n'avais été instruit par le saint Évangile, je l'aurais prise pour une divinité, et je ne puis même concevoir, dans les bienheureux du ciel, un bonheur plus grand que celui qui m'enivrait en ce moment, tout indigne que je suis. Les transports de ma reconnaissance ne connaissent pas de bornes envers tous ceux qui m'ont procuré cette incomparable faveur.

« Grâces vous en soient rendues, ô mon cher maître, car vous en êtes le premier auteur. »

Si nous ne devons point assigner à ces pièces une origine aussi auguste, du moins pouvons-nous nous en servir pour nous aider à comprendre de quelle manière on se représentait Marie, dans les siècles plus voisins que les nôtres de la source des traditions chrétiennes.

Les Espagnols veulent que la Mère de Dieu soit allée, jusque dans leur péninsule, encourager les efforts de saint Jacques. Et les anciens vitraux de nos cathédrales témoignent, à leur manière, de la croyance des vieux siècles.

« L'Apôtre y est représenté sous les traits d'un vieillard portant le bâton et la panetière du pèlerin ; il est enveloppé dans un manteau d'azur ; sa barbe blanche descend à flots sur sa poitrine ; l'expression de sa figure est calme et radieuse ; ses pieds, messagers de la bonne nouvelle, sont chaussés de légères sandales de l'Orient. Il vient d'aborder sur la terre antique de l'Ibérie, sous la forme d'un étranger, pauvre et inconnu, qui s'est arrêté au bord du chemin, épuisé par la fatigue. Un doux sommeil, envoyé par les anges, s'est emparé de ses sens, et, en même temps, une vision céleste vient encourager sa foi. Il lui semble voir se dresser devant lui une colonne de marbre qui portait à son faîte un chapiteau couvert de roses et de feuillage. Les fleurs écartées de sa corbeille forment comme un trône sur lequel apparaît la Vierge, tenant dans ses bras son divin Fils. Elle indique à l'Apôtre la place où il doit élever la première église chrétienne, sur le sol privilégié de l'Espagne.

« Les traditions populaires racontent, en effet, que saint Jacques, ayant visité Oviédo, Padron et d'autres lieux, s'était arrêté plus longuement à Saragosse, où il avait fait plusieurs disciples. Il les réunissait tous les soirs en un lieu agreste sur les bords de l'Èbre; là, il les instruisait et les entretenait du royaume de Dieu. Un soir, aux approches de minuit, les fidèles qui entouraient le saint Apôtre entendirent les chœurs des anges chantant sur un rhythme divin : *Ave, Maria, gratiâ plena;* et ils virent aussitôt, au milieu des esprits célestes éclatants de splendeur, la figure d'une dame radieuse de beauté, posée sur un pilier de marbre. Saint Jacques reconnut la mère du Sauveur, qu'il avait laissée à Jérusalem, et se prosterna. Marie lui demanda de construire une église à la place où elle lui apparaissait, et laissa le pilier de marbre comme témoignage du prodige qui venait d'avoir lieu. L'Apôtre obéit. Une chapelle s'éleva ; une image de la Vierge fut installée sur le pilier merveilleux ; c'est cette image révérée qui attire toujours les pieux pèlerins.

« L'immortel Poussin, surnommé à juste titre le *Raphaël de la France*, a reproduit cette légende dans un de ses meilleurs tableaux. Il représente saint Jacques le Majeur sortant un soir, avec ses disciples, pour prier sur les bords de l'Èbre, et recevant de la Vierge, qui lui apparaît sur une colonne de jaspe, l'ordre d'édifier en ce lieu une église, qui fut, depuis, *Notre-Dame del Pilar.* »

La sainte Vierge vécut jusqu'à l'âge de soixante-quatre ans. Plus elle se rapprochait du terme, plus son âme se détournait des soins de la terre pour fixer ses regards et ses pensées vers le ciel.

Nous l'avons dit, les circonstances de sa mort ne nous ont point été révélées par Dieu. Ce que nous en savons repose sur des conjectures humaines. Toutefois, des autorités assez illustres se sont occupées sérieusement de ces choses pour qu'il nous soit permis d'en nourrir notre piété (1).

Un soir, comme elle s'adressait à Dieu avec beaucoup de larmes et le suppliait de terminer les jours de son exil, l'ange Gabriel lui apparut :

« Je vous salue, Marie, pleine de grâce, lui dit-il.

En prononçant ces paroles, il présenta à la sainte Vierge un rameau de palmier, symbole de victoire, et il ajouta :

« Voilà que Dieu a entendu vos soupirs. Dans trois jours vous monterez sur le trône qui vous est préparé dans le ciel. »

A ces mots, la sainte Vierge fut remplie de bonheur, et, en signe de joie, elle répéta les premières paroles de son admirable cantique de Jutta.

« Mon âme glorifie le Seigneur, et mon esprit est rempli de joie en Dieu mon Sauveur, parce qu'il a daigné jeter des yeux de miséricorde sur son humble servante. »

(1) Hincmar de Rheims avait fait transcrire, dans un livre qu'il orna d'ivoire et d'or, les principales circonstances du *Trépas de la sainte Vierge* : « Et ayant su qu'un religieux de Corbie méprisait l'autorité de cet ouvrage, Hincmar lui répondit qu'on le lisait, *mais non pas pour en tirer des preuves.*

Ensuite l'ange disparut, et Marie ne pensa plus désormais qu'au sujet de son bonheur.

Depuis quelque temps déjà, on l'avait vue plus silencieuse et plus recueillie. Elle ne prenait presque plus de nourriture. Il semblait que son corps seul fût sur la terre, et que son esprit fût habituellement ailleurs.

Ce jour-là était le 9 du mois d'août.

Marie, se sentant défaillir, s'étendit sur une couche basse et étroite, la tête appuyée sur un coussin. Elle était pâle et semblait consumée par un ardent désir. Sa cellule était tendue en blanc, et elle avait jeté sur elle une sorte de couverture brune.

Alors elle joignit les mains et se recueillit pour prier. Elle demanda à Jésus-Christ d'accomplir la promesse qu'il lui avait faite à Béthanie, dans la maison de Lazare, la veille de l'Ascension ; c'était de réunir tous les Apôtres autour d'elle pour ses derniers moments.

Aussitôt, des messages célestes se répandirent dans toutes les parties du monde pour transmettre les ordres de Dieu.

Avant peu de temps, six apôtres étaient rassemblés. C'était Pierre, André, Jean, Thaddée, Barthélemy et Mathias.

Le lendemain, Jacques le Mineur et Mathieu s'adjoignirent à eux.

Simon arriva le surlendemain.

Saint Jacques le Majeur et saint Philippe furent les derniers.

Les Apôtres arrivaient très-fatigués. Ils avaient à la main de longs bâtons recourbés qui indiquaient leur dignité. Leurs grands manteaux blancs étaient relevés sur leur tête, où ils formaient comme des capuchons. Ils avaient par-dessous de longues tuniques sacerdotales en laine blanche. Elles étaient ouvertes du haut en bas, mais attachées avec de petites courroies fendues et passées dans une sorte de bourrelet, qui servaient de bouton. En voyage, ils relevaient le bas de leur vêtement dans leur ceinture. Quelques-uns portaient une sorte de bourse suspendue au côté.

Évidemment ils ne purent faire aussi promptement des voyages immenses sans une assistance spéciale du Seigneur. Il paraît, d'après la tradition, que souvent, sans qu'eux-mêmes en eussent bien la conscience, ils voyageaient par un secours surnaturel et traversaient même des foules nombreuses sans être aperçus. Il le fallait bien pour qu'en aussi peu de temps ils fissent le tour du monde et prêchassent la Foi à tout l'univers.

Dans la circonstance présente, le miracle fut manifeste.

En l'espace de quelques heures, je vois Pierre, vieillard vénérable, accablé par l'âge, venir d'Antioche à

Jérusalem. Voici Jacques le Majeur, aux cheveux noirs, à la figure pâle et allongée, aux membres amaigris par le jeune, qui arrive du fond de l'Espagne. Jude, Thaddée, Simon, vont accourir de l'extrémité de la Perse. Barthélemy au teint blanc, au front élevé, aux grands yeux, aux cheveux noirs frisés, à la barbe noire, courte et crépue, à la taille noble, au visage intelligent, était occupé, ce matin, à convertir un roi idolâtre avec sa famille. Et, tout à l'heure, je le retrouve auprès de Marie à Jérusalem. Ainsi en était-il des autres à proportion.

A mesure qu'ils arrivaient, les Apôtres embrassaient tendrement ceux qui les avaient précédés. Ils pleuraient à la fois de douleur et de joie, en revoyant leurs amis dans une circonstance aussi triste. On les voyait déposer leur bâton, leur manteau, leur ceinture et leur bourse ; puis ils laissaient retomber, jusqu'à leurs pieds, leur robe blanche. Ils mettaient ensuite une large ceinture sur laquelle on lisait une inscription. On leur lavait les pieds ; ensuite ils s'approchaient de la couche de Marie et saluaient respectueusement la Mère du Sauveur. Pour les restaurer, on leur présentait un peu de pain, et ils buvaient dans de petits flacons qu'ils portaient sur eux.

Le 14 du mois d'août, beaucoup de tristesse et d'inquiétude se manifestait sur le visage des Apôtres. La sainte Vierge, plus pâle que jamais, reposait doucement dans sa cellule. Elle était couverte d'un long manteau de couleur sombre. Son voile était relevé carrément sur sa tête. Vers le soir, elle voulut bénir une dernière fois les assistants. Sa chambre était ouverte de tous les côtés. On avait enlevé toutes les cloisons. La sainte Vierge s'assit sur son lit. Son visage, d'une blancheur éclatante, était comme illuminé. Ses mains paraissaient diaphanes. Les Apôtres s'approchèrent l'un après l'autre, et s'agenouillèrent. La sainte Vierge les bénit tour à tour, en croisant les mains au-dessus de leur tête, et en touchant légèrement leur front. Elle parla à chacun d'eux et fit tout ce que Jésus-Christ lui avait ordonné à Béthanie.

Après les Apôtres, les disciples présents s'approchèrent aussi et furent également bénis.

Aussitôt on dressa l'autel, et les Apôtres se revêtirent pour le service divin.

Une table, avec une première couverture rouge et une seconde couverture blanche par-dessus, servit d'autel. Par devant, on plaça un tréteau couvert d'étoffe, sur lequel était étalé un rouleau écrit. Sur l'autel même on disposa un vase en forme de croix, fait d'une matière brillante comme la nacre de perle. Il avait à peine une palme en longueur et en largeur, et contenait cinq boîtes fermées avec des couvercles d'argent. Dans celle du milieu on conservait le saint Sacrement. Dans les autres, on gardait le chrême, l'huile, le sel et divers objets bénits. Elles étaient si bien fermées, que rien ne pouvait se répandre au dehors.

Dans leurs voyages, les Apôtres portaient cette croix pendue sur leur poitrine, en dessous de leurs vêtements.

Cinq d'entre eux furent désignés pour servir à la cérémonie solennelle. Ils se revêtirent de leurs plus beaux ornements sacerdotaux. Le manteau pontifical de Pierre traînait majestueusement en arrière.

Lorsque le saint Sacrifice fut terminé, lorsque Pierre eut consacré et reçu le corps du Sauveur, lorsqu'il l'eut distribué à chacun des Apôtres, il s'avança vers Marie, qui était assise sur sa couche dans un profond recueillement. Les Apôtres, rangés sur deux lignes, s'inclinèrent profondément à son passage. Saint Thaddée marchait en avant avec un encensoir. Saint Pierre portait l'Eucharistie dans la pyxide en forme de croix dont nous avons parlé ; Jean le suivait, avec une patène sur laquelle était le calice rempli du sang précieux. Ce calice était fort petit et si court, qu'on ne pouvait le prendre qu'avec deux doigts.

Lorsque la sainte Vierge eut reçu la sainte Hostie, elle s'étendit sur son lit, le visage tourné vers le ciel, avec une expression d'extase.

Après la cérémonie, le cortége retourna à l'autel.

Mais bientôt on vit les Apôtres se presser, plus recueillis et plus tristes autour de Marie. A mesure que la nuit s'avançait, les signes avant-coureurs de la mort se manifestaient davantage. Seulement, ils n'avaient rien de lugubre. Le visage de Marie était souriant comme dans sa jeunesse. Ses yeux brillaient d'une joie indéfinissable en regardant le ciel.

Presque tous les Apôtres étaient prosternés, le visage contre terre. Pierre et Jean, seuls à genoux au pied de la couche, virent le ciel s'ouvrir, et une légion d'anges descendre sur la terre à travers un rayon lumineux. Jésus-Christ se tenait au haut de ce rayon et attendait que les anges lui apportassent l'âme de sa Mère bien-aimée.

Quand cette âme sainte eut quitté la terre, son corps demeura immobile sur sa couche, le visage toujours rayonnant, les yeux fermés, les bras croisés sur sa poitrine.

Les femmes étendirent un voile sur le saint corps; elles éteignirent le feu du foyer, repoussèrent contre le mur les différents meubles de la maison, s'enveloppèrent dans leurs longs vêtements, se voilèrent la tête, et s'assirent à terre en chantant des lamentations funèbres.

Les Apôtres se succédaient deux à deux pour prier devant la sainte Relique.

Le lendemain, ils se mirent en devoir de déposer le corps virginal de Marie dans la grotte de la vallée de

Josaphat que le Seigneur leur avait indiquée. Le rameau de palmier apporté par l'ange était resté près du lit funèbre. Saint Jean fut chargé par le Prince des Apôtres de le porter devant le sacré cortége. Pour moi, dit Pierre, je veux transporter moi-même le corps de Marie jusqu'au lieu de sa sépulture. Saint Paul fut désigné pour l'aider dans cette noble fonction. Les autres disciples suivaient en chantant des hymnes de reconnaissance et d'action de grâces. Les saintes femmes accompagnaient tristement les restes mortels de la Mère de Dieu.

Au moment où le corps sacré de Notre-Dame franchit le seuil de sa demeure, une nuée lumineuse apparut au-dessus, sous la forme d'une couronne resplendissante, et les anges firent entendre une harmonie céleste dont les sons mélodieux se mêlaient à la psalmodie des Apôtres.

Un grand concours de peuple était venu contempler ce merveilleux spectacle. Les princes des prêtres, en apprenant ces prodiges, furent saisis de fureur. Voici, dit l'un d'eux, que les disciples de Jésus vont ensevelir la Mère de cet imposteur qui a rempli notre pays de troubles et de factions. — Et dans le transport de sa colère, il s'élança vers le cercueil pour le faire tomber ; mais aussitôt ses mains se desséchèrent, et, se détachant des bras, elles demeurèrent collées au cercueil.

Sous le coup de la justice de Dieu qui le châtiait, ce malheureux poussait des cris lamentables. S'adressant à l'apôtre saint Pierre, il lui disait : « Souvenez-vous que, lorsqu'une servante vous accusait dans le prétoire, je vous ai défendu contre ceux qui vous calomniaient. »

Il n'est pas en mon pouvoir, répondait l'Apôtre, de vous secourir contre Dieu même ; cependant, si vous croyez de tout votre cœur au Seigneur Jésus, dont Marie devint la mère sans perdre sa virginité, la miséricorde de notre Dieu vous sauvera.

Je crois, s'écria le prêtre juif ; je crois toutes ces choses ; mais priez Dieu qu'il ait pitié de moi et que je ne meure pas.

Pierre fit arrêter le convoi. — Si vous croyez véritablement en Jésus-Christ, dit-il au prêtre, vos mains vont se détacher d'elles-mêmes du cercueil.—Au moment où celui-ci répondait : Je crois ! — ses mains rejoignirent, en effet, les bras, mais elles demeuraient toujours desséchées.

Approchez du cercueil, lui dit l'Apôtre, et, le baisant, prononcez ces paroles : « Je crois tout ce qu'annonce Pierre, l'apôtre de Dieu. » — Il obéit ; et ses mains recouvrèrent leur vigueur et leur santé. Alors, se rejoignant au cortége, il chanta avec les disciples et les anges, la puissance et la bonté de Marie.

Arrivés dans la vallée de Josaphat, les Apôtres déposèrent respectueusement le corps de leur Reine dans un sépulcre neuf, assez semblable à celui dans lequel avait été placé le Sauveur. Ils passèrent le reste de ce jour dans la prière.

Cependant, par une permission de Dieu, saint Thomas n'avait pas assisté à la mort de la sainte Vierge. Il arriva tandis que les Apôtres étaient encore en prière autour du saint Tombeau. Sa douleur fut grande. Il demanda avec larmes qu'on lui permît au moins de voir les restes inanimés de la Mère de Jésus. Pierre y consentit. Jean ouvrit le sépulcre. Et l'étonnement fut grand lorsqu'on le trouva vide. Un linceul était étendu sur la pierre. Il contenait des lis et des roses.

Alors on comprit que le corps lui-même de Marie avait été enlevé au ciel par les anges, et tous entonnèrent le cantique du triomphe.

En effet, le Seigneur Jésus était descendu près de ce tombeau qui renfermait les restes mortels de celle qu'il avait choisie pour être sa mère.

« Levez-vous, ô ma bien-aimée, lui avait-il dit; puisque la corruption du péché ne souilla jamais votre chair virginale, le ver du sépulcre ne doit avoir aucune prise sur vous. »

A ces paroles, Marie s'était élancée victorieuse des ombres de la mort. Le Seigneur Jésus avait déposé sur le front de sa mère un baiser filial. Une nuée lumineuse les avait investis, et les anges, faisant entendre de suaves mélodies, avaient porté en triomphe leur gracieuse reine devant l'Éternel.

Prosternée devant le Père céleste, elle avait reçu de ses mains le diadème royal; et son divin Fils l'avait placée sur le trône vers lequel, depuis bientôt deux mille ans, montent les vœux des mortels, et d'où redescendent, comme un fleuve limpide, les eaux intarissables de la grâce divine.

C'est à cette pieuse histoire que nous devons ces tableaux de nos Églises, où Marie est représentée montant vers le ciel en corps et en âme, au milieu d'un groupe d'anges, qui portent des palmes et des couronnes. Des flots de lumière céleste tombent sur elle; elle a les bras étendus et les yeux élevés vers les saintes demeures; et bien bas, sous ses pieds, au fond d'une vallée, on voit la pierre du tombeau renversée à l'écart, et dans les plis du linceul apparaissent des lis et des roses, symboles de l'amour et de la pureté.

## XXVII

### LE MONT DES OLIVIERS

A l'ouest de Jérusalem, de l'autre côté de la vallée de Josaphat, s'élève une montagne autrefois couverte de nombreux oliviers, et maintenant encore, si dépouillée qu'elle soit, plus verdoyante que le reste de la contrée. Du sommet de cette montagne illustre Notre-Seigneur s'est élevé vers le ciel.

Nous l'avons déjà gravie plusieurs fois, soit pour jouir de l'aspect de Jérusalem, soit pour aller à Béthanie, à Jéricho, à la mer Morte. Mais nous ne nous y sommes point encore arrêtés pour la visiter en détail, et nous lui consacrerons notre soirée.

Du tombeau de la sainte Vierge nous sommes remontés à *Casa-Nova* pour midi. Quelques heures se sont écoulées en douces causeries avec les autres pèlerins, et nous voilà de nouveau en mouvement.

Pour aller du Calvaire, où nous sommes, à la montagne des Oliviers, il faut traverser la vallée de Josaphat et le jardin de Gethsémani. Mystérieux rapprochement que celui-là. Au pied de la montagne, futur témoin de son triomphe, Notre-Seigneur subit les tortures de l'agonie, couvrit la terre d'une sueur de sang, et ressentit une telle angoisse, qu'il put dire avec vérité : « Mon âme est triste jusqu'à la mort! » — Ainsi, dans la vie chrétienne, les souffrances doivent précéder la joie. Et c'est, du reste, la condition de l'humanité tout entière, où le triomphe de la victoire suppose presque nécessairement la lutte et le carnage de la bataille.

« Rien n'égale la surprise que l'on éprouve, dit le P. de Géramb, lorsque, arrivé à une certaine partie de la montagne, en se retournant, on aperçoit Jérusalem. Ce n'est plus cette ville en ruine, dont les rues sales, étroites et tortueuses font, sur les étrangers, une si triste et si profonde impression. La tour de David, les coupoles du Saint-Sépulcre, la mosquée d'Omar bâtie au milieu de la place où était jadis le temple de Salomon, les maisons qui l'environnent, cette foule de minarets, les couvents de Saint-Sauveur, des Grecs et des Arméniens, ces murs crénelés qui entourent la ville, la porte Dorée, la porte de Saint-Étienne, ces églises désertes dont le lointain empêche de distinguer les ruines, tout cela donne à la ville sainte un air de grandeur et de magnificence qui frappe le pèlerin et arrête longtemps ses regards. »

Je l'ai déjà dit en racontant *ma première journée à Jérusalem*, si vous voulez avoir une idée complète de la ville sainte, avant toute chose, gravissez la montagne de l'Ascension Le coup d'œil dont vous jouirez vaudra mieux que tous les plans et toutes les cartes apportées d'Europe. Vous regarderez, et vous verrez tout à la fois. Plus tard, les plans gravés sur le papier vous aideront à reconstituer les anciennes choses; actuellement vous jouissez de la réalité.

Il paraît que c'est en venant de Béthanie, et en passant à l'endroit où nous stationnons, que Notre-Seigneur, levant les yeux, fut frappé de la beauté de la ville, et qu'en même temps son cœur se serrant à la pensée de ses crimes, il versa des larmes, et prononça l'anathème terrible ainsi rapporté dans l'Évangile :

«Et comme Jésus approchait de la descente de la montagne des Oliviers, la foule des disciples commençait à se réjouir et à louer Dieu à haute voix pour tous les miracles qu'ils avaient vus, disant : Béni soit le roi qui vient au nom du Seigneur! Paix dans le ciel et gloire au plus haut des cieux! — Alors quelques-uns des pharisiens qui étaient dans la foule lui dirent : Maître, faites taire vos disciples! — Il leur répondit : Je vous déclare que, s'ils se taisaient, les pierres mêmes crieraient. Et quand il fut près de Jérusalem, à la vue de cette ville, il pleura sur elle en disant : — Ah! si tu savais en ce jour qui peut t'apporter la paix! Mais maintenant tout est caché à tes yeux. Et des jours vont venir pour toi, où tes ennemis t'environneront de retranchements, où ils t'enfermeront et te presseront de toutes parts. Et ils te renverseront par terre, toi et tes fils qui sont en toi, et ils ne laisseront pas en toi pierre sur pierre, parce que tu n'as pas connu le temps où tu étais visitée. »

Titus avait, dit-on, dressé en cet endroit un camp d'observation. Et vraiment c'est facile à croire. Nous voyons également les croisés venir y contempler, devant le siége, la ville objet de leurs désirs, et le Saint-Sépulcre.

Tancrède, un jour, s'y était rendu seul pour satisfaire sa piété ardente. Cinq musulmans qui l'aperçurent se présentèrent pour l'attaquer. Il les reçut de pied ferme, fit mordre la poussière à trois d'entre eux et mit en fuite les deux autres.

Dans une autre circonstance, Baudouin III défit plusieurs princes turcs sur cette même montagne. Il massacra un grand nombre de leurs soldats, tandis que le reste s'enfuyait vers Naplouse, où d'autres croisés leur préparaient la mort.

Sur la montagne des Oliviers encore, on voit le champ où Notre-Seigneur, interrogé par ses disciples sur la manière de prier, leur répondit :

« Lorsque vous voudrez prier, vous vous enfermerez seul avec Dieu et vous direz :

Notre père, qui êtes aux cieux,
Que votre nom soit sanctifié;

Que votre règne nous arrive;
Que votre volonté soit faite sur la terre comme au ciel;
Donnez-nous aujourd'hui notre pain quotidien;
Pardonnez-nous nos offenses, comme nous pardonnons à ceux qui nous ont offensés,
Et ne nous laissez point succomber à la tentation,
Mais délivrez-nous du mal.

Ailleurs, le *Credo* fixerait également un souvenir.

Nous avons déjà parlé du tombeau de saint Jacques, pratiqué dans le flanc de la montagne au-dessus de la vallée de Josaphat. Nous nous rappelons ce porche extérieur, soutenu par deux colonnes et deux demi-pilastres d'ordre dorique, reliés par une architrave, au-dessus de laquelle règne une frise dorique ornée de triglyphes et surmontée d'une corniche. C'est une vaste excavation, à en juger par son porche qui a cinq mètres quatre-vingt-dix de largeur sur trois environ de profondeur. On y trouve un escalier, un couloir, des chambres sépulcrales taillées dans le roc. Eh bien! le Symbole des apôtres y aurait été composé, assure-t-on. Voici la légende :

Après que Notre-Seigneur fut monté au ciel, après qu'il eut envoyé le Saint-Esprit à ses disciples, les Apôtres prirent la résolution de se séparer pour aller prêcher la foi dans tous les pays du monde. Alors, une dernière fois, ils parcoururent la voie douloureuse, ils s'agenouillèrent à Gethsémani, au Calvaire, au saint tombeau, et montèrent au lieu d'où ils avaient vu le bon Maître s'élancer vers le ciel. Ensuite ils descendirent la montagne et s'arrêtèrent sous une grotte pratiquée dans son flanc. C'était là, raconte la tradition, qu'ils s'étaient réfugiés pleins de frayeur, lorsque les satellites du grand prêtre se saisirent de Jésus. Ils pleurèrent ensemble sur leur faute, et puis, avant de se donner le baiser de paix, ils résolurent de se choisir une sorte de mot d'ordre et comme un signe de ralliement qui aidât les chrétiens à se reconnaître sur tous les points du globe. Saint Pierre se leva le premier, et proposa ceci : — « *Je crois en Dieu, le Père tout-puissant,* « *Créateur du ciel et de la terre.* » Saint André se leva ensuite et dit : — « *Je crois en Jésus-Christ, fils de notre Dieu, seul et unique Seigneur.* — Saint Jean vint après eux et dit : — « *Je crois que Jésus-Christ a été conçu du Saint-Esprit et qu'il est né de la Vierge Marie.* » — Saint Jacques le Majeur ajouta : — « *Je crois que Jésus-Christ a souffert sous Ponce Pilate, qu'il a été crucifié, qu'il est mort et qu'il a été enseveli.* » — Saint Thomas reprit : — « *Je crois qu'il est descendu aux enfers et qu'il est ressuscité d'entre les morts.* » — Saint Jacques le Mineur dit à son tour : — « *Je crois que Jésus-Christ est monté au ciel, et qu'il y est assis à la droite de Dieu le Père tout-puissant.* » — Saint Philippe continua : — « *Je crois que Jésus-Christ viendra du ciel pour juger les vivants et les morts.* » — Alors saint Barthélemy prononça cette parole : — « *Je crois au Saint-Esprit.* » — Saint Matthieu poursuivit : — « *Je crois à l'Église catholique.* » — Saint Simon dit : — « *Je crois à la communion des saints et à la rémission des péchés.* » — Saint Thaddée se réjouit en disant : — « *Je crois à la résurrection de la chair.* » — Et saint Mathias termina par ces mots : — « *Je crois à la vie éternelle. — Ainsi soit-il !* » — s'écrièrent-ils tous ensemble, et ils se donnèrent le baiser de paix. Et Pierre les bénit au nom du Christ dont il était le représentant. Et ils se répandirent sur la surface de la terre, sans armes, sans lettres de crédit, sans recommandation aucune, excepté cette feuille immortelle sur laquelle ils avaient gravé le *Credo*. Ils parcoururent les royaumes et les républiques, le *Credo* à la main. Ils s'arrêtèrent sur les places publiques, dans les carrefours, sur le haut des montagnes, aussi bien que dans les vallées populeuses, et partout ils présentèrent leur symbole comme la substance unique des vraies croyances. Pour la répandre davantage, ils traversèrent la vaste étendue desmers, ne laissant pas un continent, pas une île, sans y déposer un exemplaire du *Credo*. Et leur parole fut recueillie ; et bientôt toute la terre répéta avec eux ce sublime acte de foi : *Credo ! Je crois.*

Or maintenant, pèlerins des derniers âges, auprès de la grotte qui vit les apôtres tenir ce conseil extraordinaire, nous interrogeons l'écho des siècles chrétiens. Et nous entendons, à travers tous les temps, les voix des enfants, des vierges, des jeunes hommes, des poëtes, des artistes, des philosophes, les voix des princes et des nations, la voix du temps et de l'éternité, la voix profonde et solennelle de l'Église universelle; et ces voix récitent, et elles chantent le symbole apostolique, et elles redisent avec transport la parole sacramentelle : *Credo! Je crois!* — Et nous joignons nos voix à ce concert universel, et, dans un acte de foi profonde, nous nous estimons heureux et fiers de pouvoir nous écrier avec les multitudes qui composent la Catholicité : *Credo! credo!* Oui, nous croyons!

Cependant nous sommes arrivés au sommet de la montagne, et, avant d'entrer dans la mosquée, suivant le conseil de monseigneur Mislin, nous nous sommes avancés à deux cents pas au delà, jusqu'au bord du versant oriental où l'on jouit d'un des points de vue les plus intérressants du monde.

« Vers l'orient, notre regard, après avoir traversé les montagnes nues et désertes, plonge dans la vallée du Jourdain et dans le bassin profond de la mer Morte. Cette mer apparaît, entre les ondulations des montagnes et sous le reflet d'un soleil ardent, comme un lac d'un métal en fusion. Derrière, on voit les montagnes d'Arabie, murs immenses qui séparent les déserts de Moab du désert actuel de la Terre promise.

Le mont Nébo se détache des hauteurs qui l'environnent, hauteurs aplaties, sans sommet, sans végétation, coupées par des déchirures nombreuses, au fond desquelles coulent de sombres torrents. La pureté de la lumière donne aux flancs de ces montagnes cette teinte indéfinissable que nous avons tant de fois admirée dans les paysages du Liban et au-dessus de la plaine de Balbek. Le Jourdain trace seul, par les arbres qui rafraîchissent ses rives, une ligne de verdure au milieu de cette contrée aride, où se sont passées les premières scènes de l'histoire du monde. Au nord, les montagnes d'Éphraïm, couronnées par les ruines et les mosquées de Saint-Samuel, vont rejoindre les monts Hébal et Garizim, au centre de la Samarie. Au couchant, on a à ses pieds la vallée de Josaphat, dont on distingue chaque monument; le plateau de la ville dont on pourrait compter les maisons. Avec quelle avidité l'œil se promène du mont Sion au Golgotha, de l'esplanade du Temple à la forteresse de David ! L'Ancien et le Nouveau Testament, l'histoire de cent peuples mêlée aux cendres de cette ville, se déroulaient devant nous.

Le passage du Jourdain par les Hébreux et leur prise en possession de la Terre promise, la mer Morte, qui recouvre les ruines de Sodome et de Gomorrhe, le tombeau de Samuel, la vallée du Jugement, et le Calvaire et le mont Sion, et Jérusalem et son temple, et les armées romaines et les nombreuses phalanges des Croisés, et le triomphe enfin du Seigneur Jésus, quels plus beaux souvenir réunis dans un même espace !

Lorsque nous eumes longtemps joui du coup d'œil, nous nous rapprochâmes de la mosquée. Je dis la mosquée, car, hélas ! point de monument chrétien sur ce premier degré de l'échelle mystérieuse qui conduit au ciel. L'impératrice sainte Hélène avait construit ici une église. Son œuvre semble avoir été détruite par les Persans ; le patriarche Modeste la releva au septième siècle ; Hakem la ruina de nouveau ; les Croisés la rétablirent sous la forme d'un grand édifice octogone dont on suit encore les fondations, mais qui ne subsiste plus depuis le désastre de 1187.

Une petite mosquée de six mètres soixante de diamètre, surmontée d'un tambour cylindrique et couronnée par une coupole en maçonnerie, s'élève au milieu de l'enceinte de l'ancienne église et protége l'empreinte du pied de Notre-Seigneur.

Que faut-il penser de ce miracle perpétuel du pied de Jésus-Christ imprimé sur le rocher? Je n'ai point qualité pour décider la question ; mais j'ai peine à ne pas croire à la tradition.

Au temps d'Eusèbe, c'est-à-dire vers le commencement du quatrième siècle, on croyait positivement connaître l'endroit où Notre-Seigneur est monté au ciel ; on montrait alors sur le point le plus élevé du mont des Oliviers, sur une pierre, les marques ou l'empreinte des pieds du Sauveur, traces que rien n'avait pu effacer ; et cependant la piété des fidèles faisait que bien souvent ils grattaient cette pierre pour emporter chez eux un peu de cette poussière sacrée.

Et ce qui est encore plus merveilleux, dit un vieil auteur, « c'est que Titus, quand il vint faire le siége de Jérusalem, avait planté ses tentes sur le mont des Oliviers, comme sur les autres hauteurs, pour enceindre la ville déicide, et que les pas de tant de soldats, que le roulement de tant de machines de guerre, n'aient pas fait disparaître la marque des pieds du Dieu de paix et d'amour. »

Saint Paulin de Nole et Sulpice-Sévère, qui étaient contemporains de saint Jérôme, nous apprennent aussi la même chose ; saint Augustin avait aussi la même opinion ; il le prouvait lorsqu'il disait : « On allait en Judée adorer les vestiges de Jésus-Christ, qui se voyaient au lieu d'où il était monté au ciel. » Cette merveille subsistait encore au huitième siècle, selon le témoignage du vénérable Bède, et sur la foi d'un évêque d'Occident qui avait fait le voyage de Terre Sainte.

L'auteur déjà cité tout à l'heure dit encore : « Dieu fit un autre miracle de grand éclat au sujet de ces vestiges du Seigneur, lorsque l'impératrice Hélène fit bâtir l'église de l'Ascension sur la place du mont des Oliviers, d'où l'on savait que le divin Sauveur était monté au ciel. On voulut paver, comme le reste de l'église, l'endroit où était la place de ses pieds, et le couvrir de marbre précieux ; mais on avait beau le cimenter et vouloir retenir cette dalle avec de longs clous d'or rivés en terre, une puissance, sortant du lieu même que Jésus-Christ avait touché de ses pieds sacrés, soulevait et jetait toujours à l'écart ce que l'architecte voulait fixer sur l'empreinte miraculeuse.

« Il en fut de même lorsqu'on chercha à fermer la voûte; jamais on ne put parvenir à la clore, et pendant bien des siècles le dôme resta avec une ouverture, pour indiquer que Dieu avait passé par là pour retourner dans son royaume céleste. »

Aujourd'hui les prodiges ne se voient plus. Dans le pavé d'asphalte de la mosquée, on a laissé une ouverture carrée, protégée par quatre pierres de taille posées sur champ. Dans cet espace ouvert, on aperçoit le rocher nu et une empreinte tellement usée, qu'on ne peut y distinguer qu'une forme générale et vague de pied humain.

Nous entrâmes dans la mosquée, nous y fîmes notre prière, et debout en face de la pierre vénérable nous lûmes ce passage des *Actes des Apôtres :*

« J'ai écrit un premier livre, ô Théophile, de tout « ce que Jésus a fait et enseigné depuis le commence-

« ment jusqu'au jour où il monta au ciel, instruisant « par le Saint-Esprit les apôtres qu'il avait choisis.

« Or, s'étant fait voir à eux, après sa Passion, en « diverses manières, leur apparaissant durant qua- « rante jours, et parlant du royaume de Dieu, il leur « apparut une dernière fois. Et il mangea avec eux, « et leur commanda de ne point quitter Jérusalem, « mais d'attendre la promesse du Père, — « que « vous avez, leur dit-il, entendue de ma bouche. Car « Jean a baptisé dans l'eau, mais vous serez baptisés « dans le Saint-Esprit sous peu de jours. » — Or, ceux « qui étaient présents l'interrogeaient (en disant) : « — « Seigneur, sera-ce en ce temps-ci que vous « rétablirez le royaume d'Israël? » — Mais il leur dit : — « Ce n'est pas à vous de connaître les temps « ou les moments que le Père a disposés dans sa puis- « sance. Mais vous recevrez la vertu du Saint-Esprit « venant sur vous ; et vous serez témoins pour moi à « Jérusalem et dans toute la Judée et la Samarie et « jusqu'aux extrémités de la terre. — Et quand il « eut dit ces paroles, ils le virent s'élever. Une nuée « le reçut et le déroba à leurs yeux. »

« Or, comme ils le contemplaient montant au ciel, « voilà que deux hommes se présentèrent devant eux « avec des vêtements blancs, et leur dirent : — « Hom- « mes de Galilée, pourquoi restez-vous là regardant « les cieux? Ce Jésus qui, du milieu de vous, s'est

« élevé dans le ciel, reviendra de la même manière « que vous l'y avez vu monter. — Alors ils retour- « nèrent à Jérusalem de la montagne appelée des Oli- « viers, éloignée de Jérusalem de tout le chemin « qu'on peut faire en un jour de sabbat. »

Nos dévotions terminées, nous choisîmes un endroit un peu ombragé, et Augustin de Lorge et Maxence de Vibraye ouvrirent leurs albums, taillèrent leurs crayons, et se mirent à dessiner.

Est-ce humiliant pour le monde catholique ? Pour emporter un souvenir du lieu d'où Notre-Seigneur monta au ciel, on est réduit à dessiner une mosquée turque et le minaret sur lequel le muezzin publie quatre fois par jour que Mahomet est plus grand que Jésus-Christ !

Sur cette montagne, je retrouve le souvenir d'une anecdote touchante de la vie de saint Ignace de Loyola.

Peu de temps après sa conversion, il était allé en Terre Sainte, avec l'intention de s'y fixer auprès du tombeau de Notre-Seigneur, de travailler à y répandre le règne du Christ, et d'y combattre ses ennemis. L'Orient était son rêve, à cause de Notre-Seigneur qui y avait vécu, et il voulait y établir une société de Jésus composée d'apôtres et d'ouvriers évangéliques, dont les conquêtes spirituelles au sein du mahométisme préparassent à l'Église catholique de nouveaux triomphes; idée sublime que l'épée des chevaliers chrétiens de l'Europe n'avait pu réaliser auparavant, malgré l'enthousiasme et les efforts de plusieurs siècles. Mais les Pères de Saint-François, n'ayant pas cru devoir approuver son projet, lui avaient ordonné de regagner l'Europe, et il s'était soumis. « Cependant, raconte l'un des historiens de sa vie, il voulut, avant de partir, visiter encore une fois le mont des Oliviers. Or il faut remarquer que la visite des lieux saints en dehors de Jérusalem était très-dangereuse alors, à moins qu'on ne fût accompagné d'une garde turque qu'il fallait payer, soit qu'on les visitât seul ou en compagnie d'autres pèlerins. Ignace, néanmoins, osa tenter l'entreprise et parvint, sans être aperçu, au sommet de la colline, où sont empreints sur le rocher les vestiges des pas de Notre-Seigneur montant au ciel. Comme il fallait acheter des gardiens la permission de vénérer ce lieu sacré, et qu'il n'avait point d'argent, il leur donna un canif et en obtint l'autorisation nécessaire. En revenant à Jérusalem, étant déjà rendu à l'endroit où était autrefois Bethphagé, il lui vint à l'esprit qu'il n'avait pas remarqué dans quelle direction étaient les pieds du Sauveur. Il retourna donc, acheta de nouveau la liberté de satisfaire sa dévotion, en donnant aux gardes une paire de ciseaux et reprit le chemin de la ville. Comme on l'observait de très-près, on s'était bientôt aperçu au couvent de son absence et on avait envoyé un serviteur arménien pour le chercher. Lorsque celui-ci l'aperçut, il le menaça de son bâton, lui reprocha sa témérité, et le tira rudement par le bras jusqu'au couvent... Le saint partit le lendemain pour l'Europe avec les autres pèlerins, après avoir demeuré six semaines environ à Jérusalem. »

Plus heureux que saint Ignace en cette circonstance, j'obtins ici une grande faveur pendant mon voyage de 1856. Le pacha me permit de célébrer la messe dans la mosquée ; monseigneur le patriarche y consentit ; et les pères de Saint-Sauveur ayant bien voulu faire apporter de bonne heure un autel portatif avec les objets nécessaires pour la célébration des saints mystères, je dressai mon autel à l'endroit même où s'opéra le mystère. On s'imagine notre émotion lorsque nous lûmes, à l'épître, le passage des *Actes des Apôtres* rapporté tout à l'heure, — dire la messe de l'Ascension, faire descendre Notre-Seigneur en un tel lieu !...

En faisant mon action de grâces, je repassai avec bonheur dans mon esprit cette parole adressée à nous tous dans la personne des disciples : *Je vais vous préparer une place dans le ciel.* Toute l'espérance du chrétien est là. Voilà le secret qui produit les hommes vertueux. Notre-Seigneur est monté au ciel ; il nous y prépare un trône. Un jour il reviendra nous prendre, et, si nous avons été fidèles, il nous conduira par la même voie au repos de l'éternité bienheureuse.

En vérité, je comprends qu'on se résigne difficilement à quitter le mont de l'Ascension, et je ne m'étonnai pas lorsque, me montrant une grotte creusée dans cette même montagne, notre frère conducteur me dit : « Sainte Pélagie, la célèbre pécheresse d'Antioche, vint ici après sa conversion et y passa le reste de ses jours. » Je comprends aussi tout ce qu'a de vraisemblable le trait rapporté par saint François de Sales : Un jeune homme, dit-il, fut poussé par l'amour de Jésus-Christ à visiter les saints lieux. Il s'agenouilla dans l'étable de Bethléem, alla baiser le seuil de la maison de Nazareth, parcourut les lieux où Jésus-Christ avait prêché, voulut voir les divers théâtres de ses miracles, s'enfonça dans le désert du jeûne mystérieux, visita le cénacle, pleura sur le lieu de l'agonie sanglante, parcourut les rues de Jérusalem, entra au prétoire, monta la montagne du Calvaire, alla vénérer le saint Sépulcre, gravit enfin le mont des Oliviers pour y contempler les traces des pieds sacrés du Sauveur montant au ciel ; et là, dans un élan d'amour, les lèvres collées sur la pierre sacrée, il sentit son âme se séparer de son corps et s'élever vers le ciel. »

---

# XXVIII

## SION

Je n'oublierai jamais les heures délicieuses que je passais dans ma petite cellule, le soir, en revenant de mes pieux pèlerinages, alors que, me rappelant quelqu'un des plus grands mystères de la religion, je me disais : J'ai vu le lieu où il s'est accompli. J'y ai prié. Dieu m'y a accordé bien des grâces ! — Chaque soir, je m'imaginais avoir épuisé la mesure des émotions pieuses. Mon cœur était si plein, que je ne comprenais pas ce qui pouvait lui manquer encore. Et, cependant, le lendemain m'apportait de nouvelles surprises.

Ainsi en fut-il pour nous hier, ainsi en sera-t-il aujourd'hui.

Nous avons vénéré le saint tombeau, nous avons suivi Notre-Seigneur sur la montagne de l'Ascension, nous l'avons vu monter au ciel triomphant et glorieux. Il semble que tout soit fini. Mais non ; une portion célèbre de Jérusalem nous reste à explorer. Et certes ce n'est pas la dernière ; il s'agit, en effet, du mont Sion.

« De nobles idées s'emparent de l'âme à mesure qu'on approche de cette montagne célèbre. A eux seuls, les différents noms qu'elle a portés révèlent de grandes choses. C'est *la cité de Dieu*, *la citadelle du roi*, *la maison de David*, *le palais ou la maison du roi. C'est la montagne du Seigneur*, *la montagne de sa prédilection*, *la montagne d'où vient le salut*, *la montagne d'où part une protection puissante contre les ennemis du peuple*. Là, comme à la montagne des Oliviers, l'Ancien et le Nouveau Testament se donnent un sublime rendez-vous.

Le mont Sion est célèbre dans l'histoire du peuple de Dieu. Les Hébreux ne le possédèrent pas toujours. Alors même qu'ils habitaient Jérusalem, les Jébuséens continuaient à en occuper la citadelle. Ce fut David qui les en chassa. Pour soutenir l'ardeur de ses troupes, il avait promis le commandement suprême au premier des soldats qui pénétrerait dans la place. Joab fut l'heureux de la journée. Et Joab devint le chef des armées de Dieu, lorsqu'il eut établi son roi sur la montagne qui s'appela dès lors *la ville de David*.

David construisit son palais sur le mont Sion. Il voulait même y bâtir un temple au Seigneur. Mais une révélation divine lui suggéra de confier cette entreprise aux mains de Salomon, son fils. Toujours est-il que l'arche du Seigneur y fut déposée par ses soins avec une grande solennité et qu'elle y séjourna jusqu'à l'achèvement du Temple. Là aussi furent composés les Psaumes. Là, David commit sa double faute et la déplora avec des accents sublimes dont les échos sont venus jusqu'à nous.

Après David, Salomon habita le mont Sion. Il y construisit ce palais magnifique dont les colonnes, les portiques et les galeries étaient innombrables, et où resplendissaient, au milieu d'une profusion de bois de cèdres apportés du Liban, l'or, l'ivoire et les pierreries. Il y composa le livre des *Proverbes*, celui de *la Sagesse* et celui de l'*Ecclésiaste*. Il y rendit ses jugements célèbres. C'est là que la reine de Saba vint admirer sa splendeur et sa sagesse.

Jérémie fut emprisonné dans la citadelle de Sion, pour avoir prédit la prise de Jérusalem par Nabuchodonosor.

Le mont Sion fut aussi le théâtre des cruautés d'Antiochus Épiphane. Ce monstre, pour punir les femmes qui obéissaient à la loi de Moïse, les faisait précipiter du haut des tours, avec leurs enfants attachés à leur cou. Simon Macchabée vengea cet outrage, fait à Dieu et aux hommes, et purifia la citadelle au milieu de grandes solennités.

Aujourd'hui, une partie considérable de la montagne se trouve hors des murs. Cependant, sur son versant nord, s'étend le quartier des Arméniens, que nous avons déjà visité sommairement en cherchant à faire connaissance avec les peuples qui habitent Jérusalem. Nous allons y rentrer, car nous avons plusieurs détails importants à y voir ; nous le traverserons, et, sortant par la porte de Sion, nous atteindrons les hauteurs qui nous attirent spécialement.

Dans notre course, nous verrons la maison de Caïphe, le grand-prêtre, et celle d'Anne, son beau-père. Nous vénérerons le lieu où fut martyrisé saint Jacques; et puis la maison de la sainte Vierge, et la petite chapelle où saint Jean lui disait la messe, et le lieu où elle mourut. Enfin, nous terminerons par une prière au Cénacle où le Saint-Esprit descendit sur les Apôtres en forme de langues de feu.

Presque au sortir de *Casa-Nova*, se présente à nous un monument célèbre, c'est la forteresse de Jérusalem, la tour de David. Sa partie supérieure est évidemment moderne, mais ses assises inférieures rappellent l'aspect des murailles du temps, quoique les pierres en soient plus petites et moins fines. Ce sont de gros blocs taillés en bossage, dont quelques-uns mesurent de trois à quatre mètres de long, sur deux mètres de large, et plus d'un mètre de hauteur. Du côté de la ville, elles sont peu protégées, mais en dehors elles dominent un fossé profond. Plusieurs veulent identifier la tour de David avec la tour Hippicus. Leur opinion n'est pas improbable, mais les auteurs n'étant pas d'accord, je dois m'abstenir. Toujours est-il, qu'en touchant les bases de ce monument, nous entrons en quelque sorte en relation avec David, Salomon, la suite des rois de Juda, et plus tard Godefroid de Bouillon et ses successeurs.

La tour de David entre comme partie essentielle dans le système de fortifications établi par Soliman le Magnifique, après la chute du royaume de Jérusalem. J'ai entendu dire à des hommes du métier qu'elle constituait encore aujourd'hui la force principale de la place.

Ferai-je mémoire du temple protestant que nous rencontrons à notre gauche ? Il est élégant, et le presbytère paraît confortable. Ces messieurs de la réforme ne sont point en mission pour rien. Une des choses contre lesquelles ils protestent le plus volontiers, c'est le vœu de pauvreté. Luther leur a donné, sous ce rapport, un exemple toujours bien suivi.

Un peu plus loin, au bout d'une petite rue assez maussade, nous pénétrons dans un couvent de religieuses, bâti sur l'emplacement de la maison d'Anne. Si nous ne le savions pas, la propreté exquise de cette demeure nous révélerait que nous sommes chez les Arméniens. L'église, décorée à l'oriental, ne présente rien de grandiose ; mais les détails sont soignés et les dorures très-fraîches.

Anne, beau-père de Caïphe, avait ici son habitation. Notre-Seigneur fut conduit chez lui vers une heure du matin ; il était pâle, défait ; sa robe était couverte de boue, ses mains chargées de chaînes ; impassible, la tête penchée sur la poitrine, il ne proférait aucune plainte et gardait le plus profond silence. Anne, petit vieillard maigre, aux yeux méchants, à la barbe peu fournie, était le type de la ruse et de la froide méchanceté du juif infidèle ; il persiffla le divin captif, avec une hauteur et une ironie mordante ; mais ses efforts n'aboutirent qu'à le couvrir de honte ; et, lorsqu'il eut l'audace de demander au Sauveur : Quelle est ta doctrine ? Jésus, levant sa tête fatiguée, le regarda et le confondit par ces mots bien simples : « J'ai « parlé publiquement et devant tout le monde : je « n'ai jamais enseigné d'une manière clandestine. « Pourquoi m'interroger ? Adressez-vous à ceux qui « m'ont entendu ; ils savent ce que j'ai dit. » — En vain un satellite brutal essaya-t-il de venger son maître en donnant un soufflet à Notre-Seigneur ; Jésus conserva la supériorité par cette seconde parole : « Si « j'ai mal parlé, montrez-le-moi ; mais si j'ai bien dit, « pourquoi me frappez-vous ? » — Et puis il se tut ; et on ne put en obtenir davantage, de sorte qu'Anne dut le renvoyer chez Caïphe, où nous allons le suivre.

A la place de la demeure du grand-prêtre s'élève le couvent dont nous avons déjà parlé à propos du patriarche schismatique arménien, celui qui fut bâti par l'Espagne, enlevé de force aux Franciscains, et donné aux Arméniens par le droit du plus fort.

L'église de ce couvent possède un trésor. La pierre qui fermait le tombeau de Notre-Seigneur forme l'autel. A côté du sanctuaire, on montre une petite prison où Notre-Seigneur aurait été enfermé en attendant l'heure où Pilate consentirait à le recevoir. C'est un réduit singulièrement étroit, mais décemment orné. Ici encore propreté remarquable.

Dans cette enceinte, avant de monter au Calvaire, Jésus-Christ proclama hautement sa divinité.

Entouré de scribes, de pharisiens et de docteurs de la loi, Caïphe, la rage dans le cœur, le venin sur les lèvres, le sang dans les yeux, se lève sur son tribunal, et dit au divin accusé : « Je t'adjure au nom du Dieu « vivant ! déclare-nous si tu es Christ, le Messie, le « Fils du Dieu tout-puissant ! »

Le silence se fait alors dans l'assemblée, et d'une voix forte, pleine de dignité et de majesté, de la voix du Verbe éternel lui-même, Jésus-Christ répond : « Vous l'avez dit; je le suis ! — Et, je vous le dé- « clare, bientôt vous verrez le Fils de l'homme, as- « sis à la droite de la majesté divine, descendre, porté « sur les nuées du ciel. »

C'est bien auprès de la pierre renversée du tombeau que nous sommes heureux de recueillir cette parole. Aussi nous agenouillerons-nous pour faire, de tout notre cœur, un acte de foi solennel à la divinité de Jésus-Christ.

Maintenant sortons de la ville, et montons jusqu'au Cénacle.

Nous y sommes déjà entrés le jeudi saint ; mais, ce jour-là, un seul mystère nous a préoccupés au point de nous faire oublier les autres. Et cependant que de choses encore se sont passées en cet endroit si célèbre !

Indépendamment de l'institution de l'auguste sacrement de l'Eucharistie, nous y retrouvons le souvenir de mille merveilles. Ici furent sacrés les premiers prêtres et les premiers évêques du monde ; ici fut institué le sacrement de Pénitence, lorsque, soufflant sur les apôtres, Notre-Seigneur leur dit : « Recevez le Saint-Esprit : les péchés seront remis à « ceux à qui vous les remettrez ; et ils seront retenus « à ceux à qui vous les retiendrez. » — Ici encore Jésus-Christ institua le sacrement de la Confirmation.

Un souvenir de l'Ancien Testament se mêle à ceux du Nouveau. Au coin du Cénacle, on nous montre un escalier qui conduirait, dit-on, aux tombeaux de David et de Salomon. Mais on ne nous autorise point à y descendre.

Les Turcs vénèrent ce monument ; ils y attachent même une idée superstitieuse. Un historien juif bien connu, le célèbre Josèphe, raconte un fait qui a donné lieu, sans doute, aux terreurs des enfants de Mahomet. D'après lui, Hérode aurait conçu le projet de pénétrer dans ces tombeaux pour enlever les grands trésors que Salomon y avait consacrés à la mémoire de son père. Il s'y serait introduit pendant la nuit, avec quelques affidés, et tout à coup deux de ses satellites auraient été dévorés par des feux qui éclatèrent soudain. Alors le prince se serait retiré épouvanté, et aurait élevé un monument en signe d'expiation. Les Turcs redoutent un pareil châtiment, et l'accès du tombeau reste continuellement interdit. Seulement, chaque année, on l'ouvre pour y introduire les présents du Sultan. Ce sont de riches tapis. On les jette avec précipitation, et aussitôt on referme l'ouverture.

J'ai peine à ne pas croire à quelque supercherie. Tous les sujets du Sultan ne sont pas également effrayés par des fables dont plusieurs connaissent la valeur; et si on m'assurait que les gardiens du tombeau volent en cachette les offrandes, et maintiennent la légende pour mieux cacher leur vol, je le croirais tout de suite.

Le grand enseignement à recueillir ici est celui de la Pentecôte.

Au jour de l'ascension de Notre-Seigneur, les apôtres n'avaient encore rien compris à sa doctrine toute spirituelle. Il avait voulu leur expliquer l'avenir, il leur avait parlé du prochain triomphe de son Église; mais eux avaient appliqué ses paroles à des choses matérielles. Par le royaume de Dieu, ils comprenaient un empire terrestre, et ils voyaient Notre-Seigneur, à la tête d'une nombreuse armée, parcourir le monde comme un Alexandre et soumettre tous les peuples de la terre à la domination juive. Rome allait céder sa puissance à Jérusalem; Jésus-Christ prenait la place de César; eux-mêmes étaient élevés à la dignité de sénateurs, de consuls et de généraux d'armée. Ils pensaient ainsi; ils nous l'avouèrent. L'un d'eux, qui s'est fait leur historien dans les *Actes des apôtres*, rapporte leur sentiment, lorsqu'il dit: « Ceux qui étaient présents l'interrogeaient : — « Seigneur, sera-ce en ce « temps-ci que vous rétablirez le royaume d'Israël? » — Or, Jésus-Christ avait bien d'autres vues. Il voulait faire l'œuvre la plus surprenante et la plus inouïe: il voulait substituer l'empire des intelligences à celui de la force. Au lieu que jusqu'alors les empires s'étaient formés par la conquête armée et s'étaient soutenus par le sabre, il allait saisir les hommes par l'esprit et par le cœur; il allait les réunir par l'unité d'une même doctrine; et ses seules armes devaient être la persuasion. Mais les disciples encore grossiers n'étaient pas capables de comprendre l'étendue de ce projet sublime. Aussi leur Maître se contente-t-il de leur répondre : — « Ne m'interrogez pas là-dessus. Atten-

« dez, pour comprendre, le moment que mon Père « vous a marqué dans sa puissance. Bientôt vous re« cevrez la vertu du Saint-Esprit venant sur vous, et « vous serez témoins pour moi à Jérusalem, et dans « toute la Judée et la Samarie, et jusqu'aux extrémités « de la terre. » — Et puis, une nuée le reçut et le déroba à leurs yeux. Alors ils retournèrent à Jérusalem.... Et quand ils furent entrés dans leur maison, ils allèrent dans une chambre haute, où demeuraient Pierre et Jean, Jacques et André, Philippe et Thomas, Barthélemy et Matthieu, Jacques, frère d'Alphée, et Simon Zélotès, et Juda, frère de Jacques. Et tous persévéraient unanimement dans l'exercice de la prière, avec les femmes fidèles, et Marie, mère de Jésus et les autres frères.

Or, dix jours après cet événement, les disciples étaient encore ensemble dans ce même lieu, et Marie, mère de Jésus, au milieu d'eux. Soudain un bruit se fit entendre, venant du ciel et semblable à un vent impétueux. Il ébranla toute la maison où ils étaient assis. Et un globe de feu descendit du ciel, et, après s'être reposé sur la tête de la sainte Vierge, il se divisa en autant de langues de feu qu'il y avait de disciples et s'arrêta sur chacun d'eux. Et ils furent remplis de l'Esprit-Saint, et ils commencèrent à parler selon que l'Esprit-Saint les faisait parler.

Or il y avait alors dans Jérusalem des Juifs religieux

et des hommes de toutes les nations qui sont sous le ciel. Et ce bruit s'étant répandu, une multitude de personnes s'assemblèrent étonnées. Pierre, se tenant debout avec les onze, éleva la voix, prouva la divinité de Jésus-Christ et annonça la nécessité d'entrer dans l'Église nouvelle.

Et ceux qui reçurent sa parole furent baptisés ; or ils étaient ce jour-là au nombre de trois mille. A dater de ce moment, les nouveaux convertis modifièrent leur vie. Ils persévéraient dans la doctrine des Apôtres, dans la communion de la fraction du pain et dans la prière. Et la crainte était dans les âmes ; et beaucoup de merveilles et de miracles étaient faits à Jérusalem par les Apôtres, et tous vivaient dans une crainte respectueuse. Et ceux qui croyaient vivaient ensemble, et ils avaient tout en commun. Ils vendaient leurs terres et leurs biens, et les distribuaient à tous selon que chacun en avait besoin. Et tous les jours ils étaient ensemble dans le Temple. Unis et rompant le pain dans leurs maisons, ils prenaient leur nourriture avec joie et simplicité de cœur, louant Dieu et se rendant agréables à tout le peuple. Et le Seigneur augmentait de jour en jour le nombre de ceux qui trouvaient là leur salut. » De ce moment date notre Église Catholique.

Debout au milieu du Cénacle où s'opéra ce prodige, je repassais ces choses dans mon âme, et puis je me reportais au temps où elles s'étaient opérées, et j'admirais la conduite surprenante de Dieu dans la fondation de son Église.

Humainement tout semblait perdu après la mort de Jésus-Christ. Le monde restait païen. Le peuple juif, loin de se convertir, avait crucifié son Messie, et la révolution anti-religieuse laplus terrible s'était opérée parmi le seul peuple resté jusque-là fidèle. Il avait essayé de tuer Dieu ! Or, précisément parce que tous les moyens humains semblaient manquer, le moment de Dieu était venu.

Du sein de son éternel repos, le Père céleste a considéré les désordres qui inondent la terre, et il s'est dit : Je vais changer la face du monde. Au lieu du règne du mensonge, j'établirai celui de la vérité ; au lieu de l'erreur multiple comme les dieux qu'adore le monde, je constituerai l'unité de doctrine ; à la place des passions dépravées, je veux élever dans le cœur humain le trône de la sainteté ; et je ne m'adresserai plus à une classe privilégiée d'hommes ; je ne bornerai pas mon enseignement à un peuple ; je le répandrai sur la terre entière.

Il dit ! Et de sa main puissante, celui qui donne au grain de sénevé enseveli dans la terre la vertu de pousser des racines profondes, de s'élever majestueux et d'étendre au loin ses branches, choisit au fond de la Judée douze hommes, pêcheurs obscurs. Il les arrache à leurs filets et les sème, pour ainsi dire, sur la surface du globe. — « Allez, leur dit-il, et baptisez les nations. » — Et ces hommes partent. Des lettres de crédit, ils n'en ont point, car ils prêchent au nom d'un Crucifié. Leurs armes pour la conquête sont la seule patience, puisque, avant de mourir, leur Maître leur a dit : — « Je vous envoie comme des agneaux au milieu des loups. » — Leurs provisions pour ce voyage autour du monde sont légères : celui qui les envoie leur défend de porter même deux tuniques ou deux bâtons avec eux. Et pour leur moyen de persuasion, il est énergique, mais singulièrement effrayant à la nature orgueilleuse : *Croyez*, vont-ils dire à l'univers. Eh bien, ils partent sans crainte !

Je les suis ces pêcheurs du lac de Tibériade, et j'écoute. Ce n'est pas à des ignorants, c'est au siècle brillant d'Auguste qu'ils ont affaire, siècle où florissaient la littérature, les sciences et les arts. Voyez comme ils ont à le froisser. Ils ont à dire aux Juifs : — Vous n'êtes plus le peuple de Dieu. Votre culte est anéanti. Il vous faut renoncer à votre idée chérie d'un Messie-roi qui devait, pensiez-vous, mettre Israël à la tête des nations. Ce Messie, vous l'avez tué ! Vous voilà stigmatisés du nom affreux de peuple déicide. Reconnaissez pour Dieu celui que vous avez crucifié, ou vous serez réprouvés éternellement. — Ils avaient à dire à la Grèce, à Rome, à toutes les nations : — Vos sages ne sont que des orgueilleux et des hommes corrompus ;

les ministres de vos dieux que de vils fourbes, et vos dieux que des démons. — Ils avaient à dire aux nations qui regardaient à peine leurs esclaves comme des hommes : — Ces esclaves sont vos égaux et vos frères. — Aux esclaves qui rongeaient leur frein : — Obéissez de bon cœur à vos maîtres. — Aux peuples qui voulaient se révolter : — Rendez à César ce qui appartient à César. — A l'orgueilleux : — Tu n'es que cendre et poussière. — A l'impudique : — Le désir du mal et sa seule pensée consentie sont un crime. — A toutes les passions furieuses : — Taisez-vous ! En vérité, si les prédicateurs d'une si étrange doctrine n'ont pas été égorgés dès la première phrase, c'est qu'on dut, sans doute, les prendre pour des insensés !

Je me représente les Romains, revenus de leur premier étonnement, disant aux Apôtres : — Mais qui donc êtes-vous pour venir ainsi bouleverser toutes nos idées et nous imposer de douloureux sacrifices ? — Et les Apôtres de leur répondre : — Romains, nous sommes pêcheurs du lac de Tibériade, de la Galilée, pays méprisé par les Juifs que vous méprisez vous-mêmes. Nous avons quitté nos filets pour venir vous dire que, si vous ne faites pénitence, vous périrez tous. — Mais de grâce, pêcheurs du lac de Tibériade, au nom de qui parlez-vous ainsi? — Et les apôtres de répondre : — Au nom de Jésus de Nazareth, Juif de nation, lequel est né dans une étable, a vécu pauvre, faisant pendant trente ans le métier de charpentier, et s'est vu condamné enfin par un de vos gouverneurs à un supplice infâme.... Ils devaient être égorgés, me disais-je à moi-même, les hommes qui parlaient ainsi ! — Ils le furent, me répondait l'histoire. — Mais, par un miracle sans exemple, quand leur sang et celui de leurs disciples eut coulé à flots pendant trois cents ans, l'univers tout entier se trouva converti à leur doctrine austère et prosterné aux pieds du Crucifié. La preuve en est dans la bouche même de leurs ennemis.

Tacite, historien du paganisme, s'indigne de ce que *l'exécrable superstition chrétienne*, comme il la nomme, réprimée déjà par le fer et le feu, s'étende, non-seulement en Judée, d'où elle vient, mais dans Rome même.

Pline le Jeune, gouverneur de Bithynie, écrivant à Trajan, se plaint de ce que, dans l'Asie, les temples des Dieux sont déserts, parce que la religion chrétienne a envahi, non-seulement les cités, mais les villages.

Saint Justin, martyr au commencement du second siècle, défie Tryphon, dans sa dispute, de donner le démenti à ce qu'il avance : — « Il n'y a sorte de peuple, s'écrie-t-il, soit grec, soit barbare, soit même de ceux qui ne connaissent pas l'usage des maisons, vivant encore sur leurs chariots couverts de tentes, où, au nom de Jésus crucifié, des prières et le sacrifice adorable de l'Eucharistie ne soient offerts au Dieu Créateur. »

Au troisième siècle, Tertullien dit : « Le royaume et le nom de Jésus-Christ sont annoncés partout, crus partout, honorés par toutes les nations, adorés dans toute l'étendue de l'univers. » Et il ajoute, en défiant les païens : « Nous ne sommes que d'hier, et déjà nous formons la plus grande partie de votre empire. A l'exception de vos temples, tous les lieux soumis à votre domination sont peuplés de chrétiens. »

Et, pour ne pas prolonger les citations, les païens eux-mêmes convenaient si bien du fait, que je les entends faire des vœux pour que les édits de proscription des empereurs contre les chrétiens ne soient pas observés : « *Autrement*, dit Pline le Jeune, *la terre serait dépeuplée par ces massacres.* » En effet, on essaya un jour de faire le dénombrement de ceux qui périssaient pour la confession de la foi chrétienne, sous le fer du bourreau, et on en compta dix-sept mille en un seul mois.

En vain, les édits impériaux sillonnent les provinces, en vain le sénat lance ses foudres ; la science se coalise en vain pour convaincre d'ignorance ou d'imposture la doctrine des pêcheurs de Tibériade ; comme un feu dévorant s'allume et s'étend rapidement parmi les forêts résineuses des Alpes, la foi gagne tous les cœurs. Les hommes qui en sont embrasés communiquent leurs flammes divines à ceux qui les approchent; la hache du bourreau ne peut rien. Je me trompe : elle ouvre une issue au sang des martyrs, dont le fleuve brûlant se précipite et va porter la fécondité sur la terre qu'il arrose ; ce sang rejaillit sur le bourreau et le bourreau est le premier à en ressentir les saintes influences. A son tour, le bourreau converti présente sa tête à un autre bourreau, et de son sang sort la même vertu en faveur du nouveau meurtrier.

O Église de Dieu, m'écriais-je en contemplant ces choses, que tu es belle ! Des confins de la Judée, tu t'es élancée comme un géant dans l'univers! Depuis les lieux où se lève l'aurore jusqu'à ceux où le soleil semble s'éteindre, comme un tonnerre éclatant, ta voix s'est fait entendre ! *In omnem terram exivit sonus eorum, et in fines orbis terræ verba eorum.*

J'aurais bien voulu pouvoir dire la messe dans le Cénacle, célébrer les saints mystères à l'endroit même où Notre-Seigneur les avait célébrés le premier ; et faire les fonctions sacerdotales au lieu où fut établi le sacrement de l'Ordre. Malheureusement les Turcs, plus tolérants dans la mosquée du mont des Olives, se montrent inexorables dans celle du mont Sion. Je me contentai donc de renouveler mes vœux de religieux et de réciter, du fond de mon âme, le *Veni, Creator,* cette prière si universellement admise et malheureusement trop peu comprise des chrétiens.

« Viens, Esprit créateur, viens visiter les âmes de ceux qui sont à toi.

« Viens et remplis de ta grâce les cœurs que tu as créés.

« C'est toi que les saintes Écritures ont appelé le Consolateur.

« C'est toi qu'elles ont nommé le don du Très-Haut, source d'eau vive, l'onction spirituelle, la charité et le feu sacré.

« C'est toi qui répands sur nous les sept dons de la grâce, la rosée du ciel.

« Tu es le doigt de Dieu qui enseigne la route; tu es la science des apôtres; c'est toi qui as rendu leurs langues éloquentes.

« Éclaire aussi nos esprits, embrase aussi nos âmes, fais-y brûler ton amour.

« Donne de la force à notre faiblesse, rends-nous forts par ta vertu.

« Repousse loin de nous l'ennemi; oh! rends-nous vite la paix, la paix que tu sais donner.

« Sois notre guide, pour que nous ne marchions que dans la bonne voie.

« Sois notre appui, pour que nous ne trébuchions pas dans les piéges des méchants.

« Garde-nous de tout mal.

« Fais vivre en nous une foi ardente, et qu'à notre dernier jour nous confessions encore un Dieu en trois personnes : le Père, le Fils et le Saint-Esprit. »

Ah ! c'était un beau temps que celui où les rois récitaient cette prière avant leur sacre ; les magistrats avant de monter sur leur siége de justice ; les peuples avant d'ouvrir leurs grandes assemblées, tous les fidèles au commencement de leurs principales actions.

Aujourd'hui si le monde paraît affolé ; si nous marchons, peuples et gouvernants, dans une obscurité formidable, c'est que la science orgueilleuse a dit : « Nous savons tout ; nos lumières nous suffisent ; et nous n'invoquerons pas celui que nos pères appelaient le Saint-Esprit. »

Animés par cet Esprit divin, les pêcheurs du lac de Tibériade ont transformé le monde, détruit le règne de la superstition, préparé la civilisation chrétienne.

En descendant la montagne de Sion, après avoir vénéré la hauteur célèbre dont le nom revient à chaque page dans les saints cantiques, je ne sais quelle mélancolie dominait nos âmes.

C'est que la foi, partant d'ici pour faire le tour du monde, n'est point revenue à son point de départ ; c'est qu'autant les souvenirs sont grands, autant le présent est triste. Sur ces hauteurs où retentit la plus étonnante poésie, les échos ne répètent plus que le chant du muezzin, avec des invocations sacriléges à Mahomet, et le pèlerin, en s'éloignant, est bien forcé de redire tristement cette parole accomplie : « *Viæ Sion lugent.* » Les voies de Sion sont désolées ; elles pleurent les jours de gloire qui ne sont plus !

---

## XXIX

### LA GROTTE DE JÉRÉMIE

Nous avons tout visité à Jérusalem, et l'heure du départ est sonnée. Demain matin il faudra prononcer le mot, dire adieu à la Ville sainte.

Cependant, nous avions négligé, dans notre promenade autour des murs, un point d'un touchant intérêt : en revenant du tombeau des rois, l'heure avancée, la porte de Damas qui se fermait, nous avait empêchés d'entrer dans la grotte de Jérémie. Je veux y aller ce soir, puisque j'en ai le loisir.

C'est une grande caverne taillée dans le roc. Une mauvaise muraille en ferme l'accès. Il faut une permission pour y pénétrer. Je frappai longtemps à une petite porte. Enfin, une clef rouillée tourna dans une vieille serrure, et un caloyer grec se présenta. Je lui manifestai mon désir.

Combien me donneras-tu? répondit-il avec humeur.

Je lui offris ce que je crus convenable. Le pénitent se redressa et sembla me dire :

Pour qui me prends-tu ?

Alors il exposa ses prétentions. S'il rançonne ainsi tous les voyageurs, sa pénitence ne doit pas être austère.

Je ne sais si mon imagination m'a abusé, mais cette grotte m'a paru marquée au coin de la mélancolie.

On sait ce qu'était Jérémie ; on connaît les persécutions nombreuses auxquelles il fut en butte de la part de Joakim, de Sédécias, et des princes des prêtres, à cause de ses prédictions terribles contre Jérusalem coupable.

Emprisonné plusieurs fois, il était encore dans les fers, lorsque Nabuzardan entra dans la ville en vainqueur. Le général assyrien l'ayant mis en liberté par ordre de Nabuchodonosor, lui laissa le choix entre Babylone et Jérusalem ; le prophète préféra son pays. Il vint s'établir dans cette grotte.

Après le départ des Assyriens, on le voyait se promener au milieu des ruines ; il s'asseyait sur les tronçons des colonnes brisées, gémissait douloureusement sur les malheurs de sa nation, et rentrait dans la grotte solitaire pour écrire ses lamentations.

Comme lui nous venons, hélas ! de contempler des ruines, ruines des choses et des hommes, ruines d'une cité et d'un peuple, ruines matérielles et morales. Comme lui nous avons à pleurer sur Jérusalem ; et ce lieu est bien choisi pour nous rendre compte de nos impressions, après la visite de la cité maudite.

Une chose me frappe, et ne peut manquer de captiver l'attention de tout esprit sérieux, c'est le contraste des temps anciens et de la situation présente.

Comment cette contrée, dont Jérusalem fut la reine, n'est-elle plus aujourd'hui qu'un sol pierreux, coupé par des montagnes rocheuses dont la teinte grisâtre est à peine accidentée par quelques herbes sauvages ou de rares oliviers?

La Palestine fut incontestablement un des pays les plus riches du monde. Tout homme de bonne foi est obligé de croire à la splendeur ancienne de cette contrée. Est-il au monde une terre plus connue que la Terre Sainte? Y a-t-il une histoire plus essentiellement mêlée que la sienne à la grande histoire de l'humanité? M'indiquera-t-on un lieu où la politique et la religion se soient donné un rendez-vous plus solennel et plus fréquent? L'histoire incontestable du peuple juif le relie aux premiers âges du monde; et les monuments élevés par le paganisme soutiennent la preuve irrécusable de sa vérité jusqu'à la venue de Jésus-Christ. A partir de cette époque, l'Orient se personnifie dans Jérusalem, pour les nations de l'Occident. Point de peuple, point de roi, point de grand homme, point de nom illustre, point de noble famille, qui ne rattache à la cité merveilleuse ses plus grands souvenirs et ses plus belles gloires. La montagne de

Sion, le Calvaire, le Saint-Sépulcre, sont en quelque sorte le point culminant de la terre ; vers eux se tournent les yeux de tous les hommes, et, comme le disait un grand capitaine : « Les sources de la gloire sont en Orient. »

Il est donc incontestable que le pays dont Jérusalem fut la capitale était admirablement fertile et prodigieusement riche. Tous les témoignages concourent à le prouver. Si l'Écriture nous présente la terre de Chanaan comme la plus belle et la plus fertile du monde ; si elle peut la comparer à une terre où coule le lait et le miel, les auteurs païens soutiennent la même opinion ; et certes on ne les accusera pas de connivence. Dès les jours du premier Ptolémée, Hécatée constate entre l'Égypte et la Syrie, non loin de la mer, l'existence d'une contrée fertile par-dessus toutes les autres et peuplée d'innombrables habitants ; Pline est d'un avis semblable ; et Tacite, aussi bien qu'Ammien-Marcellin, en parle comme d'un fait incontesté. Et pourtant, est-il aujourd'hui pays plus désolé, plus marqué au coin de la malédiction ?

Qui nous dira les causes de cette transformation ? L'histoire. Étudions-la sérieusement, et nous comprendrons que cette Jérusalem découronnée, humiliée, souffrante, est là comme un témoignage immuable, placé au milieu du monde pour attester à tous les siècles la vérité du dogme chrétien par l'accomplissement des prophéties les plus authentiques. Je défie quiconque voudra bien considérer la Judée d'un œil calme et sans prévention, de ne pas conclure à la vérité du Christianisme.

Avant les Hébreux, cette contrée porta le nom de *Terre de Chanaan*, ou de *Palestine*. Les enfants de Cham et les Philistins, ou Palestins, qui l'occupaient alors, lui avaient donné leur nom. Plus tard, elle passa entre les mains des Hébreux. Josué, leur chef, la conquit. Dès lors, elle ne changea plus d'habitants jusqu'au règne de Vespasien. Seulement elle fut, à diverses époques, tributaire des rois de Perse et soumise à Alexandre le Grand, aussi bien qu'aux rois de Syrie et d'Égypte, ses successeurs. Lorsque les Israélites cessèrent d'être gouvernés par des juges et se donnèrent des rois, elle s'appela *Judée,* du nom de la royale tribu de Juda.

Vers la fin des temps anciens, la généreuse famille des Macchabées, voyant le peuple d'Israël attaqué dans son existence intime et dans sa religion, se mit à sa tête, le mena au combat et le défendit contre ses agresseurs pendant un espace de cent trente-cinq ans. A cette époque, Hérode le Grand parvint à le subjuguer, et des mains des Hérode, la Palestine passa au pouvoir des Romains, qui détruisirent à jamais ce royaume.

Quant à Jérusalem, les auteurs en font remonter l'existence à l'an du monde 2023, ou à peu près. On attribue l'origine de son nom à une sorte de jeu ou d'assemblage de mots. Melchisédech, le grand prêtre, qui vivait du temps d'Abraham, la fonda sous le nom de *Salem*, qui veut dire *demeure de la paix*. Plus d'un demi-siècle après, elle fut prise et agrandie par les Jébuséens, descendants de Jébus, fils de Chanaan, et subit le nom de la race de ses vainqueurs. Alors, *Jébus* et *Salem* se confondirent dans la mémoire des peuples pour former *Jérusalem*.

Josué, l'étonnant conducteur du peuple de Dieu, tua le roi des Jébuséens et devint à son tour possesseur de Jérusalem. Aussitôt après sa mort, les anciens possesseurs la reprirent; mais les Israélites les refoulèrent bientôt dans la forteresse du mont Sion, et s'établirent dans la ville. Enfin David parut. Il chassa l'ennemi possesseur de la forteresse, s'établit lui-même sur le mont Sion, où il bâtit un palais, et fit de Jérusalem la capitale de son royaume. Après lui, Salomon vint embellir la cité de Dieu. Il y construisit le temple fameux qui n'eut point d'égal et répandit la splendeur sur le royal héritage de son père.

Les destinées de cette ville, au temps même de sa prospérité, étaient de servir de théâtre aux luttes des nations et des princes. Sous Roboam, successeur de Salomon, elle tomba au pouvoir de Sisach, roi d'Égypte, et perdit une grande partie de ses trésors; plus tard, Joas, roi d'Israël, la ravit aux mains d'Amasias;

les Assyriens la conquirent sur Manassès; et, quatre fois, Nabuchodonosor y entra en vainqueur, sous les règnes de Joachim, de Jéchonias et de Sédécias. Le dernier assaut fut terrible. Le feu et le sang remplirent la ville; les murailles tombèrent, et le peuple fut emmené en captivité.

Après soixante-dix ans, Cyrus permit de rebâtir la ville. Les Juifs y retournèrent donc et la relevèrent de ses ruines. Mais après quatre cents ans, un nouveau pillage se fit. Quatre-vingt mille hommes périrent dans l'espace de trois jours, quarante mille furent emmenés en captivité, et un nombre semblable de prisonniers furent vendus comme du bétail. Mais le roi de Syrie ne resta pas longtemps vainqueur. Judas Macchabée défit Antiochus Épiphane et mit Jérusalem à l'abri de nouvelles tentatives de la part des Syriens.

En 3941, Pompée, vainqueur de Mithridate, vint mettre à son tour le siége devant Jérusalem. Cette malheureuse cité était divisée par les prétentions d'Hircan et d'Aristobule, deux frères rivaux, qui se disputaient également la royauté et la grande sacrificature. Au bout de trois mois, elle ouvrit ses portes. Hircan fut nommé chef du peuple par le vainqueur; mais il perdit le titre de roi. Aristobule et sa famille allèrent à Rome servir au triomphe de Pompée.

Vingt-six ans après, le royaume parut devoir se relever. Hérode le Grand, soutenu par la faveur d'Antoine, vint assaillir Jérusalem avec une armée romaine. Le sang coula de nouveau ; des atrocités furent commises. Hérode devint roi ; mais la Providence avait marqué à cette époque la chute définitive d'un peuple devenu par trop infidèle.

Un drame effroyable s'était accompli. Le peuple choisi de Dieu pour donner le Messie à la terre avait méconnu son Christ. Jésus, venu pour le sauver, avait été repoussé par les siens. En vain il avait multiplié les miracles; en vain il avait donné les preuves de sa divinité; les Juifs avaient reçu ses bienfaits comme le malade en délire écoute les avis du médecin charitable. Un jour, le bon Maître avait été pris au milieu de ses disciples et traîné au palais du gouverneur. Là, il avait enduré les supplices les plus atroces; et, comme si d'aussi grands tourments n'eussent été rien pour une multitude brutale, le peuple, le voyant meurtri et déchiré de coups, avait crié :—« Nous voulons qu'il soit crucifié. » —Alors le gouverneur avait dit : — « Je ne vois cependant en lui nulle apparence « de crime; je n'ose condamner un innocent! » — Et le peuple avait prononcé cette parole terrible : — « N'importe! Qu'il soit mis à mort! Le gouverneur « sera déchargé de la responsabilité de l'arrêt. « Que « son sang retombe sur nos têtes et sur celles de nos « enfants. » — Et Jésus avait été mis à mort sur le Golgotha.

L'anathème était prononcé par ceux-là mêmes qui devaient le subir. Il s'exécuta. C'était vers l'an 70. Depuis quelque temps, le peuple juif s'était mutiné contre Florus, gouverneur de la Judée, et Vespasien, obéissant aux ordres de Néron, avait pénétré dans la Galilée, à la tête d'une armée romaine. Tout avait plié devant lui, Jérusalem seule exceptée. Un siége en règle était devenu nécessaire. Vespasien l'avait entrepris; mais bientôt, appelé à l'empire, il avait dû reprendre la route de Rome et laisser à Titus, son fils, le soin de la vengeance. Le moment était venu où s'accomplirait la terrible prophétie adressée par Jésus-Christ à Jérusalem coupable. : « Voici que tes ennemis t'environneront de tranchées, et t'enfermeront « et te serreront de toutes parts, et te raserout, et te « détruiront, toi et tes enfants qui sont dans tes murs, « et ne laisseront pas pierre sur pierre, parce que tu « n'as pas connu le temps auquel Dieu t'a visitée. » — Déjà la famine produisait dans la ville assiégée les plus affreux ravages. Les riches cédaient leurs biens pour une mesure de blé; ensuite, ils s'enfermaient dans l'endroit le plus secret de leur maison pour la dévorer à la hâte; mais ils n'en avaient pas même le temps. Les vendeurs eux-mêmes, à la tête d'une multitude affamée, forçaient les portes de la maison et reprenaient l'objet de leur vente. Si alors les spoliateurs le cachaient à leur tour et refusaient de le céder à d'autres, ils étaient mis à mort avec une brutale fureur. Si, poussés par la faim, des malheureux sortaient de la ville pour aller chercher un peu d'herbe le long des murs, les Romains les saisissaient aussitôt et les crucifiaient, la face tournée vers leurs compatriotes, comme pour servir d'exemple. Or, la faim était si violente, que chaque jour de nouveaux malheureux essayaient de sortir, et leur nombre devint si considérable qu'on en crucifiait jusqu'à cinq cents dans un même jour. Ainsi traqué, le pauvre peuple essaya de fuir et de se rendre au vainqueur. D'abord, ce stratagème réussit. Mais un jour les Romains virent un de leurs captifs chercher dans ses ordures l'or qu'il avait avalé pour le mieux préserver d'un vol. Aussitôt le mot fut donné. On s'imagina, ou du moins on feignit de croire que chaque transfuge renfermait un trésor dans ses entrailles, et par une rapacité hideuse, on se mit à les leur fendre pour en extraire l'or. Il n'y avait donc plus un seul moyen de salut possible. Aussi l'état de la ville devint affreux. Les morts se multipliaient à l'infini, et les bras manquaient pour leur sépulture; l'infection et la peste achevèrent le travail meurtrier de la famine. « Au milieu d'une si affreuse misère, dit Josèphe, on ne voyait point de pleurs, on n'entendait point de gémissements, parce que cette horrible faim, dont l'âme était occupée, étouffait tous les autres sentiments. Ceux qui vivaient encore regardaient les morts avec des yeux secs; et leurs lèvres, toutes enflées et toutes livides, faisaient voir la mort peinte sur leur visage. Le silence était aussi profond dans toute la ville, que si elle eût été ensevelie dans une nuit épaisse ou qu'il n'y fût resté personne. » Enfin, le mal fut si grand, qu'il se rencontra une mère capable de dévorer son enfant. Et Titus, dans un manifeste, jura « qu'il ensevelirait cet horrible forfait sous les ruines de Jérusalem, afin que le soleil, en faisant le tour du monde, ne fût pas obligé de cacher ses rayons par l'horreur de voir une ville où les mères se nourrissaient de la chair de leurs enfants, et où les pères n'étaient pas moins coupables qu'elles, puisque de si étranges misères ne pouvaient les décider à quitter les armes. » Lorsque vint enfin le dernier jour, le désastre fut tel, que la plume se refuse à le décrire. Le feu sembla d'abord se charger de la justice divine; mais bientôt l'armée romaine, avide de butin et peut-être aussi de carnage, vint ajouter à l'horreur du tumulte. Alors, ce fut une confusion effroyable. « De quelque côté qu'on jetât les yeux, on ne voyait que fuite et que carnage... Le tour de l'autel du temple était plein des corps morts de ceux qu'on égorgeait sur cet autel, qui n'était pas destiné à de telles victimes, et des ruisseaux de sang coulaient tout le long des degrés... Le feu qui dévorait le temple était si grand et si violent, qu'il semblait que la montagne sur laquelle il était assis, brûlât jusque dans ses fondements. Le sang coulait en telle abondance, qu'il paraissait disputer avec le feu à qui s'étendrait le plus. La multitude de ceux qui étaient tués surpassait le nombre de ceux qui les sacrifiaient. Toute la terre était couverte de cadavres ; et les soldats marchaient dessus, poursuivant, par un chemin si effroyable, ceux qui s'enfuyaient. » Pour tout dire en un mot, « le nombre des corps entassés les uns sur les autres était si grand, qu'ils bouchaient les avenues de certaines rues, et des mares de sang, formées par ces étranges barrières, finissaient par déborder et éteindre les feux environnants... Le nombre de ceux qui furent faits prisonniers dans cette guerre montait à quatre-vingt-dix-sept mille ; et le siége coûta la vie à onze cent mille hommes. » Telle fut la ruine de Jérusalem. Ainsi devaient s'accomplir les prophéties du ciel.

Mais les malheurs de Jérusalem ne devaient pas s'arrêter là. Un jour une pensée de miséricorde s'éleva dans le cœur de l'empereur Adrien, en faveur de la ville maudite. Il essaya de la reconstruire. Aussitôt les Juifs accoururent en foule. Les murs s'élevèrent et la nouvelle enceinte renferma le Calvaire. Cependant la justice de Dieu ne pouvait tolérer ce triomphe ; et les Juifs encore devaient attirer sur leur tête la peine du sang versé. Séduits par un imposteur, ils se révoltent, et, dans la fureur de la sédition, on les voit se porter aux excès les plus horribles. Alors un nouveau fléau, non moins terrible que le premier, fond sur eux. La vengeance fut immense. Neuf cent quarante-cinq bourgs ou villages furent livrés aux flammes; près de six cent mille personnes furent massacrées. Un grand nombre de révoltés furent condamnés à l'esclavage et vendus publiquement.

En vain, sous Constantin, la piété de l'impératrice Hélène paraît-elle devoir imprimer à la ville coupable une nouvelle impulsion vers la gloire. Un moment, on crut que le Christianisme allait entourer le saint tombeau de splendeurs telles, qu'elles rejailliraient sur la cité. Mais cette gloire passe comme l'éclair. Julien l'Apostat veut faire mentir l'Évangile. Il entreprend de rebâtir le temple juif, dont il est dit qu'il ne restera pas pierre sur pierre. « D'effroyables globes de feu, dit un païen, Ammien-Marcellin, s'élançant des fondements par des éruptions fréquentes, brûlèrent les ouvriers et leur rendirent la place inaccessible; et cet élément s'obstinant de plus en plus à les repousser, on abandonna l'entreprise.

En 613, de nouveaux combats amènent de nouveaux désastres. Chosroès, roi de Perse, s'empare de la ville, brûle les églises, met en vente quatre-vingt mille chrétiens et se saisit de la vraie croix. Dix ans après, Héraclius vient à bout de repousser Chosroès. Mais cette victoire allait être suivie d'un nouveau désastre.

Neuf ans ne s'étaient pas écoulés, et déjà l'un des plus terribles conquérants de la terre, Omar Ier, successeur de Mahomet, après avoir ravagé l'Arménie, la Mésopotamie, l'Égypte, la Phénicie, la Syrie et la Palestine, met le siége devant Jérusalem et s'en empare au bout de quatre mois.

A dater de ce jour jusqu'à la fin du onzième siècle, le croissant domine sur Jérusalem, et les luttes successives de l'ambition font ressentir à la ville captive leurs affreux contre-coups.

En 1099, la servitude a cessé. Godefroid de Bouillon, duc de Lorraine, à la tête de nombreux croisés, a triomphé des musulmans. Il est entré vainqueur dans les murs ; il est monté jusqu'au mont Sion et jusqu'au Calvaire, mais non sans faire éprouver une dure secousse à la cité vaincue. « Aigris par les maux qu'ils ont soufferts pendant le siége, dit M. Michaud, les Croisés remplissent de sang et de deuil cette Jérusalem qu'ils viennent de délivrer... Au milieu du plus horrible tumulte, on n'entendait que des gémissements et des cris de mort ; les vainqueurs marchaient sur des monceaux de cadavres pour poursuivre ceux qui cherchaient vainement à fuir. Raymond d'Agiles, témoin oculaire, dit que, sous le portique et le parvis de la mosquée, le sang s'élevait jusqu'aux genoux et jusqu'au frein des chevaux... Le nombre des victimes immolées par le glaive surpassa de beaucoup celui des vainqueurs, et les montagnes voisines du Jourdain répétèrent en gémissant l'effroyable bruit qu'on entendait dans la ville... Le carnage ne cessa qu'au bout d'une semaine. »

Alors, pendant cent ans, Jérusalem redevient capitale d'un noble royaume. Ses murs se relèvent, et des chants de joie réjouissent un moment les échos de ses montagnes. Hélas ! les jours du bonheur furent bientôt passés. Adad, calife des Fatimites, mourut, et Saladin, son vizir, monta sur le trône à sa place. Devenu soudan, il marcha à la tête d'une armée nombreuse contre le royaume fondé par Godefroid. Le pouvoir était déjà tombé en des mains trop faibles pour conserver les conquêtes du duc de Lorraine. Saladin entra en vainqueur dans la ville.

En 1228, Frédéric II, empereur d'Allemagne, s'efforce en vain de relever le royaume déchu. Il entre à Jérusalem et met sur sa tête la couronne de Baudouin. Cette royauté fut éphémère. Au bout de dix ans, le soudan d'Égypte était de nouveau en possession de la Terre Sainte. Le prince de Damas la lui disputait vainement, et le soudan, après l'avoir enlevée au prince, la livrait au pillage en signe de sa vengeance. En vain saint Louis essayera-t-il plus tard de relever le royaume de Jérusalem. Dieu ne lui permettra pas d'y réussir. La Providence l'appelle seulement en Égypte pour donner aux disciples de Mahomet l'exemple de la valeur et de la vertu d'un roi chrétien. En 1291, le royaume de Jérusalem tomba pour ne plus se relever. Les musulmans en restèrent les maîtres jusqu'à nos jours.

Après cette esquisse des malheurs de Jérusalem, je reviens à mon point de départ, et je m'écrie avec un auteur moderne : « Faut-il s'étonner maintenant si la Palestine, autrefois le pays du monde le plus beau et le plus fertile, est réduite aujourd'hui à l'état désolant qui frappe et attriste nos regards? » Dix-huit fois prise, dix-sept fois sacccagée et ruinée; après avoir subi pendant la guerre toutes les misères, toutes les horreurs qui accompagnent ce fléau; après avoir perdu des millions d'hommes par la famine, par la peste, par le fer, par le feu; maltraitée, pillée, quelquefois dévastée pendant les courts intervalles de la paix; ne se reposant jamais que sous le glaive continuellement suspendu au-dessus d'elle; ne respirant un peu plus à l'aise, s'il est permis de parler ainsi, que le temps nécessaire pour fournir de nouvelles générations à de nouvelles calamités; ne pouvant rappeler les tristes restes du peuple innombrable qu'autrefois elle rassemblait annuellement dans son enceinte, sans que des nuées d'ennemis viennent aussitôt fondre sur elle pour tout disperser, tout écraser, tout détruire, conservant à peine quelques ruines des édifices nombreux qui firent son ancienne gloire; sentant bouillonner au fond de ses entrailles des torrents de feu prêts à s'échapper pour dévorer quiconque sera tenté de lui rendre ses autels et sa splendeur ; condamnée à ne voir au dedans et autour d'elle d'autres temples que ceux où la piété chrétienne va adorer le Dieu qu'elle a crucifié, et ces mosquées consacrées aux superstitions absurdes autant que sacriléges de Mahomet… ne présente-t-elle pas à l'univers un spectacle de misère, d'opprobre et de désolation que n'offre l'histoire d'aucune autre cité du monde ? Ne dit-elle pas à quiconque, comme moi, vient la regarder de près : Je suis *maudite !* Assurément l'état de Jérusalem est l'accomplissement de cette prophétie de Daniel : Le Christ sera mis à mort ; et le peuple qui le reniera ne sera plus son peuple. Un peuple avec son chef qui doit venir dissipera la cité et le sanctuaire, et la fin sera la dévastation. »

L'incrédulité moderne paraît trouver étrange qu'un pays, tel que nous le voyons autour de Jérusalem, ait pu être si fertile autrefois, et elle dit : — « Ce n'est pas vrai ! » — Mais je m'étonnerais bien plus, au contraire, que ce pays, si beau du temps de Josué et de Salomon, eût conservé sa magnificence après tant de catastrophes. Le fer et la flamme, le sang et le carnage, la guerre, la peste et la famine n'auraient-ils pas le pouvoir de faire sur un pays l'effet que produit un conquérant lorsqu'il bouleverse une citadelle et la détruit de fond en comble ?

Il faut bien le reconnaître, la capitale de la Judée et la Judée tout entière restent éternellement sous le coup de l'anathème que le Père céleste dut lancer contre elles le jour où, réclamant la mort de l'Homme-Dieu, les Juifs jetèrent au ciel cette horrible imprécation qui les condamna, eux et leurs enfants, jusqu'à la dernière postérité : « Que le sang du Juste par nous versé retombe sur notre tête et sur celles de nos enfants ! »

« Je plains le voyageur, dit M. de Forbin, s'il n'est guidé parmi ces nobles ruines que par le doute et l'ironie ; j'envie, au contraire, le bonheur de l'homme qui voit cette terre singulière avec une foi vive et confiante. Mais, quelles que soient les opinions religieuses, le seul engourdissement de l'esprit ne pourrait s'opposer à la sensation de surprise et de respect qu'inspire Jérusalem. » En effet, tout est silencieux autour d'elle, mais d'un silence mystérieux qui fait rêver. Le dernier cri de l'Homme-Dieu semble avoir été le dernier bruit répété par les échos de Siloé et de Gehennon. Des sommets d'Abarim, de Phasga, d'Achor, la nature désolée se présente comme un témoin, encore frappé d'épouvante, de la scène qui s'est passée au Calvaire.

Pour moi, je n'oublierai jamais l'impression profonde que je ressentis, lorsque, le soir, à la veille de mon départ, en face de Jérusalem, au milieu du calme d'une nature morte, je repassais dans mon esprit la suite des destinées prodigieuses de la cité de Juda.

J'assistais à toutes les scènes désastreuses de cette ville infortunée, théâtre constant des passions des hommes et des vengeances du Ciel. Que de fois l'air y a été frappé de cris de douleur! Combien de fois le sang de ses citoyens n'a-t-il pas vainement coulé, sans pouvoir éteindre l'incendie qui la dévorait, ni la colère des vainqueurs! Les tableaux les plus terribles s'offraient sans cesse à mes regards; les flammes du Temple s'élevaient jusqu'aux plus hautes régions de l'air, qu'elles embrasaient; la milice céleste les voyait avec une sainte terreur consumer ces parvis, d'où n'étaient jamais sortis que la douce fumée des parfums, le nuage mystérieux de l'encens d'Israël. Oppressé par mille sentiments, je me retournais vers d'autres monuments ; je traversais les salles ruinées de l'hôpital de Sainte-Hélène, du couvent de Saint-Pierre, de la mosquée d'Omar, de l'église des Sept-Douleurs ; je trouvais partout des cendres, des débris, partout l'exécution d'un terrible arrêt. Je remerciais Dieu de m'avoir permis de contempler cette preuve vivante de la vérité de sa parole, et je répétais les paroles de Jérémie :

« La maîtresse des nations est devenue comme « veuve. La reine des provinces a été assujettie au « tribut. Elle n'a pas cessé de pleurer pendant la

« nuit, et ses joues sont creusées par les larmes. De « tous ceux qui lui étaient chers, il n'en reste pas un « pour la consoler.... Les rues de Sion pleurent, parce « qu'il n'y a personne qui vienne à ses solennités. « Toutes ses portes sont détruites; ses prêtres ne font « que gémir; ses vierges sont dans le deuil, et elle-« même est plongée dans l'amertume.... Jérusalem a « grandement péché: c'est pour cela qu'elle est deve-« nue errante et vagabonde. Tous ceux qui l'hono-« raient l'ont méprisée, parce qu'ils ont vu son igno-« minie... »

J'entendais Jérusalem elle-même s'écrier :

« O vous tous qui passez dans le chemin, considé-« rez et voyez s'il y a une douleur semblable à la « mienne. Voici que le Seigneur m'a traitée selon sa « parole, au jour de sa fureur. »

Je voyais cette ancienne reine des nations, à genoux dans la poussière, demandant en ces termes sa grâce et son pardon :

« Seigneur, voyez ma tribulation. Mes entrailles se sont émues; mon cœur est bouleversé au dedans de moi, parce que je suis remplie d'amertume. Au dehors le glaive tue mes enfants; au dedans on ne trouve que l'image de la mort. »

Mais la grande voix des ruines parle plus haut encore. C'est la voix du temps, celle des hommes, celle de l'éternité qui proclame l'accomplissement des justices.

Heureusement pour le chrétien, à côté de la vengeance il trouve la miséricorde. Le dôme du Saint-Sépulcre me révèle le Calvaire, et je retrouve l'espérance !

Étrange destinée ! Jérusalem vaincue, foulée aux pieds, déchirée, ensanglantée, détruite, reste un témoignage du plus grand crime de l'homme et de la colère de Dieu ; et son nom est le symbole du bonheur ; c'est par lui que nous désignons le Paradis, ce ciel perdu que le Christ nous a rouvert et qui fait l'objet de nos plus ardentes aspirations. Douleur et joie, tels sont les sentiments que l'on éprouve ici et que je ressentais vivement en promenant mes regards sur la ville. Les impressions que j'y ai reçues sont ineffaçables ; elles sont si profondément creusées dans mon âme, que je pourrais sans crainte dire avec le Psalmiste : « Si jamais je t'oublie, Jérusalem, que ma main cesse d'agir ; que ma langue adhère à mon palais si je cesse de me souvenir de toi ! »

Mais le moment du départ est venu. Il faut renoncer à voir encore les champs où les anges firent retentir le *Gloria in excelsis!* l'emplacement du Temple où le vieillard Siméon pensa mourir de joie en chantant le *Nunc dimittis;* la montagne où Marie glorifia Dieu par son sublime *Magnificat ;* la demeure où naquit Jean-Baptiste, où Zacharie retrouva la parole pour chanter le *Benedictus ;* le saint tombeau, Gethsémani, la montagne de l'Ascension, le Cénacle et sa Pentecôte, Béthanie, la vallée de Josaphat, la fontaine de Siloé, le lieu où Notre-Seigneur enseigna le *Pater* à ses disciples, et la grotte où les apôtres ont composé le *Credo*. C'est un adieu solennel que celui du pèlerin qui va quitter les théâtres de tant de grands événements. Heureux celui qui, avec les souvenirs, en emporte une foi plus vive, une espérance plus ferme, un plus grand amour pour Dieu, et comme un avant-goût des joies auxquelles le vrai chrétien est appelé dans la Jérusalem céleste !



FIN

# TABLE DES MATIÈRES

FIN DE LA TABLE.

CORBEIL, TYP. ET STÉR. DE CRÉTÉ.

CORBEIL. — Typ. et stér. de CRÉTE.

www.ingramcontent.com/pod-product-compliance
Ingram Content Group UK Ltd.
Pitfield, Milton Keynes, MK11 3LW, UK
UKHW012001240726
13965UKWH00001B/89

9 782012 986947